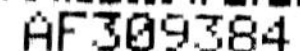

GÉOMÉTRIE

APPLIQUÉE

AUX ARTS ET AUX MÉTIERS

PAR

HENRI HARANT

CHEF D'INSTITUTION, LICENCIÉ ÈS SCIENCES, OFFICIER D'ACADÉMIE
PROFESSEUR A L'ASSOCIATION POLYTECHNIQUE

PARIS

LAROUSSE ET BOYER, LIBRAIRES-ÉDITEURS

47, RUE SAINT-ANDRÉ-DES-ARTS, 47

—

1863

GÉOMÉTRIE

APPLIQUÉE

AUX ARTS ET AUX MÉTIERS

PARIS. — IMPRIMERIE ÉDOUARD BLOT, RUE SAINT-LOUIS, 46.

GÉOMÉTRIE

APPLIQUÉE

AUX ARTS ET AUX MÉTIERS

PAR

HENRI HARANT

CHEF D'INSTITUTION, LICENCIÉ ÈS SCIENCES, OFFICIER D'ACADÉMIE
PROFESSEUR A L'ASSOCIATION POLYTECHNIQUE

PARIS

LAROUSSE ET BOYER, LIBRAIRES-ÉDITEURS

49, RUE SAINT-ANDRÉ-DES-ARTS, 49

1863

1862

PRÉFACE

Le cours de Géométrie appliquée aux arts et aux métiers a été inauguré, il y a quarante ans, au Conservatoire des Arts-et-Métiers, par le baron Charles Dupin. Sous son impulsion, un grand nombre de professeurs et d'ingénieurs distingués créèrent des cours analogues dans plusieurs villes de France, et eurent le bonheur de pouvoir contribuer, par leurs leçons et leur dévouement, à élever le niveau de l'instruction parmi les ouvriers, et faire acquérir à un grand nombre la supériorité qui les distingue.

Cet enseignement s'est conservé avec le même esprit et le même but dans les cours gratuits professés depuis 1830 par l'*Association polytechnique*.

Le Cours que je publie est le résumé des leçons que je professe depuis plusieurs années dans cette association. J'ai eu souvent à puiser des exemples intéressants et des méthodes faciles et élégantes dans l'ouvrage publié en 1825 par Charles Dupin, et qui était l'exposé de son Cours au Conservatoire : *Géométrie et Mécanique des arts et métiers et des beaux-arts.* Souvent les observations faites par des auditeurs, leur difficulté à saisir certains sujets, leur désir d'en connaître d'autres, m'ont fait modifier le plan de mes leçons; de plus, la nature même du public qui y assistait a influé sur la forme définitive à laquelle je me suis arrêté. Outre les ouvriers qui venaient à mes leçons, j'y ai vu des jeunes gens se destinant à concourir aux emplois de piqueurs ou conducteurs dans les services publics, soit de la ville de Paris, soit des ponts-et-chaussées; des sous-officiers de l'armée, et souvent aussi des instituteurs primaires ou des instituteurs-adjoints. Il m'a semblé qu'il était possible de faire un Cours qui pût convenir à ces trois classes réunies, du reste, par tant de rapports nécessaires.

Enfin, je me suis souvent inspiré, dans mon travail, des conseils et de l'expérience de notre président, M. PERDONNET, qui depuis trente ans est à la tête de notre Association et y donne l'exemple du dévouement le plus éclairé et le plus infatigable pour la classe ouvrière.

C'est donc pour les ouvriers et pour les instituteurs primaires chargés de les instruire, que j'ai écrit ces leçons, m'efforçant de trouver dans le mode d'enseignement les formes les plus faciles, et d'atteindre, comme but, les connaissances les plus immédiatement utiles et les plus souvent applicables.

Il n'a point fallu perdre de vue que ces leçons s'adressent à des esprits qui, malgré une spontanéité souvent très-remarquable, manquent, en général, d'une culture préliminaire suffisante. Aussi, n'ai-je supposé dans l'élève que les connaissances les plus élémentaires du calcul, qu'on donne dans toutes les écoles primaires; et pour qu'il puisse suivre les démonstrations de toutes les théories et en tirer parti, j'ai fait précéder les différentes parties du Cours de notions d'arithmétique indispensables, soit sur le calcul décimal appliqué aux surfaces et aux volumes, soit sur l'emploi des rapports et proportions, et enfin, de préliminaires d'algèbre réduits à la connaissance des notations algébriques et à quelques transformations très-simples et très-souvent usitées.

De plus, autant que cela a été possible, j'ai fait suivre chaque théorème de géométrie de ses applications, non-seulement pour ôter à l'étude son aridité naturelle, mais encore pour que cette application elle-même puisse servir à rappeler la proposition, et aussi à en faire bien sentir la nécessité.

C'est souvent dans la pratique la plus vulgaire que j'ai pris des exemples faciles à saisir. Ces exemples doivent faire apprécier aux ouvriers les services que la science peut rendre dans tous les arts et dans tous les métiers, et porter dans leur esprit cette conviction que de cette étude peut résulter la régularité, la précision et la rapidité de leur travail habituel, lorsqu'elle les aura conduits à savoir raisonner leurs travaux et leurs inventions.

Le *Cours de Géométrie* est divisé en deux parties principales : géométrie plane, géométrie dans l'espace.

La première contient l'étude des conditions d'égalité, de symétrie et de similitude des figures qui peuvent être tracées sur un plan, en considérant successivement les figures formées par des lignes droites, par la circonférence et les autres courbes usuelles; elle enseigne, en outre, la mesure des surfaces planes.

Dans la deuxième partie se trouvent aussi les conditions d'égalité, de symétrie et de similitude des corps terminés par des surfaces planes ou courbes, leur mode de construction et leur mesure.

Enfin, nous avons ajouté à ces deux parties un appendice contenant l'étude des instruments de précision qui se rapportent à la géométrie.

Les principales applications sont : le dessin linéaire, l'architecture, le levé des plans, le nivellement, les principes de géométrie descriptive, de perspective, de théorie des ombres et de charpente; les calculs de terrassement et le jaugeage des cours d'eau; enfin, nous avons donné un tableau des densités des principales matières employées dans l'industrie, afin que l'on puisse au besoin déduire le volume du poids et de la densité.

GÉOMÉTRIE

APPLIQUÉE AUX ARTS

PRÉLIMINAIRES

Un corps quelconque occupe une certaine portion de l'espace, qui ne peut être en même temps occupée par un autre corps ; cet espace s'appelle *l'étendue* ou *le volume* du corps, et affecte différentes formes qu'on nomme *la figure* ou *la forme géométrique*.

La géométrie a pour but : la mesure de l'étendue, et l'étude des rapports des différentes figures entre elles.

Quand on veut se faire une idée d'un volume, on se représente toujours un corps solide renfermant une certaine quantité d'une matière quelconque, bois, pierre ou fer, et qui ne se déforme pas de lui-même. Mais, quand on veut appliquer aux volumes les procédés géométriques, il faut nécessairement faire abstraction de la matière qui compose les corps, pour ne considérer que la portion de l'espace qu'ils occupent. C'est, pour ainsi dire, le moule, dans lequel le corps que l'on a en vue s'adapterait exactement, qu'il faut se figurer, et non le corps lui-même. Ainsi, l'on verra que, quand on veut prouver que deux figures sont égales, on cherche à les faire coïncider dans toute leur étendue. Il est évident que cela ne pourrait être fait sur deux corps matériels ; le procédé véritable revient à chercher si les deux figures pourraient s'emboîter parfaitement dans le moule commun qui représente leur forme.

Ainsi, nous n'avons pas à nous occuper si la matière qui compose les corps est solide ou liquide, nous ne tenons compte que de la portion de l'espace qu'ils occupent, c'est là ce qui, en géométrie, constitue le volume ou l'étendue.

1

L'étendue se compte généralement suivant trois dimensions, *la longueur, la largeur* et *l'épaisseur* ou *profondeur*. Les volumes possèdent ces trois dimensions.

Si on considère la portion d'étendue du corps, qui, dans tous les sens, le sépare du reste de l'espace, cela s'appelle la *surface* du corps ; les surfaces n'ont que deux dimensions : longueur et largeur.

Si on veut séparer deux parties d'une même surface, on trace une *ligne ;* la ligne n'a qu'une dimension : longueur.

Enfin, on limite une ligne par le *point.* Le point indique une position dans l'espace sans avoir une étendue. On dit : le point de rencontre de deux lignes ; le point où aboutit une ligne ; les points de division d'une ligne.

Si on considère deux points dans l'espace, on peut les joindre par une infinité de chemins. Quand on va d'un point à un autre, en suivant toujours la même direction, on suit le plus court de tous ces chemins, et on décrit une *ligne droite ;* c'est pourquoi on définit la droite en disant :

La ligne droite est le plus court chemin d'un point à un autre.

Parmi les surfaces, nous parlerons d'abord des surfaces *planes* ou *plans :* ce sont celles sur lesquelles prenant deux points à volonté, et les joignant par une ligne droite, celle-ci se trouve entièrement contenue dans la surface. Telles sont les surfaces des tables, des murs, ou bien du papier ou des tableaux sur lesquels on trace les figures. Il résulte de la définition même, que pour s'assurer qu'une surface est plane, il n'y a qu'à prendre une règle dont on sait que le bord représente parfaitement une ligne droite, et à promener ce bord de la règle dans tous les sens sur la surface en l'appuyant par deux de ses points ; si la surface est plane, il ne doit nulle part exister de vide entre le bord de la règle et les points de la surface.

Toutes les figures de la géométrie qui peuvent se tracer ou s'appliquer sur un plan constituent les figures planes ou à deux dimensions.

Les volumes et les figures dont les diverses parties ne peuvent, sans être déformées, être placées sur un plan constituent les figures à trois dimensions : de là la division de la géométrie en deux grandes parties : GÉOMÉTRIE PLANE et GÉOMÉTRIE DANS L'ESPACE OU A TROIS DIMENSIONS.

GÉOMÉTRIE PLANE

DES LIGNES ET DES SURFACES

CHAPITRE PREMIER

DES LIGNES DROITES

Propriétés.

La ligne droite est le plus court chemin d'un point à un autre.

Entre deux points on ne peut tracer qu'une seule ligne droite.

Par un seul point on peut faire passer une infinité de lignes droites.

On ne peut pas assujettir une ligne droite à passer par trois points pris au hasard. Ils doivent être tels qu'en traçant une ligne droite qui passe par deux d'entre eux, e en la prolongeant, elle aille d'elle-même passer par le troisième.

Tracé des Droites.

Les droites de petite étendue se tracent à l'aide de règles ou de carrelets ordinairement en bois, et dont les bords sont parfaitement dressés.

Il convient, avant tout, que le dessinateur, avant de se servir d'une règle, s'assure que cette règle est juste. Pour cela, après avoir appliqué la règle sur une surface plane de manière que le bord qu'on veut essayer passe par deux points marqués sur la surface, par exemple entre A et B (fig. 1), on trace avec une pointe très-fine une

ligne qui suive la règle entre les deux points ; on la retourne ensuite
sens dessus dessous, de manière que le même bord soit encore appliqué aux deux points A et B, et on fait un nouveau trait : si la règle
est juste, on trouve que les deux traits, quand on retire la règle, se
confondent comme en A′B′ ; si le contraire a lieu, les deux traits
sont séparés dans une partie ou dans toute leur étendue comme en
A″B″ ; il faut alors rectifier la règle.

Quand on veut tracer une droite d'une plus grande étendue, on
peut se servir d'une ficelle ou d'une corde qu'on tend entre deux
clous ou deux piquets. Les allées des jardins, les parties droites d'une
route se tracent ainsi *au cordeau.*

Les menuisiers, les charpentiers, les scieurs de long, quand ils ont
à tracer des lignes droites d'une certaine étendue sur les pièces de
charpente, plantent deux clous aux extrémités de la droite et tendent
entre les deux clous, et le plus fortement qu'ils peuvent, une ficelle
enduite auparavant de craie, de noir ou de sanguine ; en pinçant la
corde et en la laissant retomber, elle marque une ligne droite entre
les clous.

Enfin les arpenteurs, les géomètres, tracent sur le terrain des droites
d'une grande étendue en les jalonnant ; les jalons sont des pieux assez
minces en bois ou en fer (fig. 2) munis d'une pointe par laquelle on
peut les planter en terre, et d'un objet voyant placé à l'autre extrémité, comme un papier blanc, une carte, ou quelquefois un morceau
de bois peint en blanc.

Il faut deux opérateurs pour jalonner une droite sur le terrain.
Soient, par exemple, les deux points A et B (fig. 3), très-éloignés l'un de
l'autre et entre lesquels on veut tracer une droite : on plante deux
jalons aux extrémités, puis l'un des opérateurs reste au point A, tandis que l'autre, emportant un certain nombre de jalons, se transporte
dans la direction de B. Arrivé à une certaine distance, il dispose un
jalon, par exemple au point C, comme s'il voulait le planter ; l'observateur du point A vise alors la carte des jalons A, C et B, et s'assure
que l'une d'elles cache les suivantes ; ou bien, si le terrain est incliné,
qu'elles sont bien placées en ligne droite l'une au dessus de l'autre ;
si cela n'a pas lieu, il indique, par des signes faits avec la main au second opérateur, s'il doit appuyer à gauche ou à droite, et le jalon

n'est planté que lorsque le résultat précédent a été obtenu. On continue de la même manière pour les jalons suivants.

Mesure des Droites.

Pour pouvoir donner à une personne l'idée d'une grandeur qu'elle ne voit pas, et pour pouvoir soi-même s'en rendre compte bien exactement, il faut la comparer à une autre grandeur de même espèce, convenue, et que tout le monde connaît. Cette grandeur à laquelle on compare les autres est ce qu'on nomme une *unité de mesure* ou simplement unité. Mesurer une grandeur, c'est donc chercher combien de fois elle contient l'unité ou une partie de cette unité.

Autrefois on mesurait les lignes au moyen de différentes unités de longueur. Celles dont on se servait le plus souvent étaient : *la toise, le pied, le pouce, la ligne.* La toise se partageait en six pieds, le pied en douze pouces, le pouce en douze lignes; pour les étoffes on se servait de l'*aune;* dans la marine, de *la brasse,* etc. Toutes ces longueurs étant de convention et ne se rapportant à aucune mesure fixe qu'on pût retrouver dans la nature, il en résultait une très-grande complication et peu de sûreté dans l'emploi de toutes ces unités; il en était de même pour les autres grandeurs.

On a substitué à l'ensemble de toutes les mesures autrefois employées un système de poids et de mesures appelé SYSTÈME *métrique,* dans lequel toutes les unités dépendent d'une seule d'entre elles, le *mètre,* et celle-ci est prise dans la nature ; de plus les composés et les subdivisions de ces diverses unités sont assujettis au calcul décimal, ce qui en rend l'emploi bien plus facile.

Cette base du système métrique, le mètre, est l'unité de longueur; voici comment on l'a obtenue :

La terre a sensiblement la forme d'une boule ou sphère, et elle tourne en 24 heures autour d'une ligne passant par son centre et qu'on appelle l'axe de la terre. Les extrémités de l'axe sont les pôles de la terre, pôle nord ou boréal, pôle sud ou austral. Si on trace sur la terre un cercle passant par les deux pôles, ce cercle s'appelle un méridien de la terre. On a mesuré a longueur du méridien qui passe à Paris, on a partagé cette longueur en 40 000 000 de parties égales, et c'est l'une de ces divisions qu'on a prise pour unité de longueur, et qu'on a appelée le MÈTRE. On s'est ensuite servi de cette unité pour former toutes les autres.

Un mètre se divise en dix parties égales qu'on appelle des décimètres ; le décimètre, en dix parties égales qui sont des centimètres ; les centimètres se partagent en dix millimètres ; par les moyens ordinaires on ne peut guère apprécier que des millimètres ; mais on peut, dans les calculs, employer les dix-millimètres, les cent-millimètres, etc. On sait écrire très-simplement en arithmétique ces fractions du mètre par l'emploi des nombres décimaux ; ainsi un décimètre peut s'écrire $0^m,1$; 1 centimètre $0^m,01$; 1 millimètre $0^m,001$. Le nombre $32^m,035$ représente trente-deux mètres et trente-cinq millimètres.

Dans les grandes mesures, on désigne sous le nom de *décamètre* une longueur de 10^m, *hectomètre* une longueur de 100^m, *kilomètre* 1000^m, et *myriamètre* $10\,000^m$. On se sert surtout en géométrie du mètre et de ses subdivisions.

L'instrument dont on se sert communément pour mesurer les longueurs est une règle en bois ou en cuivre, et dont la longueur, bien exactement vérifiée, est d'un mètre ; sur cette règle sont tracées les subdivisions en décimètres, centimètres, et quelquefois des millimètres (fig. 4).

On se sert aussi de rubans ayant cinq ou dix mètres de longueur, et divisés en mètres, décimètres et centimètres (fig. 5). Enfin, les arpenteurs se servent de la *chaîne*, qui a une longueur de dix mètres, et dont nous verrons la description et l'usage quand nous traiterons de l'arpentage.

Nous renvoyons à l'étude des instruments de précision, qui sera faite plus tard, les moyens de vérifier exactement les règles que l'on emploie, et les procédés à l'aide desquels on obtient dans les mesures une justesse qui peut atteindre des dixièmes, des vingtièmes, et même des centièmes de millimètre.

Combinaisons des Droites entre elles.

DÉFINITIONS. — Lorsque deux droites se rencontrent (fig. 6), comme A B et C D, qui se rencontrent au point O, ce point est ce qu'on nomme le point d'intersection des deux droites.

La figure A O D, que forment deux portions de ces droites, s'appelle l'*angle* de ces deux droites; O est le sommet de l'angle, A O, O D sont les côtés de l'angle. On désigne toujours un angle au moyen de trois lettres, en mettant au milieu la lettre du sommet : A O D, C O A, C O B, D O B, tels sont les quatre angles formés par les deux droites autour du point O.

Deux angles *adjacents* sont ceux qui, ayant un côté commun, ont les deux autres côtés en prolongement l'un de l'autre, A O C, A O D sont deux angles adjacents; il en est de même de A O D et D O B; de même de D O B et B O C, et enfin de B O C et A O C.

Les angles sont *opposés par le sommet*, quand l'un des angles est formé par le prolongement des côtés de l'autre; A O D et C O B sont deux angles opposés par le sommet. Il en est de même de A O C et D O B.

Deux lignes, tracées dans un même plan, qui ne peuvent se rencontrer quelque loin qu'on les prolonge, sont dites *parallèles*, A B et C D sont parallèles.

Une ligne M N, qui coupe ces deux lignes, se nomme une *sécante* (fig. 8); en général, une sécante est le nom qu'on donne à une ligne droite quelconque qui coupe diverses parties d'une figure.

Une droite est *perpendiculaire* sur une autre lorsqu'elle forme avec celle-ci deux angles adjacents égaux; c'est-à-dire qu'elle rencontre la ligne de manière à n'être pas plus inclinée d'un côté que d'un autre (fig. 9). C D est perpendiculaire sur A B.

Les angles formés par une droite perpendiculaire sur une autre, sont des angles *droits;* C D B, C D A (fig. 9), M O N (fig. 10), sont des angles droits.

Un angle A O B (fig. 11), plus petit qu'un angle droit, D O B, par exemple, s'appelle un angle *aigu*. Un angle plus grand qu'un angle droit, C E F, s'appelle *obtus*.

PREMIÈRE PROPOSITION. — Lorsqu'une droite en rencontre une autre de manière à faire avec celle-ci deux angles adjacents inégaux, la droite est dite *oblique ;* et des deux angles inégaux qu'elle forme, l'un est nécessairement aigu et l'autre obtus, comme, par exemple, B O C et A O B (fig. 12). Ils comprennent, du reste, au-dessus de la droite A C, le même espace que deux angles droits D O C, A O D, formés au même point O. On exprime cette propriété en disant : *que la somme des deux angles adjacents est égale à deux angles droits.*

On peut conclure tout aussi facilement que la somme de tous les angles A O B, B O C, C O D, D O E, E O A (fig. 13), qui renferment tout l'espace autour du point O, est égale à celle des quatre angles droits que l'on pourrait faire à ce point, en menant deux droites quelconques perpendiculaires entre elles, M N et P O.

Il résulte encore de ces définitions que, par un point d'une droite on ne peut élever qu'une seule perpendiculaire. Car si la droite O B tourne autour du point O (fig. 12), jusqu'à ce qu'elle fasse deux angles égaux, par exemple dans la position O D, elle sera alors perpendiculaire, mais dès qu'elle dépassera cette position, les angles ne seront plus égaux. Toute autre droite passant par le point O, ne sera pas perpendiculaire à A C, on ne peut donc en élever qu'une.

Il en résulte que les angles droits faits sur des lignes différentes sont tous égaux entre eux, car en superposant un de leurs côtés, A B, A′ B′ (fig. 13), l'autre ne peut s'élever que dans une même direction.

Deux angles tels que leur somme soit égale à deux droits sont appelés *supplémentaires*, ou les *suppléments* l'un de l'autre : ainsi, deux angles adjacents sont supplémentaires; deux angles tels que A O B et B O C (fig. 14), dont la somme fait un angle droit, sont dits *complémentaires*, ou les *compléments* l'un de l'autre.

Applications.

Parmi les droites dont à chaque instant on a besoin dans les arts, nous citerons la *verticale* et *l'horizontale.*

Quand on laisse tomber librement un corps, il tombe vers la surface de la terre en suivant une direction qui est une ligne droite ; si on a attaché ce corps à un fil ou à un cordon, et qu'on retienne l'extrémité du cordon à un point fixe, le fil sera tendu dans la direction même que le corps prend dans sa chute. Ce petit instrument (fig. 15) est le *fil à plomb*, et la direction du fil est ce qu'on nomme la *verticale*. Pour tous les points de la terre qui ne sont pas à des distances trop grandes les uns des autres, les verticales sont parallèles ; mais il n'en est pas ainsi des points éloignés sur la surface de la terre, toutes ces directions verticales allant aboutir au centre même de la terre. Dans tous les arts, on a à chaque instant besoin de connaître et de tracer la verticale : tous les murs, toutes les arêtes des objets posés en équilibre et devant offrir une grande stabilité, sont dirigés suivant la verticale ; le fil à plomb est donc d'un usage continuel ; on n'a, en effet, qu'à dresser une règle le long de la direction du fil à plomb, et la ligne qu'on trace sur le bord de la règle est une verticale. Si on mène une perpendiculaire à la direction verticale, on a l'*horizontale*. Les arêtes des toits, les lignes des planchers, les planches des étagères, ont des directions horizontales. Une surface plane sur laquelle toutes les lignes que l'on trace ont une direction horizontale est un plan horizontal : il est donné dans la nature par la surface de l'eau tranquille.

De même qu'on a un instrument pour tracer la verticale, il en existe plusieurs pour donner la direction horizontale ; pour le moment, nous ne citerons que le niveau à bulle d'air. Supposons un tube en verre (fig. 16) presque entièrement rempli d'eau, on ne l'a pas entièrement rempli pour y laisser une bulle d'air qui peut s'y mouvoir très-facilement ; si on incline ce tube à droite, comme en A B, la bulle d'air étant plus légère que l'eau, monte en A, au point le plus haut ; si on l'incline à gauche, comme en A'B', la bulle monte toujours au point le plus élevé en B' ; enfin, la bulle se maintient au milieu du tube quand il est parfaitement horizontal, comme en A B ; ce milieu est marqué par un fil et par un léger renflement dans le tube ; il est ordinairement recouvert d'une enveloppe en cuivre, qui repose elle-même sur un plan bien dressé (fig. 17). Si on veut tracer une horizontale, on l'appuie sur une règle, et quand elle est bien de niveau, on trace la ligne le long de la règle.

Les charpentiers, les tapissiers, se servent souvent d'un appareil qui leur donne à la fois la direction verticale et la direction horizontale. C'est un triangle en bois (fig. 18), au sommet duquel C, est suspendu un fil à plomb C D, qui donne la verticale; un petit niveau à bulle d'air A B, incrusté dans le côté opposé, donne l'horizontale. On conçoit toute l'utilité que peut avoir cet appareil dans la plupart des opérations pratiques.

Dans l'art du dessin et dans les tracés géométriques, on se sert, pour mener des perpendiculaires, d'un instrument appelé *équerre*. L'équerre des dessinateurs est une tablette mince (fig. 19), dont deux des côtés forment un angle droit ; l'équerre des maçons et des charpentiers est formée de deux branches en bois ou en fer (fig. 20). Quelquefois les deux branches peuvent se fermer ou s'ouvrir, en pivotant autour du sommet B (fig. 21), et prendre, à leur partie intérieure A B C, la forme de tel angle qu'on veut. Elle prend alors le nom de fausse équerre.

Les équerres ont besoin, avant d'être employées, de subir une vérification rigoureuse ; pour les vérifier, on applique (fig. 22) un côté de l'équerre, A B par exemple, sur une règle ou sur une droite tracée à l'avance, et, avec une pointe très-fine, on trace la ligne A C ; on retourne l'instrument, on applique encore le côté A B' sur la ligne, le point A étant le même, et on trace de nouveau suivant A C'. En retirant l'équerre, les deux directions A C et A C' doivent se confondre; sans cela, au point A on pourrait mener deux perpendiculaires, ce qui ne peut pas être.

DEUXIÈME PROPOSITION. — *Dans les quatre angles formés par deux lignes qui se coupent, les angles opposés par le sommet sont égaux.* Ainsi (fig. 23), les angles A O D et C O B sont égaux, il en est de même de D O B et A O C. On le prouve en remarquant que A O D, augmenté de son adjacent D O B, valant deux angles droits, il en est de même de C O B, augmenté de son adjacent D O B ; A O D et C O B sont donc égaux, puisqu'en les ajoutant au même angle ils forment la même somme.

Il en résulte que si une droite A O C est perpendiculaire à une autre D O B, celle-ci à son tour est perpendiculaire sur la première ; car si

AOB est droit, DOC est droit, et comme AOD l'est aussi, DO est perpendiculaire sur AC.

Propriétés des Perpendiculaires et des Obliques.

TROISIÈME PROPOSITION. — 1° *D'un point extérieur à une droite, on ne peut mener qu'une seule perpendiculaire à cette droite.* Soient A le point, AB une perpendiculaire sur CD (fig. 25). Si on en pouvait mener une autre AE, en repliant la figure formée par ces lignes autour de CD comme charnière, la même figure se répéterait au-dessous en A'EB ; alors A'EB serait un angle droit, ainsi que l'était AEB ; mais cela ne peut être, car, pour faire deux angles droits, il faudrait ajouter à l'espace compris par ces deux angles, le troisième angle A'EF.

2° *La perpendiculaire est plus courte que l'oblique ;* la même figure fait voir, en la repliant également, que si AB est la perpendiculaire et AE l'oblique, A'B se trouvera en ligne droite avec AB, et la ligne droite AA', double de la perpendiculaire AB, sera plus courte que la ligne brisée AEA', double de AE, donc aussi AB est plus courte que AE.

3° *Les obliques dont les pieds sont à égale distance du pied de la perpendiculaire sont égales* (fig. 26). Si les deux obliques sont AE et EF, en pliant la figure autour de AB, à cause de l'égalité des angles droits, EB s'appliquera sur BF, et les deux lignes AF et AE se confondront, elles sont donc égales.

4° *Les obliques qui s'écartent de plus en plus du pied de la perpendiculaire deviennent de plus en plus grandes.* Car en abaissant CI perpendiculaire sur CA au point C, on voit que AI, oblique par rapport à IC, est plus grande que AC, à plus forte raison AG est plus grande encore que AC.

5° *Tous les points d'une perpendiculaire élevée au milieu d'une droite sont à égale distance des deux extrémités de cette droite.* En effet, en prenant un point C sur la perpendiculaire MN (fig. 27) élevée au milieu de AB, les deux obliques AC et CB sont égales d'après ce qu'on vient de voir, donc le point C est à égale distance de A et de B, il en est de même de C'. Mais il n'en serait pas de même de

C″ qui est en dehors de la perpendiculaire, car le chemin C″B en ligne droite est plus court que le chemin C″IB, ou, ce qui revient au même, que C′IA, puisque IB est égal à IA. Donc le point C″ est plus rapproché de B que de A.

Il en résulte que, comme deux points suffisent pour tracer une ligne droite, quand on voudra élever une droite perpendiculaire au milieu d'une ligne donnée, il suffira de connaître deux points à égale distance des deux extrémités; en les joignant on sera bien sûr d'avoir la perpendiculaire.

Dans les métiers où l'on a à assembler des pièces dans des directions perpendiculaires l'une sur l'autre, on se sert de cette propriété pour vérifier si elles sont bien perpendiculaires (fig. 28). Ainsi, deux pièces de bois étant ajustées perpendiculairement, on prend deux points A et B à égale distance du milieu I; on mesure ensuite avec un cordon si les distances d'un point C de la perpendiculaire aux points A et B sont parfaitement égales.

Il résulte encore de ce qui vient d'être dit que, quand on veut apprécier la distance d'un point à une ligne, par exemple à une route, à une allée, il faut abaisser de ce point (fig. 29) la perpendiculaire OI sur la direction de la route. C'est cette perpendiculaire qui mesure la distance, et la plus courte distance entre le point et la droite.

Applications.

Ces diverses propriétés des perpendiculaires donnent lieu à un très-grand nombre d'applications; nous allons en indiquer quelques-unes.

Points symétriques, figures symétriques. — Quand on abaisse d'un point A une perpendiculaire sur une droite MN (fig. 30), et qu'on la prolonge d'une longueur égale à elle-même, l'extrémité A de cette perpendiculaire est le point symétrique du point A.

Si on cherche ainsi les points symétriques de tous les points d'une figure, par exemple ABCD (fig. 31), la figure que l'on forme A′B′C′D′ est une figure symétrique de la première. Dans le dessin, l'architecture, l'ornementation, on se sert souvent de figures symétriques;

elles sont, comme on vient de le voir, très-faciles à construire, puisqu'il suffit d'abaisser de tous les points des perpendiculaires, et de les prolonger de longueurs égales, comme on le voit (fig. 32) par l'exemple de la figure A B C et de la symétrique A'B'C', par rapport à la ligne M N ; de plus, une forme qui paraît irrégulière et insignifiante, étant répétée symétriquement, donne quelquefois des formes assez élégantes pour pouvoir servir au dessin d'ornement. Ainsi la figure AB isolée (fig. 33), étant répétée symétriquement, donnerait la figure A'B'.

On conçoit, d'après cela, les avantages qu'on peut tirer de cette propriété. Dans la construction des bâtiments, dans l'architecture, le manque de symétrie est un des défauts les plus graves et les plus apparents.

Les points symétriques interviennent aussi dans un grand nombre de questions de mécanique et de physique.

Par exemple, s'il s'agit de connaître le chemin que parcourt un corps solide et élastique, une bille d'ivoire, de marbre, après avoir frappé un obstacle dans une direction quelconque, on se fonde sur une loi naturelle qui est celle-ci : le corps qui frappe un obstacle dans une certaine inclinaison est repoussé en suivant le côté d'un angle égal fait avec l'obstacle. Ainsi (fig. 34), un corps M venant frapper un obstacle, représenté par la ligne AB, au point I, suivrait le chemin indiqué par les flèches, et l'angle M'IB serait égal à M I A. L'angle M I A reçoit, en général, le nom d'angle d'*incidence;* M'IB, celui d'angle de *réflexion;* et la loi s'énonce en disant *que l'angle d'incidence est toujours égal à l'angle de réflexion.*

Supposons maintenant qu'on veuille (fig. 35), en lançant un corps M contre un obstacle A B, lui faire prendre une certaine direction ; par exemple, une bille M, chassée vers la bande d'un billard A B, doit aller toucher une autre bille placée en M', quel est le point de la bande où il faut la toucher? Prenez le symétrique *m* de M, et joignez-le avec M', cette ligne rencontre A B au point I. C'est le chemin M I M' que devra suivre la bille ; car, en repliant la figure autour de A B comme charnière, M venant s'appliquer sur son symétrique *m*, et le point I, qui est sur la charnière, ne bougeant pas, la ligne M I s'applique sur *m*I, et l'angle M I A est égal à A I *m*, mais A I *m* est égal à M'IB, comme opposés par le sommet, donc M I A et

M'I B sont égaux entre eux. La bille frappant dans la direction M I, se réfléchira donc bien dans la direction I M'.

Ce chemin M I M' (fig. 36) jouit d'une propriété très-remarquable et qui peut être utilisée dans les arts : c'est qu'il est le plus court de tous les chemins pour aller de M en M' en touchant la droite A B. Concevons en effet un autre chemin M H M', en repliant la figure suivant la ligne A B comme charnière, on aurait deux lignes m H et m I, sur lesquelles s'appliqueraient M H et M I, qui leur sont égales; or, le chemin m I M' étant en ligne droite, il est plus court que m H M' qui est une ligne brisée, et par conséquent que M H M' qui lui est égal. Mais m I étant égal à M I, le chemin m I M' est le même que M I M'; donc enfin le chemin M I M' est plus court que M H M, ou que tout autre chemin différent.

Lorsque la lumière provenant d'un point quelconque rencontre une surface polie, les rayons lumineux se réfléchissent en suivant la même loi que celle du choc des corps : l'angle de réflexion est égal à l'angle d'incidence. Ainsi une lumière O (fig. 37) qui envoie des rayons dans tous les sens, étant placée devant une surface plane et polie, par exemple un miroir, représenté par A B, les rayons, arrêtés par l'obstacle, sont réfléchis dans tous les sens. Si un observateur place son œil dans la position C et le dirige vers le miroir, il reçoit des rayons dans la direction I C qui lui paraissent venir d'un point O', placé derrière le miroir, et qui doit être le symétrique du point O, pour que les rayons O I et I C fassent des angles égaux avec A B; O' est l'image de O, et l'on voit que, quand on regarde l'image d'un point dans un miroir plan, elle se fait dans la position symétrique.

Il en est de même pour l'image d'un objet quelconque, qui, étant composée de points symétriques, sera elle-même une figure symétrique de celle de l'objet (fig. 38).

On utilise cette symétrie des figures vues par réflexion sur les miroirs dans un petit instrument appelé le kaléidoscope : au fond d'un tube se trouvent deux petits miroirs, se coupant à angle droit; on place entre ces miroirs des objets mobiles, différents de forme et de couleur, qui se réfléchissent trois fois symétriquement; en regardant par une ouverture du tube, les objets, quadruplés par la réflexion des miroirs, forment des figures symétriques qu'on fait varier très-promptement en remuant le tube, et qui sont très-agréables à la vue (fig. 39).

Enfin comme dernière application des points symétriques, nous citerons le phénomène qu'on appelle l'*écho*. Si on produit un son au point A, l'ébranlement de l'air se propage dans tous les sens et arrive à un observateur placé par exemple en B, en suivant le chemin A B ; mais si cet ébranlement de l'air rencontre un obstacle, comme un mur, une colline *m n* (fig. 40), il se propage en se réfléchissant dans toutes les directions ; l'observateur placé en B ne tarde pas à recevoir le son qui s'est réfléchi en I en faisant un angle d'incidence égal à l'angle de réflexion, et il lui semble que le nouveau son vient de A', symétrique de A. Ce son, ayant suivi un chemin plus long que celui qui est allé de A en B, arrive après celui-ci et constitue cette répétition de son qu'on nomme l'écho. S'il y avait plusieurs obstacles, on pourrait entendre le même son répété à différents intervalles, et semblant venir de différentes directions.

Propriétés des Parallèles.

QUATRIÈME PROPOSITION. — 1° *Deux droites perpendiculaires à la même ligne sont parallèles.* Ainsi (fig. 41) A B et C D perpendicu-laires à A C sont parallèles, car si elles se rencontraient, au point O, par exemple, c'est qu'on pourrait abaisser de ce point deux perpen-diculaires à la ligne A C, ce qui ne peut pas être.

2° *Deux lignes, l'une perpendiculaire, l'autre oblique, par rapport à la même droite, se rencontrent nécessairement,* soit au-dessus (fig. 42), comme A B et C D, soit dans le sens inverse, comme E F et G H. On regarde cette propriété comme évidente.

3° *Il en résulte que par un point pris hors d'une droite on ne peut mener qu'une parallèle à cette droite.* Pour en mener une du point D (fig. 43) à la droite A B, on abaisse une perpendiculaire D A ; et au point D on élève encore une perpendiculaire D E à cette der-nière droite ; D E et A B sont parallèles. Mais toute autre droite pas-sant par le point D, ne pouvant être perpendiculaire à D A, devra rencontrer A B, d'après ce que nous venons de poser en principe.

4° *Si on abaisse une droite perpendiculaire sur une ligne, cette droite est aussi perpendiculaire à une parallèle* (fig. 44). Du point A, on mène A G perpendiculaire à C D, elle sera perpendiculaire à E F ; car si A F et C D étaient l'une perpendiculaire et l'autre oblique sur A H, elles se rencontreraient, elles ne seraient donc point parallèles.

5° *Deux parallèles sont partout à la même distance.* La distance de deux parallèles sera la ligne la plus courte qu'on puisse mener entre les parallèles, et par conséquent la perpendiculaire abaissée d'un point de l'une sur l'autre ; il faut donc prouver que ces perpendiculaires communes (fig. 45) M N, P Q, R S, quel que soit le point où on les mène, ont la même longueur. Comparons M N et P Q ; pour cela menons encore une perpendiculaire commune par le milieu I de la distance M P, et replions la figure M I H N autour de I H comme charnière ; I M s'applique sur I P, et puisqu'elles sont égales, M tombe en P, et M N prend la direction P Q comme perpendiculaires ; H N prend la direction H Q, donc le point N se trouve placé en Q, et M N et P Q coïncident, elles sont donc égales, et par suite les distances sont partout les mêmes. Cette propriété est la plus importante de toutes les propriétés des parallèles et celle qui a le plus grand nombre d'applications.

Il résulte de ce principe que : *les parties de deux lignes également inclinées comprises entre deux autres parallèles sont toujours égales* (fig. 46). Ainsi E F et G H sont égales ; car en menant les perpendiculaires E I et G K, et en faisant glisser la figure E F I, de manière que E I vienne en G K, les lignes G H et E F s'appliqueront l'une sur l'autre parce qu'elles sont également inclinées sur A B, et I F s'appliquera sur H K parce qu'elles sont toutes les deux perpendiculaires à G K. Donc elles coïncident, et par suite, E F est égale à G H, de même E G est égale à F H.

6° *Lorsque deux droites sont également inclinées sur une troisième, elles sont parallèles.* En effet (fig. 47), admettons que les deux droites A B et C D soient également inclinées sur la droite A C, c'est-à-dire que les angles désignés par 1 et 2 soient égaux entre eux, si ces deux lignes se rencontraient en O, par exemple, en les prolongeant de l'autre côté de la sécaute A C, les angles opposés par le sommet 3 et 4 devraient aussi être égaux entre eux, et les deux lignes B'A et D′C, également inclinées sur A C, devraient, pour la même raison, se rencontrer en O′. Ces deux lignes, ayant deux points communs O, O′, n'en formeraient qu'une, ce qui n'est pas. Donc elles ne peuvent se rencontrer.

Il en résulte que, *si deux droites sont parallèles, elles doivent être également inclinées sur une même droite.* Car si les parallèles A B et C D (fig. 48) ne faisaient pas des angles égaux avec A C, ce serait la ligne A E, par exemple, faisant un angle égal à D C A, qui serait la parallèle, et comme il ne peut passer au point A qu'une seule paral- lèle, A B ne le serait pas.

Remarque. — Une sécante fait avec deux parallèles huit angles, que nous désignerons par les lettres a, b, c, d, e, f, g, h (fig. 49).

a et b, les angles dont nous venons de parler, sont appelés *correspondants ;* il en est de même de g et e, de c et d, de h et f.

h et b, g et d sont appelés *alternes-internes.* Ils sont aussi égaux.

a et f, c et e sont appelés *alternes-externes.* Ils sont encore égaux.

g et b et h et d sont appelés *intérieurs* d'un même côté de la sé- cante. Ils sont supplémentaires, c'est-à-dire que leur somme est égale à deux droits.

Toutes ces propriétés se déduisent de la première, et elles servent comme elle à établir une condition suffisante pour que les lignes soient parallèles.

Il résulte encore de ces propriétés, que *deux angles qui ont les côtés parallèles,* sont égaux, a et b (fig. 50), car ils sont tous les deux égaux au même angle c, comme correspondants ; ou bien, ils sont supplémentaires, comme a' et b' (fig. 51), car b' est supplémentaire de c, qui est égal à a, d'après ce qui précède.

Tracé des Parallèles.

On peut, avec la règle et l'équerre, mener par un point donné une parallèle à une droite. Pour cela, soit la droite donnée A B (fig. 52), et C le point : on applique sur A B un côté d'une équerre ; sur l'autre côté, on appuie une règle ; on fait ensuite glisser l'équerre le long de la règle jusqu'à ce que le côté qui s'appliquait sur A B passe au point C ; on trace alors C D, qui sera parallèle.

Car, que l'angle A de l'équerre soit droit ou non, on le transporte en A', et les deux lignes A B et C D sont également inclinées sur la direction de la règle.

Cette méthode est surtout très-commode pour tracer un grand nombre de lignes parallèles entre elles, comme cela arrive souvent dans les dessins d'architecture. Après avoir fixé la règle comme nous l'avons dit (fig. 53), on place deux poids P et P' sur la règle pour la rendre immobile, et, en faisant glisser l'équerre, on trace autant de parallèles que l'on veut.

Dans les dessins où l'on a à mener un grand nombre d'horizontales et de verticales, on emploie presque toujours un instrument appelé T (fig. 54) ; il est composé de deux règles d'épaisseurs différentes et assemblées dans une position parfaitement perpendiculaire. Les planches sur lesquelles on applique les feuilles de papier où l'on veut dessiner, doivent avoir elles-mêmes des bords bien rectangulaires A B C D (fig. 55) ; on prend ordinairement mn et pq pour l'horizontale et la verticale. Quand on veut tracer des lignes parallèles à ces directions, on fait glisser le T le long de la planche, en appuyant le rebord formé par l'épaisseur de la branche en croix sur le bord de la planche : on trace ainsi rapidement un grand nombre de parallèles. On comprend combien il est important, pour la justesse du dessin, que les bords de la planche soient bien dressés et bien perpendiculaires, ainsi que les branches du T.

Mais il faut, avant tout, que la surface de la planche soit bien plane et le papier bien tendu. Pour qu'une planche soit dans de bonnes conditions et ne risque point de se gauchir ou de se déjeter, il faut, si elle n'est faite d'un grand nombre de morceaux de bois très-sec, assemblés dans des sens différents, que les planches de même sens qui la composent soient encadrées dans une bordure de bois de chêne parfaitement sec.

Applications.

1. On peut, avec des systèmes de parallèles, tracer des figures parfaitement égales à une figure donnée, qu'elle soit ou non terminée

par des lignes droites. Par exemple, dans la figure 56, on mène,
des différents points de la courbe A B C D, des parallèles qu'on
prolonge autant que l'on veut; on prend sur toutes ces lignes des
longueurs égales, et on joint les extrémités *abcd* par des lignes
droites qui sont parallèles à A B, B C, C D. Ces portions de parallèles,
comprises entre parallèles, sont égales, et on a une figure, que l'on
trace, si c'est une ligne courbe, avec une règle pliante qu'on fait passer par tous les points. C'est ainsi que, dans les arts, on trace, sur du
carton ou sur des feuilles minces de bois, des *gabarrits* ou *patrons*,
qui doivent servir à reproduire plusieurs fois la même figure.

2. Les systèmes de parallèles trouvent une très-utile application
dans le tracé des courbes, soit dans le dessin, soit sur le terrain, au
moyen des *coordonnées*. Cette méthode est indispensable toutes les fois
qu'il faut construire des courbes autres que celles qui peuvent se tracer
au moyen d'un instrument particulier, comme, par exemple, les arcs
de cercle; et encore, dans ce dernier cas, les arcs très-grands se con-
struisent-ils sur le terrain par un système de coordonnées. Voici en
quoi cela consiste :

Soit une courbe A B (fig. 57), qu'on veut tracer ou reproduire;
on mène deux droites perpendiculaires dans le plan de la courbe;
l'une O X, horizontale ordinairement, l'autre O Y, verticale. Sur la première, à partir d'un point O quelconque, et qu'on appelle l'origine,
on marque des distances égales ordinairement entre elles, et en chacun
des points ainsi marqués 1, 2, 3, 4... on élève des perpendiculaires que
l'on mesure. Les distances O 1, O 2, O 3, s'appellent les *abcisses*; les
perpendiculaires se nomment les *ordonnées*. On conçoit très-bien qu'avec
un tableau donnant seulement les abcisses et les ordonnées on puisse
construire la courbe. Par exemple, dans ce cas, le tableau indiquerait :

Abcisses.	Ordonnées.
1	2
2	3
3	3,5
4	4
5	3,9
6	4
7	5

Ce tableau, donné à l'avance au dessinateur ou à l'ouvrier, suffit pour que l'un ou l'autre puisse exactement reproduire la figure dont il s'agit. On joint les extrémités des ordonnées par des lignes droites ; et, si cela n'est pas suffisant, on trace la courbe avec une règle pliante.

3. La propriété des lignes parallèles, d'être partout à la même distance l'une de l'autre, est à chaque instant appliquée dans les arts. Nous allons citer quelques cas.

Les *chemins de fer* sont des routes sur lesquelles se trouvent des barres de fer, parfaitement dressées, saillantes, et disposées parallèlement, qu'on appelle des *rails* (fig. 58). Les wagons, ou voitures, sont portés par des roues dont les jantes s'emboîtent sur les rails et ont des directions aussi parallèles entre elles ; la distance des parallèles étant partout la même, les roues resteront toujours adaptées sur les rails.

Le mécanisme des tiroirs présente encore une application du même principe (fig. 59). Deux règles en bois étant disposées sur une planche dans des directions parallèles, on construit le tiroir de manière que deux côtés soient parallèles aussi, et à la même distance l'un de l'autre que le sont les deux petites règles qui doivent servir de guides ; à l'aide d'un rebord placé sur les guides et sur les côtés du tiroir, celui-ci glissera dans toute son étendue entre les guides et y sera maintenu, puisque la distance des parallèles est partout la même. Or, c'est ce qui n'arriverait pas si les règles allaient en s'écartant ou en se rapprochant, ou que les bords du tiroir ne fussent pas parallèles ; les deux lignes, qui doivent constamment s'appuyer l'une contre l'autre, ne se toucheraient que par un point.

Le degré de perfection auquel on arrive dans la fabrication des étoffes dépend principalement d'un instrument très-simple, qu'on appelle le *peigne* (fig. 60), et qui est composé de deux règles réunies par des tringles également espacées, et destinées à maintenir bien exactement parallèles l'un à l'autre les brins de fil ou de laine que l'on emploie dans l'ourdissage des tissus ; les fils tendus entre deux peignes, ayant deux points à égale distance l'un de l'autre, se maintiennent exactement parallèles.

CHAPITRE II

DE LA CIRCONFÉRENCE

Définitions. — Toute ligne qui n'est pas droite et qui n'est pas composée de lignes droites est une ligne *courbe*. Telles sont, par exemple, les lignes de la figure 61.

La plus usitée des courbes est la *circonférence*.

La circonférence est une courbe plane, c'est-à-dire pouvant être placée sur un plan, et dont tous les points sont à égale distance d'un point intérieur appelé centre.

La courbe CAB (fig. 62) est une circonférence dont le centre est au point O. Les distances OA, OB, OC, sont égales, et les lignes OA, OB, OC sont des *rayons*.

Deux rayons en ligne droite CB forment un *diamètre*. Tous les diamètres, comme tous les rayons, sont égaux dans une même circonférence.

Une portion de circonférence AB (fig. 63), s'appelle un *arc de circonférence*, et la ligne droite AB, qui joint les extrémités, est une *corde*. La droite *mn*, perpendiculaire au milieu de la corde et comprise entre la corde et l'arc, se nomme la *flèche*.

Une droite CD, qui coupe la circonférence en deux points, se nomme une *sécante*. La droite EF, qui touche la courbe en un seul point G, est une *tangente*.

La portion de surface plane enfermée dans le contour ou périmètre de la circonférence se nomme *cercle*; quelquefois on dit un arc de cercle pour un arc de circonférence; cette manière de parler, tolérée par l'usage, ne devrait pas être employée, il faudrait dire arc de circonférence.

La portion du cercle comprise entre l'arc et la corde, A*m*B (fig. 64), est un *segment* de cercle. Un *secteur*, C O D *n*, est la portion de surface comprise entre les côtés d'un angle dont le sommet est au centre et l'arc intercepté. Cet angle se nomme un angle au centre. Si le sommet de l'angle est sur la circonférence, l'angle est *inscrit*, comme A B C (fig. 65).

Tracé.

On peut tracer des circonférences ou des portions de circonférence par divers procédés.

En attachant l'extrémité d'un fil de longueur fixe au centre et en faisant tourner l'autre extrémité, un traçoir, fixé à cette extrémité, décrit une circonférence. Les jardiniers peuvent ainsi tracer, sur le sol, des circonférences d'un rayon assez grand.

Dans le dessin, on se sert du compas (fig. 66) : c'est un instrument composé de deux branches égales, articulées à une virole O, et pouvant s'écarter l'une de l'autre. Dans les grands compas en bois dont se servent les charpentiers, les deux branches O A et O B sont maintenues par un arc en bois, ou en métal, c d, à une distance invariable ; un bouton, ou vis de pression, sert à fixer l'écartement. Les dessinateurs se servent de compas en cuivre, dont l'une des branches est terminée par une pointe très-fine, et est destinée à être placée sur le centre ; l'autre porte un traçoir, crayon ou tire-ligne, qui sert à décrire la circonférence.

Lorsque le compas n'a que deux pointes effilées sans traçoir, il n'est destiné qu'à prendre la distance entre deux points, on l'appelle un compas à pointe sèche.

Le compas à balustre sert à tracer dans le dessin linéaire les circonférences de très-petit rayon ; il diffère du précédent en ce que la branche mobile est maintenue écartée ou rapprochée de la branche fixe, à l'aide d'une vis dite vis de rappel.

Nous verrons plus tard, dans les applications, comment on peut tracer des circonférences de très-grand rayon.

Propriétés de la Circonférence.

1. *Un diamètre partage la circonférence en deux parties égales.*
Si on mène un diamètre A B (fig. 67), et qu'on replie la partie de
la courbe A M B autour de ce diamètre comme charnière, de manière
à ce qu'elle vienne s'appliquer sur la partie inférieure, tous les points
de A M B devront se trouver sur les points de A M′ B ; s'il en était
autrement, et si la partie de la courbe repliée venait en A N B par
exemple, en menant le rayon O M′, la distance de M′ au centre serait
plus grande que la distance O N, tous les points de la courbe ne seraient pas également éloignés du centre, ce qui ne peut avoir lieu.

Si du point M on abaisse une perpendiculaire sur A B, M I, et qu'on
la prolonge, le point M tombera en M′ sur la perpendiculaire prolongée, lorsqu'on replie la figure ; les deux distances M I et M′ I sont
égales, et le point M′ est le symétrique du point M par rapport à la
droite A B. Comme il en serait de même pour tout autre point, il en
résulte que : *un diamètre est une ligne de symétrie de la circonférence.*

2. *Le diamètre est la plus grande de toutes les cordes qu'on puisse
tracer dans la circonférence.* Car pour aller du point C au point D
(fig. 68), le chemin est plus court en suivant la droite C D, qu'en suivant la ligne brisée C O D ; mais ce dernier chemin, se composant de
deux rayons, est le même que A B qui est un diamètre ; donc la corde
est plus courte que le diamètre.

3. *Des arcs égaux sont sous-tendus par des cordes égales ; plus
l'arc est grand plus la corde est grande, tant que l'arc ne dépasse
pas une demi-circonférence.* Soient les deux arcs égaux A B et C D
(fig. 69) ; il suffit pour s'assurer de la première partie de la proposition de faire tourner la demi-circonférence, où se trouve l'arc A B,
autour d'un diamètre passant par le point M, milieu de l'arc B C ; le
point B tombera en C, et l'arc A B s'appliquera sur son égal C D. Le
point A se placera donc en D, et les deux cordes coïncideront ; elles
sont donc égales.

Il est ensuite évident que si l'on fait tourner une des cordes A B autour du point B, son extrémité se placera en A, A′, A″ et sa lon-

gueur s'approchera de plus en plus du diamètre, auquel cas elle sera la plus grande possible ; les arcs interceptés seront aussi de plus en plus grands jusqu'à la demi-circonférence.

4. *La perpendiculaire abaissée du centre sur la corde partage la corde et l'arc en deux parties égales.* En abaissant du centre la perpendiculaire O I (fig. 70), d'après l'observation qui a été faite, le point A est le symétrique du point B, par rapport au diamètre O H. En repliant la figure autour de ce diamètre, le point H qui est sur la charnière ne change pas de place et A tombe en B ; donc la partie de corde A I s'applique sur I B et l'arc A H sur l'arc H B ; I est donc le milieu de la corde et H le milieu de l'arc.

CONSÉQUENCES. — Deux points suffisent pour déterminer la position d'une droite ; il en résulte : 1° que la droite qui passe par le centre et le milieu de l'arc passe par le milieu de la corde et lui est perpendiculaire ; 2° que la droite élevée perpendiculairement au milieu de la corde passe par le centre ; 3° que la ligne qui joint le milieu de l'arc et le milieu de la corde est perpendiculaire sur la corde.

5. *Deux parallèles interceptent sur la circonférence des arcs égaux* (fig. 75). Soient les deux parallèles A C et B D. Abaissons O I perpendiculaire à la fois sur les deux parallèles, elle tombe au milieu M des deux arcs A C et B D ; donc si des deux arcs égaux B M et M D, on retranche les deux arcs égaux A M et M C, les restes A B et C D seront égaux.

Ces propriétés donnent lieu à un grand nombre d'applications.

Applications.

1. *Trouver le centre d'une circonférence ou d'un arc de circonférence.* Prenez trois points à volonté A, B, C (fig. 71) sur l'arc ou sur la circonférence et menez les cordes A B et B C, en élevant une perpendiculaire au point H, milieu de A B, cette perpendiculaire devra passer par le centre ; en élevant une perpendiculaire sur le milieu I de B C, elle devra aussi passer par le centre : donc le centre, qui doit se trouver à la fois sur les deux lignes, se trouvera au point O où elles se rencontrent.

2. *Par trois points non en ligne droite faire passer une circonférence.* Si les trois points A, B, C (fig. 72) sont en ligne droite, les lignes qui les joignent A B et B C étant des cordes, les perpendiculaires élevées par leurs milieux I O, H O', ne se rencontreront pas, et comme elles doivent passer toutes les deux par le centre, ce centre n'existe pas.

Si les trois points ne sont pas en ligne droite, les perpendiculaires se rencontrent en O (fig. 73), et O est le centre. Les distances A O, B O, C O sont égales, d'après les propriétés des obliques, et sont des rayons. En décrivant du point O, comme centre, avec A O pour rayon, une circonférence, elle passera par les points A, B et C.

Il y a une infinité de circonférences qui peuvent passer par deux points donnés A et B, car en élevant une perpendiculaire sur le milieu de A B (fig. 74), tout point O', O', O''' de cette perpendiculaire est à égale distance des extrémités A et B, et peut être pris pour centre de circonférence.

Si l'on donnait plus de trois points, il serait généralement impossible que la circonférence pût passer par ces points, car devant d'abord passer par trois d'entre eux, elle serait tracée et les autres points pourraient ne pas se trouver sur son contour.

Mesure des Angles.

Jusqu'ici nous ne savons reconnaître que la grandeur des angles droits et distinguer, au moyen de ceux-ci, les angles aigus des angles obtus. Mais nous n'avons pas encore de moyens de mesurer ces angles afin de les comparer entre eux; la circonférence va nous donner un procédé très-simple pour mesurer les angles.

ANGLES AU CENTRE. — Traçons deux droites perpendiculaires entre elles A A', C C' (fig 76), les quatre angles droits qu'elles forment embrassent tout l'espace autour du point O. Une ligne O B, d'abord couchée sur O A et tournant ensuite dans le sens de la flèche, forme des angles de toute grandeur A O B, A O B', A O B'', A O B''. On connaîtrait la valeur respective de chacun de ces angles si on avait un moyen de les comparer à un angle fixe pris pour unité, par exemple à l'angle droit ou à une partie d'angle droit connue.

Si de ce même point O (fig. 77), on décrit une circonférence avec un rayon quelconque, la circonférence comprendra aussi tout l'espace autour du point O et par suite quatre angles droits ; de sorte qu'on peut déjà dire qu'un angle droit équivaut à un quart de circonférence, deux angles droits à une demi-circonférence.

Prenons, dans l'intervalle, des arcs égaux A a, a b, bc, etc. ; en joignant ces points au centre on formera des angles égaux A o a, a ob, b o c, etc., donc les arcs égaux correspondent à des angles égaux ; si un arc est double, triple d'un autre, l'angle correspondant est double, triple de l'autre. Il est donc possible de se faire une idée de la grandeur des angles par la grandeur des arcs.

D'après cela on a partagé le quart de la circonférence ou *quadrant* en 90 parties égales qu'on appelle des *degrés*, ce qui revient à partager toute la circonférence en 360 parties égales ou 360 degrés, et on *mesure les angles dont le sommet est au centre de la circonférence par le nombre de degrés de l'arc intercepté entre leurs côtés.* Ainsi un angle droit est un angle de 90 degrés, deux angles droits valent 180 degrés ; un angle de 30 degrés est le tiers d'un angle droit ; un angle de 80 degrés est le supplément d'un angle de 100 degrés, puisque, réunis, ils valent 180 degrés ou deux angles droits ; ainsi de suite.

On désigne les degrés par un petit *o* placé sur le nombre à droite ; 180° signifie 180 degrés.

Pour les plus petits angles, on partage les degrés en 60 parties égales qu'on appelle des *minutes*; on les désigne ainsi : 60′.

Chaque minute se partage en 60 *secondes*, que l'on désigne ainsi : 60″.

L'instrument dont on se sert pour mesurer les angles se nomme *rapporteur ;* il se compose d'un demi-cercle évidé, en cuivre (fig. 78) ou en corne transparente (fig. 79), et sur lequel on a fait la division en degrés, en fractions de degrés, au moyen de traits dans la direction des rayons. Le bord gradué se nomme le *limbe.* Quand on veut mesurer un angle avec cet instrument, soit, par exemple, l'angle A O B (fig. 80), on place le diamètre qui joint les points 0 et 180 sur l'un des côtés O A de l'angle, de manière que le sommet O soit au centre du limbe, ce que l'on voit par une petite échancrure ; on cherche alors quelle est la division du limbe qui se trouve sur le second côté O B de l'angle ; si c'est la division 48, on dit que l'angle AOB est un angle de 48°.

Il faut bien observer que la grandeur du rayon de la circonférence sur laquelle sont marqués les degrés, ne fait rien pour le nombre de degrés contenus dans l'angle, pourvu que son sommet soit au centre. Soient en effet deux cercles de rayons différents A B C, $a\,b\,c$; si $a\,b\,c$ est partagé en 180 parties égales, et que l'on joigne chacun des points de division au centre, ces rayons prolongés détermineront sur A B C 180 divisions aussi égales entre elles ; donc le nombre de divisions ou de degrés contenus dans l'angle $b\,o\,a$ sera le même qu'on le compte sur $a\,b$ ou sur A B.

ANGLES INSCRITS. — Lorsqu'un angle tel que A B C (fig. 81), a son sommet sur la circonférence et que ses côtés sont deux cordes, la mesure de l'angle s'obtient en prenant la moitié du nombre de degrés interceptés par les côtés, entre A et C. En effet, en menant par le centre O des parallèles, l'angle E O D est égal à l'angle A B C. Cet angle E O D a pour mesure l'arc E D ; reste à faire voir que E D est la moitié de A C. Or, dans A C il y a d'abord l'arc E D, puis les deux arcs A E et D C qui sont respectivement égaux à N B et à M B ; mais ceux-ci réunis forment l'arc N M égal à E D, à cause de l'égalité des angles opposés par le sommet ; donc enfin l'arc A C se compose de E D plus deux arcs qui valent encore E D, c'est-à-dire de deux fois E D. Donc enfin on mesurera l'angle B par l'arc E D ou la moitié de A C.

Il en est de même si l'un des côtés de l'angle est tangent, et tel que A B C (fig. 82) ; car si au point C on mène la parallèle C D, les deux angles A B C, B C D sont égaux comme alternes-internes, et ce dernier a pour mesure l'arc B D ou l'arc B C qui lui est égal comme compris entre parallèles. Donc enfin A B C a pour mesure la moitié de l'arc B C compris entre ses côtés.

Une conséquence immédiate du principe précédent, c'est que tous les angles inscrits dans le même segment du cercle, tels que A M B, A M′ B, A M″ B (fig. 83), sont égaux, puisque tous ont pour mesure la moitié du même arc A B.

Il en résulte encore (fig. 84) qu'un angle inscrit dont les deux côtés s'appuient aux extrémités d'un diamètre, tel que A C B, est un angle droit ; car il a pour mesure la moitié de la demi-circonférence, c'est-à-dire un quadrant, ce qui est la mesure d'un angle droit.

Propriétés de la tangente à la circonférence.

1. *La tangente à la circonférence en un point* A (fig. 85) *est perpendiculaire au rayon qui passe par ce point.* En effet, si O A n'était pas perpendiculaire sur C B, ce serait une autre ligne telle que O A′ qui serait la perpendiculaire ; mais cela est impossible, car la perpendiculaire abaissée d'un point sur une droite est plus courte que toute autre ligne menée du point à la droite ; il faudrait donc que O A′ fût plus courte que O A, ce qui n'a pas lieu, puisque O A′ se compose d'un rayon O a, plus la partie a A′ : donc O A doit être perpendiculaire.

On conclut de même que dès qu'une ligne est perpendiculaire à l'extrémité d'un rayon, elle est tangente ; car tout autre point que le point A (fig. 86), pied de la perpendiculaire, serait plus éloigné du centre que le point A, et, par suite, ne peut pas se trouver sur la circonférence, la droite ne peut donc toucher la circonférence qu'au point A : elle est donc tangente.

Si deux circonférences, dont les centres sont O et O′, ont (fig. 87) pour rayon O A et O′ A, elles passent toutes les deux par ce point A, et elles y sont tangentes l'une à l'autre, c'est-à-dire qu'elles ne peuvent pas avoir d'autre point commun. On voit, en effet, qu'en élevant une perpendiculaire au point A, cette ligne est tangente aux deux circonférences ; chacune d'elles ayant tous ses points d'un côté opposé par rapport à la ligne B C, elles ne peuvent avoir d'autre point commun que le point A.

Il en résulte que lorsque la distance des centres de deux circonférences est égale à la somme des rayons, les circonférences sont tangentes extérieurement ; lorsque la distance O O′ (fig. 88) des centres est la différence des deux rayons O A et O′ A, les circonférences sont encore tangentes, mais intérieurement.

Conséquences. — Comme par un point on ne peut élever qu'une perpendiculaire à une droite, il en résulte que par un point d'une circonférence on ne peut mener qu'une tangente, puisqu'elle doit être perpendiculaire à l'extrémité du rayon qui passe par ce point.

Toute ligne telle que M N (fig. 89) perpendiculaire à une tangente, à une courbe quelconque, au point de contact, est une *normale* à cette courbe. On en conclut que, puisque le rayon est perpendiculaire à la tangente d'une circonférence, dans cette courbe, toutes les normales passent par le centre.

Applications.

Cette propriété des tangentes à la circonférence, d'être perpendiculaires à l'extrémité du rayon, donne lieu à un grand nombre d'applications; nous allons en citer quelques-unes.

1. *Roues de voitures et roulettes.* — On se sert pour le transport des fardeaux, et des voitures en général, de roues ayant la forme circulaire; cette forme est la seule qui puisse être employée pour que le transport s'effectue horizontalement et sans secousses. En effet, la roue dont le centre est en O (fig. 90), roulant sur une droite horizontale A A', le centre O est à une distance de cette droite, qui est tangente à la roue, égale à la longueur de la perpendiculaire O A, qui n'est autre chose que le rayon. Or, lorsqu'en roulant sur la droite, la roue aura pris une autre position O', la droite A A' étant toujours tangente, le centre de la roue dans la nouvelle position sera toujours à la même distance de A A', ce centre se mouvera donc, et, par suite, tous les autres points de la voiture ou du fardeau, sur une parallèle à la droite A A'. On conçoit bien que pour toute autre courbe dans laquelle il n'y aurait pas un point à égale distance de toutes les positions de la tangente, un point tel que O (fig. 91) se trouvant actuellement à la distance O B, de B B', se trouverait à une distance moindre O' C', quand la courbe serait venue en O', puis à une distance plus grande O', de sorte que ce point s'abaisserait et s'élèverait successivement.

2. Les tourneurs appliquent le même principe pour tailler la surface des corps suivant des circonférences. Un mécanisme particulier donne à une tige M N (fig. 92) un mouvement de rotation très-rapide, le corps tourne en même temps avec la tige; un outil tranchant placé en un point fixe A, et dirigé en sens inverse du mouvement, enlève toutes les parties du corps qui sont à une distance du point O, plus grande que O A.

3. Dans la roue du rémouleur, ou les roues qui servent à tailler le cristal et le verre, à polir les métaux, c'est l'inverse qui se fait. Une meule de substance très-dure, et ayant la forme d'une circonférence (fig. 93), tourne très-rapidement autour d'un axe; en approchant la surface d'un corps sur le bord de la meule, celle-ci enlève tous les points qui ne sont pas en ligne droite dans la direction de la tangente.

4. La définition même de la circonférence donne lieu à des applications constamment employées. Supposons, par exemple, que l'on découpe sur une surface plane une circonférence O a (fig. 94), et qu'elle reste en contact avec la circonférence en creux O A, qui résulterait du vide laissé en enlevant la première. Ces deux circonférences ont tous les points à égale distance du centre O; si la circonférence intérieure tourne autour de son centre, dans toutes les positions, le point a sera en contact avec un point de la circonférence fixe O A. Or, il est facile de voir que cela n'aurait pas lieu pour une autre courbe, ou pour toute autre figure droite ou courbe dont tous les points ne seraient pas à égale distance du centre. Par exemple, la courbe A A′ (fig. 95), s'emboîtant en $a\,a'$ dans une courbe égale $a\,a'$, ne s'y appliquerait plus lorsque le point A aurait tourné d'un certain angle. Il en serait de même pour la figure A B C D E (fig. 96), prenant la position A′ B′ C′ D′ E′.

Si les bouchons des bouteilles et les goulots n'avaient des formes circulaires, si les pistons et les corps de pompe n'avaient aussi cette forme, il faudrait les enfoncer et les retirer sans les faire tourner sur eux-mêmes, ce qui empêcherait d'exercer sur eux des efforts aussi considérables et en rendrait l'emploi fort incommode.

Problèmes usuels qui se résolvent à l'aide de la règle et du compas.

1. *D'un point pris sur une droite élever une perpendiculaire sur cette droite.*

Soit B C (fig. 102) cette droite, A le point ; du point A, avec une ouverture de compas quelconque, je marque deux points B et C sur la droite et de part et d'autre, également éloignés du point A ; de chacun de ces points comme centre, avec une ouverture de compas quelconque, mais plus grande que B A, je trace deux arcs de cercle qui se coupent en I ; le point I se trouve aussi à égale distance de B et de C ; les deux points A et I appartiennent donc à la perpendiculaire élevée sur le milieu de B C ; on les joint avec une règle, et on a la perpendiculaire.

2. *Par un point pris hors d'une droite abaisser une perpendiculaire sur cette droite.*

Soit le point A (fig. 103), on marque de ce point comme centre, avec une même ouverture de compas assez grande, les deux points B et C ; de ces points, avec un rayon quelconque assez grand, B A, par exemple, on décrit deux arcs qui se coupent en I, et on mène A I.

3. *Partager une droite en deux, en quatre, en huit, en seize parties égales.*

Du point B (fig. 104), une des extrémités de la droite, décrivez des arcs de cercle, avec un rayon plus grand que la moitié de B C, au-dessus et au-dessous ; du point C, avec le même rayon, décrivez de même des arcs de cercle qui couperont les premiers en I et I' ; ces deux points sont à égale distance de B et de C ; ils appartiennent à la perpendiculaire sur le milieu de cette ligne : en les joignant, elle passera en A, milieu de B C.

En répétant les mêmes constructions entre A et B, A et C, on aura des points *a* et *a'* qui diviseront la droite en quatre parties égales, et ainsi de suite.

4. *Élever une perpendiculaire à une droite qu'on ne peut pas prolonger.*

Soit B le point de la droite A B (fig. 105) par lequel il faut mener la perpendiculaire, et supposons qu'on ne puisse pas faire de construction au delà de B.

En un point I quelconque on élève une perpendiculaire ; d'un point O de cette perpendiculaire on décrit une circonférence passant par le point B, on joint A O et on prolonge jusqu'à cette circonférence en C ; enfin, on joint B C. Cette ligne est la perpendiculaire, puisque l'angle A B C est inscrit dans une demi-circonférence, et par conséquent, est un angle droit.

5. *Faire en un point d'une droite, un angle égal à un angle donné.*

Dans les arts, on porte sur la droite, à l'aide du rapporteur, le nombre de degrés, minutes et secondes mesurés sur l'angle donné, ou bien on prend l'angle avec la fausse équerre. Mais si on veut une construction plus exacte, on opère avec le compas de la manière suivante : soit A (fig. 106) l'angle donné, B C la droite, B le point ; on décrit, avec un rayon quelconque, du point A comme centre, l'arc M N ; du point B, avec le même rayon, on décrit l'arc P Q, et à partir du point P, on porte un arc P Q égal à M N, on joint P, Q, et on a un angle égal.

6. *Partager un angle en deux, quatre, huit parties égales.*

Soit B A C (fig. 107) l'angle, on décrit un arc B C avec un rayon quelconque ; de B et de C comme centres, avec le même rayon, on décrit des arcs qui se coupent au point I, on joint A I ; cette ligne est la perpendiculaire sur le milieu de la corde B C, et par suite, elle partage l'angle A en deux parties égales. Une construction analogue servirait à partager chacun de ces deux angles B A I, I A C en deux angles égaux, et ainsi de suite.

7. *Tracer une parallèle à une droite avec le compas et la règle.*

Soit A B (fig. 108) la droite, C le point par lequel on veut mener une parallèle ; du point C, comme centre, on décrit un arc D C', et du point D, avec le même rayon, un arc C A ; on prend D C' égale à A C, et on joint C, C'. On a la parallèle, car les angles C D A et C' C D, mesurés par les mêmes arcs, sont égaux, et comme ils sont alternes-internes, les lignes sont parallèles.

8. *Par un point pris hors d'une circonférence, mener une* *tangente à cette circonférence* (fig. 109). Soit A le point et O la circonférence, on joint O A, et prenant le milieu I de cette ligne, on décrit une circonférence avec I O ou I A pour rayon ; cette circonférence coupe la première en B et C ; on joint A B ou A C, et on a deux tangentes menées par le même point A, puisque les angles O B A et O C A sont droits comme inscrits dans une demi-circonférence.

A cause de la symétrie de la figure, il est aisé de voir que la longueur des deux tangentes A B et A C est la même.

Raccordement des Courbes.

Lorsque une portion de droite (fig. 97) se joint à une portion de courbe, de manière à ce que l'une doive être la continuation de l'autre, il faut, tout aussi bien pour la beauté du dessin que pour les usages auxquels ces figures sont destinées, que cette réunion des deux lignes se fasse sans *jarrets ni cassure;* il en est de même quand on joint deux courbes l'une à l'autre.

La tangente à une courbe, qui n'a mathématiquement qu'un point commun avec la courbe, a, dans la réalité et dans le dessin, une petite portion, un élément commun avec la courbe ; c'est par cet élément que doit se faire la jonction. Ainsi, une courbe A C (fig. 97) qui doit se joindre à une droite A B, au point A, doit être disposée de manière à être tangente au point A.

De même deux portions de courbe M N et N P (fig. 98) qui se joignent au point N, doivent être toutes les deux tangentes à une même droite en ce point, T S. Cette opération s'appelle le *raccordement des courbes.*

Prenons pour exemple deux rails de chemin de fer ayant deux directions différentes (fig. 99), A B et C D, et qu'on veut raccorder par un arc de cercle allant du point B en un point de C D : puisque la circonférence cherchée doit être tangente à la droite A B au point B, la perpendiculaire élevée au point B, doit être un rayon et passer par le centre. D'ailleurs, ce centre doit être à la même distance de A B que de C D, puisque la circonférence doit aussi être tangente à C D ; il doit donc se trouver sur la droite I O, qui partage l'angle des deux droites en deux parties égales, et par suite au point O, commun aux deux lignes. Du point O, on abaisse une perpendiculaire O C sur C D, et on décrit, avec O B comme rayon, un arc de cercle qui sera tangent aux deux droites A B et C D.

Dans le cas qui nous occupe, ces raccordements ne doivent pas se faire avec des courbes de rayon quelconque; il faut que le changement de direction qu'éprouvent les voitures en passant de la partie droite à la partie courbe, soit ménagé, de manière que les roues puissent se maintenir sur les rails. Il est pour cela indispensable que les rayons des courbes soient très-étendus. Dans les chemins de fer français, on ne tolère pas des courbes de moins de 300 mètres de rayon.

Si on voulait raccorder les deux droites A B et C D avec un arc de circonférence d'un rayon donné à l'avance, on opérerait de la manière suivante. En un point quelconque de A B, A par exemple, on élève une perpendiculaire A M, sur laquelle on porte une longueur égale au rayon donné A M, et par le point M on mène une parallèle à A B, qui rencontre en O' la bissectrice de l'angle I. Les distances de O' à A B et à C D, O' B' et O' C' sont égales entre elles et égales au rayon donné ; de sorte que si de O' comme centre, avec O' B' comme rayon, on décrit un arc de circonférence, il sera tangent aux deux droites, et les raccordera avec une courbe du rayon voulu.

Citons de même un exemple de raccordement de deux arcs de cercle ; soient deux rails (fig. 100), deux droites quelconques, A B et C D, qu'on veut relier par deux arcs de circonférence, de manière que les deux arcs viennent se réunir au point H en partant du point B :

Pour cela, on élève en B une perpendiculaire qui doit passer par le centre du premier arc, puis une autre sur le milieu de la droite B H qui est une corde ; le point de rencontre de ces deux perpendiculaires, O, est le premier centre ; on décrit alors l'arc B H avec O B comme rayon. Si on menait au point H la perpendiculaire K L, cette ligne serait tangente au premier arc, elle doit aussi être tangente au second pour qu'il y ait raccordement. Donc la perpendiculaire O H prolongée doit passer par le second centre. De plus, cet arc devant être tangent à la fois à K L et à C D, son centre se trouvera sur la ligne I O' qui partage l'angle I en deux parties égales, par conséquent au point O':

en décrivant du point O′ comme centre, avec O′H comme rayon, un arc de cercle, il se raccordera en H avec le premier arc, et sera tangent en B′ à la seconde droite.

Dans l'emploi des cercles pour servir de raccordement à deux voies ou systèmes de rails, comme par exemple A B, A′B′ et E F, E′F′ (fig. 101), les parties courbes qui servent à relier les rails ne sont pas nécessairement tangentes aux parties droites, elles doivent seulement venir se rattacher sous des angles tels que C B D, assez petits pour que le croisement se fasse sans de trop grands changements de direction.

Moulures.

Dans l'architecture, on appelle *moulures* les différentes formes droites ou courbes par lesquelles on termine les parties saillantes des murs ou des colonnes des bâtiments; les *profils* sont les dessins plans qui indiquent la forme des diverses moulures; l'art de profiler consiste à combiner ces diverses formes, de manière à en tirer le plus de parti possible, pour la variété et la grâce du dessin.

Les principes géométriques sur lesquels reposent les constructions qui servent dans ces sortes de dessins, sont ceux que nous avons précédemment donnés sur les raccordements des circonférences.

Voici les profils les plus fréquemment employés :

Le *filet*, saillie droite sur un mur vertical (fig. 110).

Le *larmier*, saillie plus considérable destinée à abriter un assez grand espace au-dessous (fig. 111).

Le *quart de rond*, destiné à réunir deux saillies. Pour le construire on élève une perpendiculaire sur la droite A B, à l'extrémité B, jusqu'à la rencontre de la droite C D, au point O, et de ce point comme centre, avec O B pour rayon, on décrit le quart de circonférence (fig. 112).

Le *quart de rond plat* s'obtient en élevant B O perpendiculaire au point de tangence B, et I O perpendiculaire sur le milieu de B C; le point O est le centre (fig. 112).

La *baguette* (fig. 113), saillie terminée par une demi-circonférence.

Le *tore* ou *boudin* (fig. 114) se dessine de la même manière, mais appartient à une surface circulaire et non plate ; il entre dans le pied ou socle des colonnes.

La *gorge* est une partie creuse appartenant aussi à une forme circulaire, et qui, en dessin, se représente par une demi-circonférence dirigée intérieurement. Les poulies ont ordinairement leur pourtour creusé en gorge (fig. 115).

Le *cavet*, partie creuse en quart de rond (fig. 116).

Le *congé droit* (fig. 117), le *congé renversé*, petit quart de rond, raccordant ordinairement les petites saillies au mur droit.

La *scotie* (fig. 118) est une gorge composée de deux courbures différentes. Partagez la ligne MN, perpendiculaire entre les deux saillies, en deux parties qui soient respectivement égales aux rayons des deux courbures et soit B le point de division ; menez la parallèle BB', prenez BO égal à BM, O sera le premier centre, BO' égal à BN, O' sera le second centre.

Le *talon* se compose de deux courbures en sens inverse l'une de l'autre (fig. 119) : on joint les deux points A, B, que doit unir le profil ; si le talon est régulier, il n'y a qu'à mener une perpendiculaire par le milieu I, jusqu'à la rencontre des droites O'A, OB : les points O et O' sont des centres. Les deux courbes se raccordent en I puisqu'elles sont tangentes en ce point à la droite MN perpendiculaire à OO'.

La *doucine* (fig. 120) est la même que le talon, mais les courbures ont une disposition inverse. Les centres se trouvent en O et O' sur l'horizontale menée par le milieu I de AB.

Le talon peut n'être pas régulier ; soit par exemple à construire un talon destiné à joindre AB (fig. 121). On prend un point C arbitraire, on mène BC et on élève la perpendiculaire BO au point B, et la perpendiculaire IO au milieu de BC, O est un centre : on joint OC et on prolonge. Pour que le raccordement se fasse exactement, il faut mener en C la tangente CH perpendiculaire à OC, jusqu'à la rencontre de l'horizontale du point A ; puis prendre HA égal à HC et en A, élever une perpendiculaire AO' jusqu'à la rencontre de OC prolongée : O' sera l'autre centre, les deux arcs se raccordent au point C l'un avec l'autre, et aux points A et B avec les droites.

Nous donnons comme exemples où on peut appliquer les différentes formes que nous venons de voir, une *corniche* ou *cymaise* (fig. 122), et une *piédouche* (fig. 123); les constructions sont suffisamment indiquées par les lignes ponctuées.

9. *Tracer la courbe appelée l'*anse de panier, *dont on donne la base et la hauteur* (fig. 124).

A B la base, CD la hauteur, on prend la différence A F entre C A et C D, on porte cette longueur A F, de D en H et en I, on élève des perpendiculaires sur le milieu de A H et de I B, jusqu'à la rencontre en O; de O comme centre, avec O D comme rayons, on décrit l'arc M D N; puis des points R et S, avec R B et S A comme rayons, on décrit les arcs B N et A M, qui, dans ce procédé pratique, se raccordent parfaitement à l'arc M D N.

10. *Tracer un ovale dont on donne l'axe.* Soit A B (fig. 125) le petit axe de l'ovale. On élève au milieu C une perpendiculaire, sur laquelle on prend C D égal à A C, on joint A D, B D, et on prolonge; du point A, avec A B comme rayon, on décrit l'arc B F; du point B, avec le même rayon, on décrit A E; enfin du point D, avec D E on décrit E G F; ces divers arcs se raccordent très-bien les uns avec les autres.

11. *Tracer une spirale avec des arcs de cercle* (fig. 126). On trace quatre lignes à angle droit et égales, *a b c d;* de *a*, comme centre, avec *ab* comme rayon, on décrit un quart de circonférence jusqu'au point 1; de *d*, comme centre, avec *d* 1 comme rayon, on décrit le quadrant 1 2; de *c*, comme centre, avec *c* 2, et de *b*, comme centre, avec *b* 3; puis on recommence de *a* comme centre avec *a* 4 et ainsi de suite, en faisant autant de spires ou de révolutions qu'on le voudra.

Nous reviendrons sur cette courbe dans son application à la *volute*, ornement très-élégant employé en architecture.

12. *Tracer une ellipse avec des arcs de cercle* (fig. 127). La courbe que nous allons tracer n'est pas une *ellipse*, mais c'est une combinaison d'arcs présentant une forme analogue, c'est pourquoi on lui donne le nom de cette courbe, dont les propriétés seront plus tard démontrées.

Soit A B l'axe, on le partage en trois parties égales aux points C et D, de ces deux points, comme centres, avec la distance C D, on décrit des arcs qui déterminent les points E et F à égale distance de C et de D, on joint E C, E D, F D, F C et on prolonge; les points D et C servent de centre pour les arcs Q B M, P A N, les points F et E pour les arcs N M et P Q, qui se raccordent avec les premiers.

Application à la transmission du mouvement d'un axe à un autre.

D'après ce qui a été vu dans le contact des circonférences, le point de contact étant situé sur la ligne des centres (fig. 128), et la distance O O' étant la somme des deux rayons, si deux circonférences se touchent au point A, et qu'on les fasse tourner autour de leur centre, elles se toucheront toujours au même point; de sorte que par des aspérités ou le simple frottement, on peut au moyen du mouvement de l'une des circonférences, O par exemple, dans le sens de la flèche a, produire le mouvement de l'autre circonférence O' dans le sens de la flèche a', et de cette manière, transmettre le mouvement d'un axe perpendiculaire au point O, à un autre axe perpendiculaire au point O'.

Pour ne pas employer des circonférences trop grandes, lorsque les axes sont éloignés, on transmet encore le mouvement par des courroies ou cordes sans fin. Ces cordes sont tendues sur l'épaisseur des roues o et O, soit comme dans la figure 129, soit en les croisant comme dans la figure 130. Dans le premier cas, la courroie, tangente en A et en a aux deux roues, est attirée par le mouvement de A dans le sens de la flèche, et attire le point a de la courroie et les points suivants, ce qui détermine la rotation de la circonférence o dans le même sens que O.

Dans le second cas, le point A tire le point a', et le mouvement dans le sens des flèches se transmet en sens inverse.

Ou bien encore on dispose une suite de roues (fig. 128 *bis*) O, O', O'', O''', dans lesquelles le mouvement de la première est transmis à la dernière par l'intermédiaire des autres.

Nous reviendrons sur cette question lorsque nous saurons mesurer les circonférences.

CHAPITRE III

FIGURES FORMÉES PAR LES COMBINAISONS DES DROITES ET DES CIRCONFÉRENCES

DÉFINITIONS. — Deux lignes droites qui se coupent ou sont parallèles ne sauraient enfermer une portion de surface plane. Il faut au moins trois lignes droites pour arriver à ce résultat; mais on peut enfermer une portion de surface plane dans une figure rectiligne composée d'autant de lignes que l'on voudra. On désigne ces figures sous le nom de *polygones;* ceux-ci se distinguent entre eux en polygones *convexes* et en polygones *non-convexes* ou *rentrants.*

Les polygones convexes A B C D E F (fig. 131) ne peuvent être coupés par une sécante qu'en deux points : une droite quelconque de celles qui le composent, prolongée, telle que D E, laisse toute la figure du même côté : les angles tels que B ne sont jamais plus grands que deux droits.

Les polygones non convexes A B C D E F G (fig. 132) peuvent être coupés en plus de deux points par une sécante, *m n r s;* un côté E F prolongé peut encore rencontrer la figure et en laisser une partie d'un côté, une partie de l'autre; enfin, il peut y avoir des angles, tels que F, qui valent, à l'intérieur, plus de deux droits.

Les lignes qui constituent le polygone s'appellent les *côtés* du polygone.

Un polygone de trois côtés est un *triangle.* Celui-ci (fig. 133), A B C, a trois angles et trois côtés. Si toutes les parties sont inégales, le triangle prend le nom de *scalène.*

Si deux côtés sont égaux, A B et B C, le triangle est dit *isocèle* ou *symétrique* (fig. 134).

Quand les trois côtés sont égaux, le triangle est *équilatéral* (fig. 135).

Il est *rectangle*, lorsqu'il a un angle droit, comme A dans ABC (fig. 136). Le côté BC, opposé à l'angle droit, se nomme l'*hypoténuse*.

S'il y a un angle obtus, on peut désigner le triangle sous le nom de triangle *obtusangle;* triangle *acutangle* se dit de ceux qui n'ont que des angles aigus.

Les polygones (fig. 137) de quatre côtés sont des *quadrilatères*. Ce nom s'applique à toutes les figures de quatre côtés, et, particulièrement, lorsque les différentes parties qui les composent ne présentent pas quelques caractères particuliers; ainsi on appelle :

Carré (fig. 138), celui qui a ses angles droits et ses quatre côtés égaux;

Rectangle (fig. 139), celui qui a ses angles droits et ses côtés égaux seulement deux à deux; on le désigne quelquefois dans les arts sous le nom de carré long;

Parallélogramme, celui qui a ses côtés parallèles deux à deux (fig. 140);

Losange, le parallélogramme dont les quatre côtés sont égaux entre eux (fig. 141);

Trapèze, celui qui n'a que deux côtés parallèles entre eux et inégaux (fig. 142). Le trapèze est isocèle, si les côtés non parallèles sont égaux (fig. 143).

Un polygone de cinq côtés se nomme *pentagone*.
— de six côtés, *hexagone*.
— de sept côtés, *heptagone;* peu employé.
— de huit côtés, *octogone*.
— de neuf côtés, *nonogone;* peu employé.
— de dix côtés, *décagone*.
— de douze côtés, *dodécagone*, etc.

Lorsque les côtés et les angles de ces polygones sont égaux entre eux, on les appelle des *polygones réguliers*. Ainsi (fig. 144), cette figure est un hexagone régulier.

Propriétés et constructions. — Propriétés des Triangles.

PREMIÈRE PROPOSITION. — *Dans un triangle, chaque côté est plus petit que la somme des deux autres.* — Cela revient à dire que, pour aller d'un sommet à l'autre du triangle, la ligne droite est plus courte qu'une ligne brisée.

Nous admettons, du reste, que de deux lignes brisées aboutissant aux mêmes extrémités et convexes (fig. 145), comme A *m n* B et A *p q r s* B, la ligne enveloppante est plus grande que la ligne enveloppée.

Il en sera de même pour deux lignes convexes dont l'une est entièrement enveloppée par l'autre, comme A B C D E et M N P Q R ; la ligne enveloppante est plus grande que la ligne enveloppée ; mais on conçoit qu'il n'en est pas de même si la ligne enveloppée n'est pas convexe. Le contour A B C D E (fig. 146) peut très-bien être plus court que le contour *m n p q*, quoique le premier l'enveloppe de toutes parts.

DEUXIÈME PROPOSITION. — *Dans un triangle, la somme des trois angles vaut toujours deux angles droits.* — Ce qui veut dire que si on mesure le nombre de degrés contenus dans chacun des trois angles, et qu'on additionne ces trois nombres, on trouvera toujours 180°. Ou bien encore, que si on place ces trois angles, le sommet au même point *a* (fig. 147), et chacun ayant un côté commun avec le suivant, le dernier côté *a c* sera sur le prolongement du premier *a b* et tout l'espace compris au-dessus de *c b* vaudra deux angles droits.

En effet, soit un triangle quelconque A B C (fig. 148), prolongeons le côté A C dans la direction C D, et par le point C, menons C E, parallèle au côté A B. Les trois angles formés autour du point C sont, d'abord : l'angle B C A du triangle ; puis l'angle B C E égal à l'angle A B C du triangle, comme étant alternes internes ; et enfin, l'angle E C D, qui est égal à l'angle B A C du triangle, comme étant des angles correspondants. Donc les angles du triangle ne sont autres que les trois angles formés au point C, et ceux-ci forment deux angles droits ; donc les trois angles du triangle valent deux droits.

Conséquences et Applications.

Les angles formés par le prolongement de l'un des côtés, comme C B D (fig. 149), s'appellent des angles *extérieurs* du triangle. Il résulte de la démonstration précédente que chaque angle extérieur est égal à la somme des deux angles intérieurs non adjacents.

Dans un triangle, il ne peut pas y avoir plus d'un angle droit, ni plus d'un angle obtus; sans cela, la somme serait nécessairement plus grande que deux droits.

Si on connaît deux angles d'un triangle, on peut toujours construire ou calculer le troisième.

Soient A et B deux des angles, et C le troisième.

$$A = 59° - 20' - 30'$$
$$B = 64° - 35' - 40'$$
$$\overline{\qquad 123° - 56' - 10'}$$

En les additionnant, on trouve que leur somme vaut $123° - 56' - 10'$.

En retranchant cette somme de 180°, on aura le troisième angle.

Pour faire cette soustraction, au lieu de 180°, on écrit $179° - 59' - 60'$.

$$180°$$
$$179° - 59' - 60'$$
$$123° - 56' - 10'$$
$$\overline{\qquad 56° - \ 3' - 50'}$$

On trouve $C = 56° - 3' - 50'$.

Pour le construire (fig. 150), décrivez dans les deux angles, avec un rayon arbitraire, deux arcs M N, P Q. Sur une droite indéfinie, d'un point O quelconque, décrivez une demi-circonférence avec le même rayon, prenez N'M' égal à NM, M'Q' égal à P Q, l'angle restant Q'O R sera le troisième angle du triangle.

Si deux triangles ont deux angles égaux, le troisième est nécessairement égal.

Dans un triangle rectangle, les deux angles aigus sont complémentaires, c'est-à-dire que leur somme est égale à un angle droit ou à 90°.

Construction des Triangles d'après certaines données.

1° On donne trois lignes a, b, c, qui sont les trois côtés d'un triangle, construire ce triangle :

Prenez (fig. 151) une ligne B C égale à a; du point C, avec le second côté b comme rayon, décrivez un arc de cercle; de même, du point B avec le troisième côté c comme rayon; ces deux arcs se coupent en un point A, et le triangle A B C est bien le triangle demandé. Il ne peut y avoir d'autre triangle que celui-là fait avec les mêmes lignes; car les arcs de cercle qui doivent donner le sommet A, ne se coupent qu'au point A, ou au point symétrique A'; de sorte que le second triangle A'B C n'est autre chose que le premier, puisqu'en repliant la figure autour de B C, ces deux triangles coïncideraient.

Donc : *tous les triangles qui ont les trois côtés égaux chacun à chacun, sont égaux.*

2° Étant donnés un angle et les deux côtés qui le comprennent, construire le triangle.

Soient l'angle A, les côtés b et c (fig. 152); faites un angle égal à A : prenez sur l'un des côtés, A B égal à b, sur l'autre A C égal à c, et joignez B C, le triangle A B C est le triangle demandé. Tout autre triangle ayant le même angle A et les mêmes côtés b et c coïncidera exactement avec celui-là.

Donc : *tous les triangles qui ont un angle égal compris entre deux côtés égaux chacun à chacun, sont égaux.*

3° Étant donnés un côté et deux angles d'un triangle, construire ce triangle.

Soient A, B les angles donnés et c le côté (fig. 153). S'il est adjacent aux deux angles, prenez une droite AB égale à c, au point A faites un angle égal à A, au point B un angle égal à B ; les deux lignes se couperont au point C, et tous les triangles ayant les mêmes éléments s'appliqueront exactement sur A C B.

Donc : *tous les triangles qui ont un côté égal adjacent à deux angles égaux, sont égaux.*

Si l'un des deux angles n'était pas adjacent au côté, on trouverait d'abord le troisième angle comme il a été expliqué, et on rentrerait dans le même cas.

4° Étant donnés deux côtés et l'angle opposé à l'un deux, construire le triangle. Soient A, *b* et *a*, les éléments donnés : sur une ligne indéfinie A M (fig. 154.), faites au point A un angle égal à l'angle donné ; prenez A C égal au côté *b* qui doit être adjacent, et du point C comme centre, avec le côté *a* pour rayon décrivez un arc de cercle qui coupera A M au point B, joignez C B, le triangle A C B répond à la question ; mais si l'arc de cercle coupe en un autre point B', situé du même côté de A que le point B, on a un autre triangle A C B', qui répond aussi à la question.

Si l'arc de cercle coupe la ligne en un second point situé de l'autre côté de A, comme dans la figure (154 *bis*), il n'y a qu'un triangle qui réponde à la question.

C'est ce qui arrive toujours lorsque l'angle donné A est obtus, comme dans la figure (154 *ter*).

Enfin nous remarquerons que la solution n'est pas possible, si le côté qui forme l'angle est plus petit que la perpendiculaire C I, abaissée de C sur A M.

Donc : *quand deux triangles ont deux côtés égaux chacun à chacun et l'angle opposé à l'un des côtés égal, ils peuvent ne pas être égaux,* comme par exemple A C B et A C B' de la première figure. Mais, *ils sont égaux si l'angle est obtus ou droit.*

5° Quand on donne les trois angles d'un triangle, on peut construire une infinité de triangles répondant à la question. En effet (fig. 155), sur une droite A B, de longueur quelconque, on fait aux points A et B des angles égaux à deux des angles donnés ; le troisième C se trouve être égal au troisième angle donné, d'après ce que nous avons vu précédemment, et le triangle A B C satisfait à la question. Si maintenant on fait tous les triangles que l'on voudra en menant des parallèles à ces trois lignes, *abc*, *a'b'c'*, etc., ils auront tous les mêmes angles.

Il faut donc nécessairement pour connaître un triangle, ou pour pouvoir le comparer à un autre triangle, qu'on connaisse trois des six éléments, pourvu que dans ces trois éléments il y ait au moins un côté.

6° Dans un triangle rectangle on donne l'hypoténuse et un côté ; construire le triangle.

On fait (fig. 156) un angle droit A, sur un des côtés de l'angle on prend une longueur A B égale au côté donné ; du point B, comme centre, avec un rayon égal à l'hypoténuse, on décrit un arc qui coupe le second côté de l'angle en C ; A B C est le triangle demandé, et il n'y en a qu'un qui réponde à la question.

7° Dans un triangle rectangle on donne l'hypoténuse et un angle aigu, construire le triangle.

On fait un angle B (fig. 157), égal à l'angle donné ; sur B C on prend une longueur égale à l'hypoténuse et du point C on abaisse une perpendiculaire C A sur l'autre côté ; il n'y a que le triangle C B A qui réponde à la question.

Dans ces deux derniers cas il n'y a eu besoin que de deux éléments pour construire le triangle ; mais il y en a cependant trois qui sont connus, puisque tous les triangles rectangles ont un angle droit.

Donc : *deux triangles rectangles qui ont l'hypoténuse égale et un côté égal sont égaux.*

Deux triangles rectangles qui ont l'hypoténuse égale et un angle aigu égal sont égaux.

TROISIÈME PROPOSITION. — *Dans un triangle isocèle, les angles opposés aux côtés égaux sont égaux ; la ligne qui joint le sommet au milieu de la base est perpendiculaire sur cette base, et partage l'angle opposé en deux parties égales.*

Le triangle A B C étant isocèle (fig. 158), les côtés A B et A C sont égaux ; le troisième côté B C s'appelle la base. Si on joint A au milieu I de cette base, les deux triangles A B I et A C I ont les trois côtés égaux chacun à chacun ; donc ils sont égaux, et l'angle B est égal à l'angle C.

De plus A I partage l'angle A en deux angles égaux, et enfin les angles adjacents en I étant aussi égaux, ils sont droits ; donc A I est perpendiculaire sur la base.

La ligne A I est une ligne de symétrie, les deux parties du triangle A B I, A'C I, repliées autour de cette ligne, s'appliquent exactement l'une sur l'autre ; c'est pourquoi dans les arts, on appelle souvent ce triangle le triangle symétrique.

Réciproquement : *si les deux angles d'un triangle sont égaux, les côtés opposés sont égaux et le triangle est isocèle* (fig. 159). Car si on fait un triangle A'B'C', ayant la même base B'C' que A B C, et les mêmes angles, il se superposera au premier comme ayant un côté égal adjacent à deux angles égaux ; et cela aura lieu aussi en le retournant et en appliquant C' en B, et B' en C ; dans les deux superpositions, un côté A'B', s'est successivement appliqué sur A B et sur A C, ces deux lignes sont donc égales entre elles.

CONSÉQUENCES. — Il en résulte immédiatement que, si dans un triangle isocèle, on connaît un angle, les deux autres sont connus, quel que soit celui qui est donné.

Si le triangle isocèle est rectangle (fig. 160), les angles aigus sont de 45° : on se sert dans le dessin d'une équerre très souvent utile, qu'on appelle l'équerre isocèle, ou à 45 degrés. Il résulte encore que si un triangle est équilatéral (fig. 161), les trois angles sont égaux ; et que si le triangle est équiangle, c'est-à-dire, qu'il ait ses trois angles égaux, par cela seul les trois côtés sont égaux et le triangle est équilatéral.

L'angle du triangle équilatéral est le tiers de deux angles droits ou de 180°, c'est-à-dire 60°. Il suffit donc de connaître un côté pour construire un triangle équilatéral.

Propriétés des Quadrilatères.

PREMIÈRE PROPOSITION. — *Dans un parallélogramme les côtés opposés sont égaux, ainsi que les angles opposés* (fig. 162).

Cela résulte de ce que les parties de lignes parallèles comprises entre deux autres parallèles sont égales. De plus, en menant la diagonale B D par exemple, les deux triangles B A D et B C D ont les trois côtés égaux, donc les angles opposés A et C sont égaux, et par suite les deux autres angles.

DEUXIÈME PROPOSITION. — *Dans un parallélogramme les diagonales se coupent en parties égales* (fig. 163).

Les diagonales en se coupant en O forment des triangles A O B et D O C, qui ont le côté A B égal à D C et les angles adjacents à ces côtés, égaux comme alternes-internes, 1 avec 1, 2 avec 2, à cause des parallèles ; donc A O est égal à O C, O B est égal à O D.

TROISIÈME PROPOSITION. — *Les diagonales sont égales dans le rectangle* (fig. 164). Car les triangles A D C et D B C sont égaux comme ayant le côté D C commun, B C égal à A D et les angles compris égaux comme droits : donc les hypoténuses sont égales.

QUATRIÈME PROPOSITION. — *Dans un losange les diagonales sont perpendiculaires entre elles.* La diagonale A C (fig. 165) ayant deux points A et C à égale distance des deux extrémités B et D de la ligne B D, elle est perpendiculaire sur le milieu de cette ligne.

Propriétés des Polygones [1].

PREMIÈRE PROPOSITION. — *Dans un polygone quelconque la somme des angles est égale à autant de fois deux droits, qu'il y a de côtés moins deux.*

En effet, soit A B C D E F G, un polygone (fig. 166). Si on joint un sommet A à tous les autres sommets opposés C, D, etc., on forme autant de triangles qu'il y a de côtés moins deux, car les deux côtés A B et A G appartiennent aux mêmes triangles que B C et G F. Or la somme des angles du polygone est la même que la somme des angles de ces triangles ; et comme dans chacun des triangles la somme des angles est égale à deux droits, il en résulte que dans le polygone il y a autant de

---

1. La plupart de ces propriétés ne s'appliquent qu'aux polygones convexes.

fois deux droits qu'il y a de triangles ou qu'il y a de côtés moins deux.

Ainsi dans le triangle il y a trois côtés ; trois côtés moins 2, donne 1, on trouve deux droits répétés une seule fois ou deux droits.

Dans un quadrilatère quelconque, 2 droits répétés 4 moins 2 fois, ou 2 fois, ce qui donne 4 droits.

Dans un pentagone, 2 droits répétés 5 moins 2 fois, ou 3 fois, ce qui donne 6 droits.

Dans un hexagone, 2 droits répétés 6 moins 2 fois, ou 4 fois, ce qui donne 8 droits. On trouve 10 droits pour le polygone de 7 côtés, 12 pour l'octogone, 14 pour celui de 9 côtés, 16 pour le décagone, et ainsi de suite.

Conséquences et Applications.

Deux polygones qui ont un même nombre de côtés, quelle que soit leur forme, ont des sommes d'angles égales ; de sorte que si dans deux polygones on sait que tous les angles moins un sont égaux chacun à chacun, les derniers devront aussi être égaux.

Si les polygones sont réguliers, on peut facilement calculer la grandeur de l'un de leurs angles ; en effet, puisque tous ces angles sont égaux entre eux, il suffit pour avoir l'un d'eux de partager la somme totale des angles en autant de parties égales qu'il y a d'angles. Ainsi, pour le triangle équilatéral, le plus simple des polygones réguliers, un angle vaut le tiers de deux angles droits ou 60°.

Pour le carré, l'angle vaut $\frac{1}{4}$ de 4 droits ou un droit, ou 90°.

Pour le pentagone régulier, l'angle vaut $\frac{1}{5}$ de 6 droits ou $\frac{6}{5}$ d'un droit ou 108°.

Pour l'hexagone régulier, l'angle vaut $\frac{1}{6}$ de 8 droits, ou $\frac{8}{6}$ ou $\frac{4}{3}$ de droit, ou bien 120°.

Pour le polygone régulier de 7 côtés, $\frac{1}{7}$ de 10 droits ou $\frac{10}{7}$ de droit ou 128° $\frac{4}{7}$.

Pour l'octogone $\frac{12}{8}$ de droit ou $\frac{3}{2}$, ou 135°.

Pour le décagone 144°.

On tire une application importante de la valeur des angles des polygones réguliers, pour le carrelage ou le dallage du sol. La sur-

face du sol doit être recouverte entièrement et sans interstices par
des figures régulières autant que possible. Pour cela, si on suppose
aux dalles, briques ou planches, la forme de polygones réguliers,
ceux-ci doivent être tels que, groupés autour d'un point, ils rem-
plissent exactement l'espace autour de ce point; autrement dit, il faut
que leur angle soit compris un nombre exact de fois dans quatre
angles droits; sans cela il faudrait nécessairement laisser des intervalles vides, comme on le voit autour du point A (fig. 167).

Or, en partant du polygone le plus simple, le triangle équilatéral,
un angle de 60 degrés est contenu 6 fois dans 4 droits ou 360°; on peut
donc grouper six triangles équilatéraux autour d'un point (fig. 168).

Quatre carrés groupés autour de chaque point, couvrent évidemment tout l'espace, comme on le voit dans la figure 169, mais on
peut aussi employer des rectangles, et on les dispose de manière à ce
que les sommets ne soient pas groupés autour du même point
(fig. 170), ce qui est préférable pour la solidité. Dans le planchéiage
des parquets, on se sert le plus souvent de parallélogrammes disposés
de différentes manières, comme l'indiquent les figures 170 *bis* : on désigne ce dessin sous le nom de *point de Hongrie*.

Les pentagones ne peuvent pas servir à carreler, car l'angle du
pentagone qui est de 108°, est contenu trois fois dans 360°, et il res-
terait un angle de 36° qui serait vide.

Les hexagones peuvent servir, car leur angle 120° est contenu
juste 3 fois dans 360°; on peut donc grouper autour de chaque
sommet trois hexagones réguliers. C'est même le carrelage qui offre
le plus de solidité, parce qu'il y a le moins de sommets possible autour de chaque point (fig. 171).

Il est inutile de continuer la même recherche dans les autres polygones, car les angles deviennent de plus en plus grands, sans atteindre deux droits; il en résulte qu'ils seront contenus moins de
trois fois dans 4 droits et n'arriveront jamais à y être contenus deux
fois; donc, ils n'y sont pas contenus un nombre exact de fois.

Cependant on emploie quelquefois l'octogone dans un pavage assez
élégant (fig. 172), dit en mosaïque, dans lequel on introduit un petit
carré, dans l'espace laissé libre entre les côtés des octogones juxta-
posés : l'angle de l'un de ces intervalles est en effet la différence de

360° à deux fois l'angle de l'octogone qui est 135°, soit 270 ; cette différence est précisément 90° ou l'angle du carré.

DEUXIÈME PROPOSITION. — *Si deux polygones sont composés d'un même nombre de triangles égaux et disposés de la même manière, ils sont égaux.*

Car ils ont les côtés respectivement égaux comme appartenant à des triangles égaux (fig. 173); de plus, leurs angles, tels que B C D et *b c d*, sont égaux comme sommes d'angles égaux, B C A et A C D d'une part, *b c a* et *a c d* de l'autre, qui sont égaux aux premiers ; donc les polygones sont superposables.

TROISIÈME PROPOSITION. — *On peut toujours faire passer une circonférence par tous les sommets d'un polygone régulier.*

Soit, en effet, un polygone régulier A B C D E, par les trois points A, B, C (fig. 174), on peut toujours, par le procédé connu, faire passer une circonférence ; on élève, pour cela, les deux perpendiculaires I O, H O, au milieu des côtés jusqu'à leur rencontre O ; ce point est le centre et A O le rayon. Pour prouver que cette circonférence ira d'elle-même passer par tous les autres sommets, il suffit de démontrer que la distance de A en O est la même que celle de D en O, de E en O et ainsi de suite. Or, en repliant la figure A B H O autour de H O comme charnière, elle s'applique exactement sur H C D O, à cause de l'égalité des angles et des lignes, donc la ligne A O s'applique sur D O; en repliant la figure B C K O autour de K O, on verrait de même que O E est égal à B O, et ainsi de suite pour tous les sommets ; donc la circonférence décrite du point O comme centre avec A O comme rayon, passe par tous les sommets du polygone.

O s'appelle le centre du polygone ; la circonférence qu'on vient de tracer est *circonscrite* au polygone, ou bien on dit que le polygone est inscrit dans cette circonférence.

Toutes les cordes A B, B C, etc., étant égales, sont également éloignées du centre ; les perpendiculaires O I, O H, O K, sont donc toutes égales entre elles ; de sorte que si de O comme centre, avec O I comme rayon, on décrit une circonférence, elle touchera tous les côtés en leur milieu ; elle est à son tour *inscrite* dans le polygone, et le rayon du cercle inscrit O I se nomme aussi l'*apothème*.

On voit encore par cette figure que si on a un polygone circonscrit A B C D (fig. 175), en joignant tous les sommets au centre et en menant les lignes *m n*, *n p*, etc., on forme un polygone régulier inscrit ; et que réciproquement, si on a un polygone régulier inscrit *m n p*, les côtés du polygone régulier circonscrit s'obtiennent en menant des tangentes aux points I, H, etc., milieux des arcs *m n*, *n p*, etc.

Tracés des Polygones réguliers.

1. *Inscrire un carré dans une circonférence donnée* (fig. 176). Tracez deux diamètres perpendiculaires l'un sur l'autre, B D, A C et joignez A B C D. Cette figure est un carré, car les 4 côtés sont égaux et les 4 angles droits, comme inscrits dans des demi-circonférences.

2. *Inscrire un octogone régulier, un polygone régulier de 16 côtés, etc.*

Le carré étant fait, on divise chacun des arcs en deux parties égales (fig. 177) par deux autres diamètres perpendiculaires, et on joint les extrémités ; en partageant encore les arcs de l'octogone en 2 parties égales, on aurait le polygone de 16 côtés, etc...

3. *Polygone étoilé de 8 côtés.*

Après avoir marqué sur la circonférence les 8 sommets de l'octogone, si on les joint de trois en trois (fig. 178), en suivant le chemin A B C D E F G H, on formera un polygone régulier non convexe, et qu'on appelle étoilé. On ne peut pas en former d'autre dans l'octogone, car si on joignait les sommets autrement que de trois en trois, on retrouverait le carré ou le diamètre.

4. *Inscrire l'hexagone régulier, le triangle équilatéral et le dodécagone.* Pour trouver la construction, on remarquera que dans l'un des triangles A O B (fig. 179), formés autour du centre, l'angle O vaut le $\frac{1}{6}$ de 4 droits ou $\frac{1}{3}$ de 2 droits, ou 60°; mais le triangle étant isocèle, les angles A et B réunis valent 180° moins 60°, ou 120°, et chacun d'eux vaut 60°, par suite les trois angles sont égaux et le triangle est équilatéral, donc la corde de l'hexagone est égale au rayon.

Il en résulte que, pour inscrire un hexagone, on prendra à partir d'un point quelconque une corde égale au rayon, et en la portant six fois sur la conférence, on devra retomber au point A.

Il en résulte encore qu'après avoir marqué les six sommets (fig. 180), si on les joint de deux en deux on formera le triangle équilatéral.

Si on partage chacun des arcs de l'hexagone en deux parties égales, on forme le dodécagone régulier (fig. 181).

5. *Moyen pratique d'inscrire un décagone régulier, un pentagone régulier dans une circonférence donnée.*

Menez deux rayons perpendiculaires A O, O H (fig. 182); sur O H, décrivez une circonférence dont I sera le centre; joignez A I qui coupe la circonférence en M, AM sera le côté du décagone régulier; en le portant dix fois de A en B, on retombera sur le point A.

En joignant les points ainsi marqués de deux en deux, on inscrira un pentagone régulier (fig. 183).

En joignant les sommets de trois en trois, on forme un polygone étoilé à dix pointes (fig. 184).

En les joignant de quatre en quatre, on forme le polygone étoilé le plus simple, à 5 pointes seulement (fig. 185).

Remarque. — Lorsqu'on voudra partager la circonférence en un nombre de parties égales correspondant aux polygones réguliers dont nous venons de parler, on le pourra toujours par les constructions indiquées, avec la règle et le compas. Ainsi, on sait partager la circonférence en 3, 4, 5, 6, 8, 10, 12, 16, 20 parties égales; pour les autres divisions, on a trouvé très-approximativement par le calcul la longueur qu'il faudrait donner aux cordes des arcs correspondants; en voici le tableau jusqu'à la douzième division, d'où on pourra tirer toutes les divisions en un nombre deux, quatre, huit fois plus grand, à l'aide de la règle et du compas, quand la première division sera faite.

Le rayon d'une circonférence étant représenté par 10,000, les cordes qui sous-tendent :

Une demi-circonférence .... valeur	20000
Un tiers — —	17232
Un quart — —	14145
Un cinquième — —	11746
Un sixième — —	10000
Un septième — —	8672
Un huitième — —	7654
Un neuvième — —	6840
Un dixième — —	6180
Un onzième — —	5524
Un douzième — —	5176

D'après cela, si la véritable longueur d'un rayon était 1 mètre, le côté du polygone de onze côtés serait $0^m,5524$.

CHAPITRE IV

COURBES PLANES USUELLES

I. — De l'Ellipse.

DÉFINITION ET PROPRIÉTÉS. — On nomme *ellipse* une courbe plane dont tous les points sont tels, que la somme de leurs distances à deux points fixes appelés *foyers*, est toujours la même.

Ainsi (fig. 186), la somme des lignes M F et M F′, M′ F et M′ F′, P F et P F′, Q F et Q F′, est toujours la même.

Les lignes M F, M F′ s'appellent les *rayons vecteurs* du pont M. Si les rayons vecteurs viennent se confondre avec la droite A B, passant par les deux foyers, la somme des lignes F A, F′ A est encore la même que pour les autres points ; il en est de même de la somme des lignes F B, F′ B ; d'où l'on peut conclure que F′ A est égale à F B.

La ligne A B est un axe de symétrie, car si on replie la figure B M A autour de A B, les points symétriques placés au-dessous, seront à des distances égales de F et F′ et par suite jouiront des mêmes propriétés.

Cette ligne A B étant partagée en son milieu, si on élève une perpendiculaire C D, la courbe est aussi symétrique par rapport à C D : celle-ci est le petit axe, et A B le grand axe de la courbe. La somme de deux rayons vecteurs quelconques est égale à F A plus F′ A, ou ce qui revient au même, à F A plus F B ou A B, longueur du grand axe.

On désigne quelquefois la distance F F′ sous le nom d'*excentricité*, le point O (fig. 187) est le centre de la courbe ; on nomme ainsi tout point d'une courbe qui partage en deux parties égales toutes les cordes qui y passent ; or le point O jouit de cette propriété, car, à cause de la symétrie, E H est égal à H E′, ou à I O ; de même O H est égal à E′ I qui, à cause de la symétrie, est égal à I D ; donc les deux triangles E H O, O I D sont égaux, et par suite E O D est partagée au point O en deux parties égales.

Différentes manières de tracer l'Ellipse.

Premier procédé. — Lorsqu'on veut tracer une ellipse sur le terrain, sur une feuille de bois ou de carton, la définition même de l'ellipse indique le procédé suivant (fig. 188) : Aux deux foyers F et F′, on plante solidement deux pointes auxquelles on attache un cordon F m F′, dont la longueur doit être celle du grand axe ; on tend ensuite le cordon avec une autre pointe ou un traçoir quelconque, et on le fait tourner en maintenant le cordon bien tendu, tant au-dessus qu'en dessous de A B. On trace ainsi la courbe, car, pour un point quelconque M, la somme des distances aux deux foyers sera toujours la longueur du cordon.

Nous ferons remarquer qu'il n'y a que les points de l'ellipse qui jouissent de cette propriété. Si l'on prend, en effet, un point hors de l'ellipse, N, et qu'on le joigne aux foyers, un des rayons rencontre la courbe en I ; joignons ce point à F′, la ligne droite I F′ est plus courte que la ligne brisée I N $+$ N F′, et en ajoutant de part et d'autre I F, la somme des rayons vecteurs F I $+$ F′ I $<$ F′ N $+$ F′ N ; donc cette dernière somme est plus grande que le grand axe, lorsque le point est en dehors.

Si le point est dans l'ellipse, P par exemple, on prolonge l'un des rayons jusqu'à l'ellipse en H ; on joint H F′ et on a P F′ $<$ P H $+$ H F′, ou en ajoutant de part et d'autre P F, P F $+$ P F′ $<$ P H $+$ P F $+$ H F′ ou $<$ F H $+$ H F′ ; donc, dans ce cas, la somme des rayons est moindre que le grand axe. Il n'y a donc que les points de l'ellipse pour lesquels la somme des rayons soit égale au grand axe.

Le procédé que nous venons d'indiquer est celui que les jardiniers emploient pour tracer, sur le sol, les ellipses dont ils ont besoin pour l'ornementation des jardins. On appelle quelquefois dans les arts cette courbe la *courbe des jardiniers.*

Deuxième procédé. — Quand l'ellipse a de plus petites dimensions, on peut la tracer par points, à l'aide du compas, de la manière suivante : Soit A B (fig. 189) le grand axe, F et F' les foyers. On partage la distance F F' en un certain nombre de parties égales ou inégales, par les points 1, 2, 3, 4, etc.; du point F' comme centre, avec un rayon égal à la distance 1 B, on décrit deux arcs de cercles au-dessus et au-dessous de A B, puis du point F comme centre, avec un rayon égal à 1 A, on décrit deux arcs qui coupent les premiers aux points a, a', appartenant à la courbe. Du point F' on décrit deux nouveaux arcs avec 2 B pour rayon ; du point F, deux arcs avec 2 A pour rayon, on a les nouveaux points b, b', et on continue ainsi à trouver autant de points que l'on veut ; on pourrait, avec les mêmes rayons, en intervertissant les centres, avoir des points de la courbe situés du côté de A. On joint ensuite tous ces points par un trait, soit à la main, soit à l'aide d'une règle pliante. La somme des distances de tous ces points à F et à F' est toujours égale à A B.

Troisième procédé. — Une construction très-commode à exécuter, mais dont la démonstration est donnée par des procédés autres que ceux de la géométrie élémentaire, est la suivante (fig. 190) :

On donne les deux axes A A' et B B' de l'ellipse ; on décrit deux circonférences sur ces deux axes comme diamètres. On mène des rayons O C, O C', O C', et des points C, C', C', on abaisse des perpendiculaires C I, C' I', C'' I''... sur le grand axe, enfin des points D, D', D'' où les rayons rencontrent la petite circonférence, on mène des parallèles D m, D' m', etc., jusqu'à la rencontre des perpendiculaires en m, m', m''... ces points appartiennent à l'ellipse. Ce procédé est celui qui s'exécute le plus promptement dans la pratique, les systèmes de parallèles étant très-faciles à mener par les procédés connus.

Dans ce dernier procédé, les foyers ne sont pas supposés connus. Si on veut les trouver, on remarque (fig. 191) que la somme des distances de B aux foyers est égale à A A', mais comme dans cette position les deux rayons vecteurs sont égaux, chacun d'eux est égal à la moitié de A A', ou a O A. Si donc du point B comme centre, avec un rayon égal à O A, on décrit un arc de cercle, il coupe le grand axe en deux points F, F' qui sont les foyers.

Compas elliptique.

Quatrième procédé. — Le compas elliptique, à l'aide duquel on peut, d'un seul trait, tracer une ellipse aussi facilement qu'on trace un cercle avec le compas ordinaire, est fondé sur le principe suivant, que nous admettrons comme démontré.

Si entre deux axes P Q, R S (fig. 192) perpendiculaires, on fait glisser une droite A B, de longueur fixe, de telle sorte que les extrémités A et B, dans toutes les positions A′ et B′, A″ et B″, se trouvent sur les axes, un point quelconque M de la droite décrit une ellipse.

Le compas elliptique (fig. 193), se compose d'un plateau en métal ou en bois pq, sur lequel sont pratiquées deux rainures perpendiculaires pq, xy, destinées à servir de guides à deux petites pièces a et b qui peuvent glisser à frottement dans ces rainures; la distance ab est maintenue fixe à l'aide d'une règle bam, qui porte en un point un traçoir m. Quand on fait tourner la règle, b marche vers $b′$ et a vers $a′$; après une demi-révolution $b′$ revient vers b et $a′$ vers a. La distance ab restant constante, le point m décrit une ellipse.

Pour faire varier la grandeur ou la forme de la courbe, on peut fixer a et b sur la règle à des distances plus ou moins grandes, et éloigner ou rapprocher le traçoir m.

Si les deux points a et b étaient à la même distance de m, la règle tournerait autour de o, et m décrirait une circonférence. Plus au contraire ces distances seront différentes, plus l'ellipse sera allongée et l'excentricité considérable, comme l'indiquent les ellipses de la figure 194.

Propriétés de la Tangente et de la Normale à l'Ellipse.

Si une droite P Q (fig. 195) est tangente à l'ellipse en un point M, c'est-à-dire qu'elle n'ait que ce point commun avec la courbe, tous les autres points de cette droite seront en dehors, et par suite la somme de leurs distances, telles que F′M′ et F M′, sera plus grande que la somme des deux rayons vecteurs F′ M et F M ; donc la ligne brisée F′ M F est la plus courte pour aller de F′ en F en touchant la ligne P Q. Or, d'après une propriété démontrée dans les propositions sur les perpendiculaires, on sait que les deux lignes F′ M et F M font alors avec P Q des angles égaux P M F′, Q M F (angle d'incidence égal à l'angle de réflexion) ; on en conclut cette propriété remarquable :

Les rayons vecteurs d'une ellipse qui aboutissent au point de contact sont également inclinés sur la tangente. — Si on mène la normale M N, c'est-à-dire une perpendiculaire à la tangente, les angles P M F′, Q M F étant égaux, leurs compléments, c'est-à-dire F′ M N et F M N seront égaux, donc :

La normale à l'ellipse partage l'angle des deux rayons vecteurs en deux parties égales. — Ces propriétés sont suffisantes pour apprendre à tracer les tangentes à l'ellipse.

Soit d'abord un point M sur l'ellipse (fig. 196). On mène les deux rayons vecteurs M F′, M F ; on partage cet angle en deux parties égales par la ligne M N, cette ligne est la normale ; on élève au point M une perpendiculaire P Q sur M N, et on a la tangente.

Soit maintenant à mener une tangente à l'ellipse par un point extérieur C (fig. 197). De ce point comme centre, avec C F pour rayon, décrivez une circonférence. De l'autre foyer F, avec le grand axe pour rayon, décrivez une seconde circonférence qui coupe la première en I et I′ ; joignez F I. Cette ligne coupe l'ellipse en M. M est le point de tangence ; en joignant C M on a la tangente. Il est facile de se rendre compte de cette construction. Le rayon F I étant égal à A A′, ainsi que la somme des deux distances F M et F′ M, c'est que M I est égal à M F, et le triangle I M F′ est isocèle. Mais les circonférences décrites de C, comme centre, passent en F′ et I ; le point C, comme le point M, est donc à égale distance de F′ et de I ; donc C M est perpendiculaire en L, milieu de F′ I. Mais la perpendiculaire au milieu de la base d'un triangle isocèle, partage l'angle opposé en deux parties égales ; donc I M L est égal à L M F′, mais I M L égale C M F, comme opposés par le sommet, donc la ligne C L fait des angles égaux avec les rayons vecteurs ; elle est donc bien la tangente.

En joignant F avec le second point d'intersection des deux circonférences I′, on aurait un second point de tangence M′ et une seconde

tangente C M'. D'où il suit que par un point extérieur on peut toujours mener deux tangentes à l'ellipse.

Applications de l'Ellipse.

L'ellipse, quoique ne pouvant pas se tracer aussi facilement que
le cercle, et ne jouissant pas de propriétés aussi simples, est cependant très-employée dans les arts, tant pour ses propriétés que pour
les formes variées et gracieuses qu'elle peut fournir dans le dessin.
Elle occupe d'ailleurs un rang très-important dans les sciences,
depuis les découvertes de Képler sur le mouvement des corps cé-
lestes. Il a trouvé que toutes les *planètes*, qui sont les astres les plus
rapprochés de nous, et forment avec la terre un groupe autour du
soleil, qu'on appelle le système solaire, tournent suivant des courbes
qui ne sont autre chose que des ellipses dont le soleil occupe l'un des
foyers. Ces ellipses ont très-peu d'excentricité, c'est-à-dire qu'elles
ressemblent beaucoup à des cercles. La terre, l'une de ces planètes, se
meut autour du soleil en décrivant en un an une ellipse dont le grand
axe est de 80 000 000 de lieues. Deux autres planètes, Mercure et
Vénus, sont moins éloignées du soleil que la terre; puis viennent Mars,
un groupe très-nombreux de petites planètes qui ne sont visibles qu'à
l'aide du télescope; plus loin, Jupiter, Saturne, Uranus; et enfin Nep-
tune, la plus éloignée que l'on connaisse, et qui met 160 ans environ à
parcourir une ellipse autour du soleil, dont elle est trente fois plus éloignée que la terre. Quelques-unes de ces planètes sont elles-mêmes au
foyer d'ellipses parcourues par d'autres planètes qu'on nomme satellites, comme fait par exemple la lune autour de la terre. Jupiter a
quatre lunes ou satellites, qui décrivent aussi des ellipses autour de lui.
Enfin, les comètes dont on a pu étudier la marche, décrivent encore
des ellipses dont le soleil occupe le foyer : seulement, quelques-unes
de celles-ci ont des excentricités beaucoup plus considérables.
Ce que nous venons de dire ne s'applique qu'à un très-petit nombre
d'astres, groupés autour du soleil et faciles à reconnaître en ce qu'on
les voit tous les jours changer de place dans le ciel. A des distances
immensément plus grandes, se trouvent ces innombrables étoiles

dont le ciel est couvert, et qui sont probablement toutes d'autres soleils, centres de groupes semblables à celui que nous venons de décrire.

Le tableau représenté par la figure 198 indique la position respective des planètes du système solaire ; seulement les ellipses y sont remplacées par des cercles, et de plus, on les suppose dans le même plan, ce qui n'a pas tout à fait lieu.

Les propriétés de la tangente peuvent être utilisées dans les arts pour réfléchir la lumière, la chaleur, le son, en un point donné.

Supposons, en effet, qu'une source de chaleur ou de lumière, par exemple, soit placée au foyer F (fig. 199) d'une ellipse solide et formée d'une matière réfléchissante ; tous les rayons partis de F traversent l'espace enfermé dans l'ellipse dans tous les sens, soit directement, soit après s'être réfléchis sur la courbe, ou ce qui revient au même, sur un élément de la tangente, sensiblement confondu avec l'élément de la courbe en chaque point. Tous les points reçoivent donc une certaine quantité de chaleur ou de lumière apportée par ces rayons ; mais au second foyer F′ viennent se réunir tous les rayons réfléchis, puisqu'ils font avec la tangente des angles égaux à ceux que font avec cette ligne les rayons incidents partis du même foyer. Il se fait donc en ce point une concentration de chaleur ou de lumière bien plus grande qu'en tout autre point.

Si deux murs d'un édifice (fig. 200), assez éloignés l'un de l'autre, sont tellement disposés que leurs profils A B C, A′B′C′ présentent deux portions d'une même ellipse suffisamment allongée, A m A′n ; une personne, placée à un des foyers qui est près du mur en F et causant à voix basse en regardant le mur, peut être entendue très-distinctement par une autre personne placée en F′ ; tandis que les personnes placées entre les deux premières et plus près de celle qui parle, ne pourront saisir aucun son. Cela provient évidemment de la réflexion du son sur A′B′, et de la direction des rayons réfléchis vers le foyer F.

On trouve cette disposition dans le grand escalier du Conservatoire des Arts et Métiers, à Paris.

II. — De la Parabole.

Si, dans une ellipse dont le grand axe est B C (fig. 201), de l'un des foyers F on décrit une circonférence avec le grand axe comme rayon, en joignant ce foyer F à un point N de la circonférence, cette ligne rencontre l'ellipse en un point M, et en joignant ce point au second foyer F′, la distance F′M est égale à M N ; car chacune de ces deux lignes, ajoutée à F M, doit donner le grand axe. Il en résulte que l'ellipse peut être regardée comme *une courbe dont les points sont à égale distance d'un point fixe F′, et d'une circonférence donnée.*

Si, maintenant, on éloigne le foyer F sur le grand axe, en F₁ par exemple, en laissant fixe le point F′ et le point A où passe le cercle, et qu'on décrive de même la circonférence ayant F₁ pour centre, on pourra construire une autre ellipse dont tous les points, tels que M, seront à égale distance de F′ et de la circonférence. Enfin, en supposant que le centre F de cette circonférence s'éloigne indéfiniment, elle s'aplatira en passant toujours par le point A et deviendra la droite A Z. Le rayon, joignant un point *n* de cette circonférence au centre, deviendra *n m f* parallèle à l'axe, et la courbe dont fait partie le point *m*, aura deux branches qui s'étendront indéfiniment de chaque côté de l'axe sans se fermer ; on pourra dire alors que cette courbe jouit de cette propriété, que tous ses points, tels que *m*, sont à égale distance de F′ et de la droite A Z. Cette courbe à branches infinies se nomme *la parabole.*

Nous dirons donc : *La parabole est une courbe qui a tous ses points à égale distance d'un point fixe F et d'une droite fixe C D* (fig. 202).

La droite fixe, *x y*, se nomme la ·*directrice.*

Si, du foyer, on abaisse une perpendiculaire sur la directrice, le milieu A, de la distance F D du foyer à la directrice, est un point de la courbe, d'après la définition. Ce point se nomme le *sommet* de la parabole.

La droite F D est un axe de symétrie de la courbe ; c'est-à-dire qu'en abaissant de tous les points M, N, etc., de la courbe des perpendiculaires M I, N H, et en les prolongeant d'une longueur égale I M′, H N′, les points M′, N′, extrémités de ces perpendiculaires, seront aussi des points de la courbe. On voit, en effet, que les distances M F et M′F sont égales, comme s'écartant également du pied I de la perpendiculaire F I sur **M M′** ; de même M P et M′P′ sont égales comme parallèles comprises entre parallèles ; donc, comme M F est égal à M P, M′F est aussi égal à M′P′, et le point M″ est un point de la courbe.

Tracé de la Parabole.

On peut tracer une parabole d'un mouvement continu par un procédé mécanique, ou à l'aide de la règle et du compas.

Premier procédé. — On applique une règle (fig. 203) le long de la directrice *xy*, et on applique ensuite contre cette règle une équerre **A B C**, à l'extrémité A est attaché un fil dont la longueur est exactement égale au côté A B de l'équerre, et dont l'autre extrémité est fixée au point F, foyer de la parabole. Si maintenant, on fait glisser l'équerre le long de la règle, et qu'avec un traçoir on tende le fil en l'appliquant le long du côté AB, comme au point *a*, sur A′B′, le traçoir qui appuie le fil, en même temps qu'on fait glisser l'équerre, décrit la courbe. On voit, en effet, que le fil ne changeant pas de longueur, A *a* F est toujours égal à A B ou à A′B′ ; donc, la partie *a* F est égale à la partie *a* B, et par suite le point *a* est à la même distance du foyer et de la droite.

Deuxième procédé. — Sur la droite O B, perpendiculaire abaissée du foyer sur la directrice (fig. 204), on prend, à partir de O, des distances O F, O I, O K, etc., on élève des perpendiculaires en chacun des points, puis du point F comme centre, avec des rayons égaux à chacune des distances O H, O I, O K, on décrit des arcs de cercle qui coupent en *m*, *n*, etc., les perpendiculaires correspondantes.

Ces points *m*, *n*, etc., sont des points de la courbe.

Propriétés de la Tangente et de la Normale à la Parabole.

En admettant, comme nous l'avons dit en commençant, que l'ellipse se change en une parabole lorsque le second foyer s'éloigne à l'infini, ou plutôt, lorsque le second rayon vecteur M R (fig. 205) devient parallèle à l'axe **F E**, il en résulte que la même propriété de la tangente, qui existait dans le cas de l'ellipse, existera dans le cas de la parabole ; donc :

La tangente fait avec le rayon vecteur et une parallèle à l'axe, des angles égaux.

Et, par conséquent, *la normale* M N *partage l'angle de ces deux droites en deux parties égales.*

CONSÉQUENCES. — De ce que (fig. 206) l'angle T M R est égal à F M S, il en résulte que P M I, opposé par le sommet au premier, est aussi égal à S M F, et la tangente M S est bissectrice de l'angle P M F. Mais le triangle P M F est isocèle, puisque, d'après la construction de la courbe, M P est égal à M F ; or, la droite qui partage l'angle au sommet d'un triangle isocèle en deux parties égales, est perpendiculaire au milieu de la base ; cette droite passe donc par le point I, milieu de P F.

D'après cela, si on veut mener en un point M une tangente à la parabole, on mène la parallèle P R à l'axe, on joint P F, on prend le milieu I, et, en traçant la ligne M I, on a la tangente au point M.

Si le point par lequel on veut mener la tangente est extérieur, par exemple, le point S, il faudrait, pour connaître le point M où la tangente menée par le point S touchera la courbe, connaître le point P. Or, on aura celui-ci en remarquant que, puisque S I est perpendicuculaire au milieu de P F, la distance S F est égale à S P : si donc du point S comme centre, avec S F comme rayon, on décrit une circonférence, elle coupera la directrice en P. En menant par le point P une parallèle à l'axe, on aura le point de contact M, et la droite S M sera la tangente.

Nous remarquerons que cette circonférence détermine sur la directrice un second point P' ; en menant une parallèle qui rencontre la courbe en M' et en joignant S M', on a une nouvelle tangente ; par un point pris hors de la courbe, on peut donc tracer deux tangentes à cette courbe.

Applications.

La propriété de la tangente, de faire des angles égaux avec un rayon et une droite parallèles à l'axe, peut être utilisée pour la réflexion du son, de la chaleur ou de la lumière.

Si on voulait, par exemple, construire une salle telle qu'un son produit en un point fût partout entendu avec une égale intensité, il faudrait qu'en coupant les murs de la salle dans des directions quelconques, dans la partie la plus voisine du foyer, la courbe obtenue fût une parabole ; en effet, chacun des éléments de la courbe se confondant avec un élément de la tangente, le son émis en F (fig. 207), et répercuté sur cette courbe, se réfléchirait dans des directions parallèles et dans toutes les parties de l'espace qui est au-devant.

On utilise cette même propriété dans les réflecteurs des phares. La lampe, qui donne une grande quantité de lumière, est placée au foyer d'un réflecteur (fig. 208) dont le profil suivant l'axe est une parabole. Ce réflecteur renvoie les rayons vers la mer en un faisceau de rayons parallèles ; et, en faisant varier l'inclinaison de l'axe, ce faisceau est transporté en différents points, et peut éclairer vivement telle partie du sol que l'on veut, les points voisins ne recevant pas ou presque pas de lumière.

La parabole est la courbe que décrivent dans l'air les projectiles lancés horizontalement ou obliquement, comme, par exemple, les bombes et les obus (fig. 209). Le projectile étant lancé dans la direction A Z tend en même temps à descendre vers la terre en vertu de son poids : il décrit alors, en vertu de ces deux impulsions, une courbe A mn, qui n'est autre qu'une parabole; on conçoit alors que, d'après les propriétés connues de cette courbe, les artilleurs sachent à l'avance le point n du sol où arrivera le projectile; ou bien encore, qu'ils sachent comment on doit faire varier l'inclinaison Z A n, pour que le projectile passe par un point indiqué.

Enfin, nous dirons encore, comme application de la parabole, que quand un liquide s'écoule d'un vase par une ouverture latérale, le jet décrit une parabole (fig. 210).

Les comètes, qui, la plupart, décrivent des ellipses extrêmement allongées, semblent dans la partie de leur course où on peut les suivre, décrire des arcs de parabole.

III. — De l'Hyperbole.

L'hyperbole est une courbe à deux branches symétriques, qui à leurs sommets A et A′, se rapprochent de la forme de l'ellipse et de la parabole, mais dont les branches tendent à devenir de plus en plus droites en s'écartant (fig. 211).

Elle jouit de cette propriété : *que si on joint un de ses points* M *à deux points de son plan, qu'on nomme aussi foyers, la différence des deux rayons* F′M *et* FM *sera toujours la même.* On tire de là un moyen de construire la courbe par points avec le compas. On voit aussi que la ligne qui joint FF′ est un axe de symétrie.

La tangente à l'hyperbole partage en deux parties égales l'angle de deux rayons vecteurs. Ainsi, F′MT = TMF (fig. 213); il en résulte qu'un foyer de lumière étant placé en F, les rayons qui viendront frapper la branche d'hyperbole se réfléchiront suivant des directions qui ne sont autres que celles des rayons partis de F′ et aboutissant aux mêmes points. La lumière de F sera donc réfléchie en un faisceau divergent S′M′, S″M″, qui se répandra dans un très-grand espace, propriété que n'ont point l'ellipse ni la parabole. Aussi, quand on veut faire un réflecteur qui doit envoyer la lumière sur une grande surface, comme, par exemple, pour éclairer par une lampe un grand tableau, ou bien encore pour les réflecteurs des lanternes destinées à l'éclairage des places publiques, on donne à ces réflecteurs une forme qui serait produite par une branche d'hyperbole tournant autour de son axe.

Enfin, il existe deux droites OZ, OZ′, passant par le centre O, et également inclinées sur l'axe, qui jouissent de la propriété de s'approcher de plus en plus de la courbe sans la rencontrer. On les nomme des *asymptotes.*

La propriété de ces branches, de tendre à devenir des lignes droites, les fait quelquefois employer dans la construction des routes, pour raccorder deux lignes droites (fig. 212).

Les quatre courbes que nous avons étudiées, le cercle, l'ellipse, la parabole et l'hyperbole, peuvent être obtenues en coupant un corps que nous étudierons plus tard et qu'on nomme CÔNE, par un plan incliné de différentes manières. Aussi les désigne-t-on ordinairement dans les mathématiques sous le nom de *sections côniques.*

Chaînette.

Quand une corde parfaitement flexible et uniformément pesante, c'est-à-dire dont les parties de même longueur ont le même poids, est suspendue par ses extrémités à deux points fixes, elle prend naturellement la forme d'une courbe qu'on nomme *chaînette*.

Elle jouit d'une propriété remarquable : Supposons qu'à un fil librement suspendu A B (fig. 214), on attache par des fils d'égale longueur, des boules d'égal poids et d'égal diamètre, et assez rapprochées pour être en contact, les fils ne cessant pas d'être verticaux ; les centres de ces boules forment une seconde chaînette, A'M B' ; si on renverse la figure ainsi formée en A' M'B', de manière que le point le plus bas M devienne le point le plus haut M', on pourra supprimer toute attache, et, par le seul fait de leur contact, les boules se soutiendront d'elles-mêmes en conservant la même forme à la courbe. Ce fait a été vérifié par l'architecte Rondelet.

On voit, d'après cela, que la chaînette est la courbe qu'il faudrait prendre si on voulait construire une voûte avec des voussures égales et de même poids, par exemple avec des briques égales. Les voûtes qui ont cette forme sont employées avec avantage quand elles ont un grand diamètre et qu'elles sont destinées à supporter de très-grands poids. Rondelet s'en est servi pour les grands arcs qui soutiennent la colonnade circulaire du dôme du Panthéon.

Les architectes, pour construire cette courbe, se servent simplement d'une corde lourde et flexible, fixée en deux points et tombant librement contre un mur vertical ; on tend plus ou moins la corde pour augmenter ou diminuer la flèche ; on dessine la courbure sur le mur et on renverse la figure. Nous ajouterons que la forme que prennent les hamacs des marins, librement suspendus, est encore une chaînette.

Cycloïde.

Lorsqu'un cercle roule sur une droite, sans glisser, comme le ferait par exemple une roue sur un rail, un point de ce cercle décrit dans l'espace une courbe qu'on nomme *cycloïde*, et qui a aussi quelques applications dans les arts. Le cercle roulant étant en contact au point A avec la droite (fig. 215), supposons que ce point A soit lui-même le point décrivant ; lorsque le cercle s'avancera dans le sens A B, le point A tournera dans le sens A z, de sorte que le cercle s'étant transporté de O en O_1, le point A sera venu en a_1, et il faut que l'arc C a_1 du cercle soit égal à la portion C A de la droite, car, en le faisant rétrograder, on voit bien que tous les points de l'arc et de la droite devraient revenir en contact. Ainsi, dans la position O_2, la longueur A D est égale à la demi-circonférence roulante déroulée, et le point a_2 est dans la position la plus élevée ; en O_3, le point décrivant est revenu en B, et la distance A B est égale à la circonférence entière. De B en B′ il y aura encore la longueur d'une circonférence et une autre branche de courbe B m B′, ainsi de suite.

De ce qui vient d'être dit il résulte le moyen de construire la courbe par points. Étant donnée la base de la cycloïde A B (fig. 216), on la partage en vingt-deux parties égales, et on élève une perpendiculaire A A′ sur laquelle on prend sept de ces parties, de sorte que, comme le rapport de la circonférence à son diamètre est à très-peu de chose près $\frac{22}{7}$, A A′ sera le diamètre de la circonférence qui, déroulée, aurait la longueur A B.

Les divisions de A B étant numérotées comme l'indique la figure, on partage de même la circonférence, et on mène des rayons du point O à chacun des points de division.

Quand la circonférence O est venue en O_1, tangente à la division 7 de la droite, la division de la circonférence qui était au point A, a remonté jusqu'à la division 7 de la circonférence ; de sorte que si par O_1 on mène une parallèle à O 7, on aura un point M de la courbe. De là le procédé pratique suivant : Menez une parallèle O O′ par le centre de la circonférence, reportez-y les divisions de A B, et par chaque point de division, menez une parallèle au rayon de la circonférence O correspondant au même numéro. On obtiendra ainsi autant de points que l'on voudra ; seulement, si on a construit une moitié de la courbe A D, on tracera l'autre moitié en menant des parallèles pour obtenir les points M' symétriques des points M.

En joignant le point M (7) à l'extrémité N du diamètre de la circonférence tangente au point 7, la droite M N est tangente à la cycloïde, et par conséquent, la droite qui joint le point 7 de la circonférence au point 7 de la droite est la normale.

La cycloïde jouit de plusieurs propriétés qui sont utilisées dans les arts : ainsi un corps, pour descendre du point A au point B, non situés sur la même verticale, dans le temps le plus court possible, doit suivre un arc de cycloïde A M B. *La cycloïde est la courbe de plus vite descente.*

Si on veut que plusieurs corps, partant de différentes hauteurs, arrivent en même temps au point le plus bas de leur course, ils doivent encore descendre le long d'une cycloïde. Ainsi, quoique les arcs A B, A' B, A" B soient inégaux, ils seront parcourus par un corps pesant, dans le même temps. *La cycloïde est la courbe des chutes de même durée.*

La cycloïde est propre à former le cintre de voûtes surbaissées ; mais le rapport de la largeur du cintre à sa hauteur ne peut être que $\frac{22}{7}$. Elle est encore employée pour faire des voûtes surhaussées : pour cela, on construit sur la base deux cycloïdes symétriques, et on prend pour l'arc de la voûte la réunion des deux arcs C B C' sur la base C C'; enfin la cycloïde est employée pour le profil des dents d'une crémaillère destinée à conduire un pignon.

Épicycloïde.

Lorsqu'une circonférence, au lieu de rouler sur une droite, roule sur une autre circonférence, un point de la première décrit une *épicycloïde*. Si le rayon de la circonférence roulante est une fraction exacte de celui de la circonférence directrice, il y aura autant de points de la courbe sur cette dernière que l'indique le rapport des rayons. Ainsi la circonférence O (fig. 217), ayant un rayon qui est le $\frac{1}{3}$ de celui de C, il y aura trois branches, A M A′, A′M′A″, A″M″A, d'épicycloïde.

Si le cercle roulant est situé au dedans du cercle directeur, il décrit également une épicycloïde; o, par exemple (fig. 217 *bis*), dont le rayon est le $\frac{1}{4}$ de celui de O, décrirait une courbe telle que A B D E.

Un cas remarquable est celui d'une circonférence O, roulant dans une circonférence C (fig. 218), dont le diamètre est double de celui de la première; dans ce cas, un point de la circonférence O décrit précisément le diamètre, et le point A, par exemple, quand le centre O se transporte en O′, reste sur le diamètre A B. Cela serait prouvé si on démontrait que l'arc M A de la circonférence C est égal à l'arc M A′ de la circonférence O′; or, cela doit être ainsi, car l'arc A M est la mesure de l'angle au centre A C M dans la première circonférence; la moitié de l'arc A′M est la mesure du même angle A′C M inscrit dans la circonférence O′. Donc dans A′M il y a le double de degrés que dans A M; mais comme les arcs de un degré, correspondant à celle dont le rayon est moitié moindre, sont moitié moindres que ceux de la grande circonférence, il en faut le double pour faire un arc de même longueur; donc A′M = A M.

Pour construire une épicycloïde extérieure, on cherche d'abord le rapport qui existe entre la longueur de la circonférence directrice et celle de la circonférence roulante. Soit 3 ce rapport : on partage la circonférence C en trois parties égales aux points A, A′, A″; si le rapport est tout autre, cela revient à prendre des arcs A A′, A′A″, etc., égaux en longueur à la circonférence O; on partage ensuite la circonférence O et l'arc A A′ en un même nombre de parties égales, et on mène des rayons, soit de O, soit de C, aux points de division; on prolonge ces derniers jusqu'à une circonférence concentrique décrite avec O C pour rayon; enfin, par l'extrémité de chacun de ces rayons prolongée, de C 2 par exemple, on mène une parallèle égale à O′, 2; on a ainsi un point M de la courbe, et on opère de même pour les différents points.

Les épicycloïdes intérieures se construisent d'après les mêmes principes.

Le tracé des épicycloïdes est indispensable pour la construction des roues dentées ; les parties des dents en contact sont des portions d'épicycloïdes.

Développante de cercle.

Les roues dentées font encore utiliser dans les arts les propriétés d'une autre classe de courbes qu'on appelle les *développantes*. On les emploie surtout pour les dents des roues qui doivent transmettre leur mouvement, sans altération et sans perte de force, soit à une crémaillère, soit à une autre roue.

En général, on nomme développante la courbe que décrit l'extrémité d'un fil A M (fig. 219) qui s'enroule sur une courbe donnée A B C ; à mesure que des portions du fil s'appliquent sur les éléments A a, $a\,a'$, etc., de la courbe, le point M décrit un arc de courbe qui est la *développante* de la première ; celle-ci se nomme la *développée*. Dans les diverses positions, le fil est tangent à la courbe, et son extrémité M pouvant être considérée comme décrivant des arcs de cercle très-petits autour des centres successifs A, a, a', les directions A M, a M', etc., de ces fils, sont normales à la courbe, comme le seraient les rayons pour les arcs de circonférence ; de sorte que *les normales à la développante sont tangentes à la développée*.

Celle des développantes qu'on emploie le plus souvent, est la *développante de cercle*.

Pour la construire : soit O A (fig. 220) le cercle qui doit être la développée ; au point A on élève une tangente qu'on prend égale à la circonférence rectifiée ; on divise la circonférence et la tangente en un même nombre de parties égales, qu'on a soin de numéroter comme l'indique la figure ; à chaque point de-division de la circonférence on mène une tangente et on lui donne une longueur égale à celle qui correspond au même numéro sur la première tangente. Ainsi, sur la tangente au point 3, on porterait une longueur A 3, prise sur la ligne A B ; la courbe A M N viendra ainsi passer par le point A. On pourrait la continuer au delà de B en supposant un fil qui ferait plusieurs fois le tour de la circonférence et qu'on déroulerait de manière à lui faire décrire plusieurs spires.

Exercices.

Nous faisons suivre cette première partie de la géométrie de plusieurs exercices de dessin linéaire, où on aura l'occasion d'appliquer quelques-unes des règles qui ont été démontrées, principalement sur les droites et les circonférences.

Premier exemple (fig. 221). — DESSIN D'UNE FENÊTRE. — Après avoir tracé les deux lignes xy et zu perpendiculaires entre elles et se coupant au milieu de la feuille de dessin, on porte sur la verticale xy à partir du milieu, des distances oa, ab, bc, cd, de, ef, fg prises sur le modèle et qui indiquent toûs les points par où doivent passer des horizontales; on répète à chaque fois ces distances au-dessus.

On marque ensuite sur l'horizontale zu, à partir de o, des deux côtés, les distances om, mn, np, pq, qr, rs, st, tv, vw, on n'a plus qu'à mener avec le T des systèmes de parallèles dans les deux sens horizontal et vertical; et en traçant à l'encre, on devra arrêter les traits aux points où se fait la rencontre de ces lignes deux à deux.

Deuxième exemple (fig. 222). — DESSIN D'UNE PORTE. — On opère comme précédemment, mais comme les moulures du rectangle $abcd$ ne correspondent pas à celles des deux autres rectangles, il faudra marquer à part sur la ligne of et sur la ligne oh les distances qui seront nécessaires pour tracer ces rectangles. On tracera de même ces lignes avec le T en même temps que les autres; les diagonales se tracent après.

Troisième exemple (fig. 223). — DESSIN D'UNE GRILLE DE BALCON.— Dessinez le rectangle ABCD et les traverses MN et PQ, l'arc de cercle AC est tangent à la ligne CD en C, le centre doit se trouver sur la perpendiculaire élevée en C; de plus l'arc devant passer par les points AC, si, sur le milieu de la corde AC, on élève une perpendiculaire, elle passera par le centre; donc le centre I se trouvera à la rencontre de CI et OI. On obtiendra de même H, puis symétriquement I' et H'. Pour figurer la double ligne, on décrit du même centre, avec un rayon plus petit, le second arc.

Quatrième exemple (fig. 224). — DESSIN D'UNE AUTRE GRILLE. — Tracer le cadre, mener la ligne auxiliaire AB, partager en 4 parties égales ; de chacun des points, comme centre, décrire des circonférences ou des demi-circonférences, prendre A M et A N égales aux rayons et mener les traverses M M',N N' qui seront tangentes à toutes les circonférences ; on achève ensuite les petits cercles compris entre les côtés.

Cinquième exemple (fig. 225). — PAVAGE EN HEXAGONES. — Tracer les lignes A B, A C perpendiculaires l'une sur l'autre ; porter sur A B des longueurs égales au côté de l'hexagone, et par les points de division mener dans deux sens opposés des systèmes de parallèles inclinées de 60° : elles vont former, en se coupant, des triangles équilatéraux avec lesquels il sera facile de former des hexagones réguliers, après avoir mené des parallèles horizontales par les points a', b', c' correspondant aux lignes des sommets.

Sixième exemple (fig. 226). — PAVAGE EN MOSAÏQUE. — Construisez l'octogone régulier avec le côté donné en faisant un angle $a\,b\,c$ égal à l'angle de l'octogone, qui est de 135° ; prenez la longueur $m\,n$ et portez-la autant de fois que vous voudrez sur les deux côtés horizontaux et verticaux, menez les parallèles qui divisent la figure en carrés, prenez la distance $a\,i$ et portez-la à chaque sommet des carrés sur les 4 côtés, joignez les différents points, vous aurez les octogones tout formés.

Septième exemple (fig. 227). — DESSINER UNE GRILLE AVEC DES ELLIPSES. — Tracez la grille rectangulaire A B C D, tracez les axes $m\,n$, $p\,q$ de l'ellipse, du point q décrivez un arc de cercle, avec $m\,o$ pour rayon, qui détermine les deux foyers F et F', construisez quelques points de l'ellipse extérieure, dessinez l'ellipse au crayon, et terminez la courbe avec le pistolet.

Tracez ensuite les traverses $p\,m$, $m\,q$, $q\,n$, $n\,p$ (en tenant compte des doubles lignes), et les diagonales A C, D B, joignez les points G, H, K, L par des lignes qui coupent $p\,q$ en des points I et I' ; enfin, aux points G et H, élevez des perpendiculaires G R, H R' qui rencontrent $m\,n$ en R et R', les 4 points I, I', R, R', sont les centres de 4 arcs de circonférence qui formeront une ellipse inscrite dans le losange, ou du moins une courbe ressemblant à une ellipse, tandis que la première que nous avons tracée était une ellipse véritable. On trace ensuite la rosette O et les croisillons O H, O K, O G, O L.

Huitième exemple (fig. 228). — DESSINER LA ROSE DES VENTS. —

Tracez la circonférence, partagez-la en 16 parties égales par des diamètres perpendiculaires entre eux, tracez les deux circonférences intérieures au crayon pour limiter le dessin des pointes, terminez comme il est indiqué sur la figure.

Neuvième exemple (fig. 229). — TRACER LA VOLUTE IONIQUE. — La hauteur S T que doit occuper la volute est connue ; on la partage en 16 parties égales I, II, III, IV, etc. ; de la division 9, avec une de ces parties pour rayon, on décrit une circonférence, qui sera l'œil de la volute ; on partage les rayons 9 VIII, 9 X en deux parties égales, aux points A et D, et sur A D on construit un carré ; on partage 9 A en trois parties égales ainsi que 9 B, et on construit de même le carré H G F E, et le carré I J K L. Les points A, B, C, D, H, G, F, E, I, J, K, L sont successivement les centres d'arcs que l'on détermine sur le côté prolongé du carré correspondant à chaque centre *sb*, *bc*, *cd*, *de*, etc., jusqu'au point *v*, où la courbe se raccorde avec l'œil ; pour la seconde révolution, on prendra un point 1, entre A et H, tel que la distance de A à 1 soit à celle de A à 9, comme *sq* est à S A, on formera ensuite les carrés 1, 2, 3, 4, — 5, 6, 7, 8, — 9, 10, 11, 12, avec la même distance A I, portée au-dessous de H et de I, tous ces points seront à leur tour les centres des arcs formant la seconde révolution de la volute.

Dixième exemple (fig. 230). — TRACER LA GRANDE VOLUTE CORINTHIENNE. — La droite N P est une horizontale menée à la hauteur des feuilles du 2ᵉ rang du chapiteau corinthien ; N M est la hauteur de la volute ; on la partage en 6 parties égales, et, sur la quatrième comme diamètre, on décrit une circonférence O qui est l'œil, on mène la ligne S T, inclinée de 45° sur l'axe M N, et on partage le diamètre A B en 4 parties ; les points *d* et *c* de division servent de centre à des arcs allant soit de M en T, soit de T en S ; pour la seconde révolution et la troisième, on porte en dedans de ces points de division des longueurs égales à $\frac{1}{4}$ et $\frac{1}{8}$ de A D, et on a aussi les centres successifs des arcs formant les deux autres révolutions. Les arcs tels que M P, R Q, se tracent en employant le procédé qui consiste à avoir le centre de circonférences passant par deux points donnés tels que M et P, N et Q, c'est-à-dire que le centre se trouve sur des perpendiculaires élevées sur le milieu de M P, N Q, et en même temps sur l'axe prolongé M N.

CHAPITRE V

LIGNES PROPORTIONNELLES ET FIGURES SEMBLABLES

NOTIONS PRÉLIMINAIRES

Signes et notations algébriques.

Nous emploierons quelquefois dans les démonstrations qui vont suivre des signes algébriques pour abréger l'écriture. Nous allons d'abord en faire connaître le sens :

Le signe $=$, qu'on énonce *égale*, se place entre deux quantités dont on veut indiquer l'égalité. Ainsi, on dit l'angle ABC est égal à l'angle MON, on écrit :

$$ABC = MON.$$

On veut indiquer que le produit de 2 multiplié par 3 est égal à 6, on écrit : $2 \times 3 = 6$.

Le signe $>$ signifie *plus grand*.

Le signe $<$ signifie *plus petit*.

Ainsi l'angle A est plus grand que l'angle B, $A > B$; le triangle ABC est plus petit que le triangle MNP, on écrit :

$$ABC < MNP.$$

Lorsqu'on veut réunir plusieurs quantités en une seule, on les additionne, ce qu'on indique en les séparant par le signe $+$ (*plus*). Ainsi :

$$12 + 20 + 8 = 40.$$

Si A, B, C sont les angles d'un triangle, on sait que A + B + C = 180° ou A + B + C = 2 droits.

Le signe de la soustraction est le signe — (*moins*) : 100 — 40 = 60.

L'angle complémentaire d'un angle de 60° s'exprime par 90° — 60° ou 30°.

La multiplication de deux nombres s'indique par le signe $\times$ (*multiplié par*), ou par un point placé entre les deux quantités 4×3 ou 4.3 ; le signe $AB \times CD$ indiquera le produit des nombres qui expriment la mesure des lignes AB et CD.

En algèbre on représente les quantités par une seule lettre, a, b, c ou x, y, z, la multiplication de a par b s'indique simplement par ab en joignant les deux lettres sans aucun signe.

Quand on multiplie une quantité par elle-même, le produit se nomme le *carré* de la quantité ; ainsi 25 est le carré de 5, on peut écrire $25 = 5 \times 5$ ou $25 = 5^2$, le petit chiffre 2 s'appelle l'*exposant*.

$a^2 = a \times a$ ou $a^2 = a.a$; a^2b est le produit $a \times a \times b$.

L'exposant 3 indiquerait le produit d'une quantité multipliée trois fois par elle-même, et ce produit s'appelle la troisième puissance, a^3 est égal à $a \times a \times a$, 64 est égal à 4^3.

Quand on veut désigner le carré du nombre qui représente une ligne AB, on écrit $\overline{AB}^2$.

La division de deux quantités s'indique quelquefois en écrivant le diviseur à la suite du dividende et en les séparant par (:) ainsi $a:b$; mais le plus souvent on indique cette division en mettant $\frac{a}{b}$. Si on veut désigner le résultat de l'opération qui consisterait à diviser 10 en quatre parties égales, on mettrait pour une des parties $\frac{10}{4}$. De même si on voulait partager 1 en trois parties égales, le quotient serait exprimé par $\frac{1}{3}$, un tiers ; dans ce cas le quotient est fractionnaire. Si on veut indiquer le nombre de fois que 20 contient 5, on mettra $\frac{20}{5}$; dans ce cas le quotient 4 est entier.

Enfin si on cherche le nombre qui, multiplié par lui-même, donnerait 16, cela s'appelle en arithmétique, chercher la *racine carrée* de

16 et on l'indique en écrivant $\sqrt{16}$. Ainsi $\sqrt{100} = 10$, de même $\sqrt{a^2 b^4} = ab^2$.

On appelle *égalité* l'expression qui indique que deux quantités sont égales. Ainsi,

$$A + B = C - D.$$

Les deux parties séparées par le signe $=$ sont les deux *membres* de l'égalité.

On a quelquefois besoin de faire passer un terme d'un membre dans un autre : il suffit pour cela de l'écrire dans l'autre membre avec un signe contraire à celui qu'il avait, c'est-à-dire que s'il avait le signe $+$, il faut lui donner le signe $-$, et s'il avait le signe $-$ il faut lui donner le signe $+$. On s'en rend facilement compte : soit l'égalité

$$A + B = C - D.$$

Les deux quantités $A + B$ et $C - D$ étant égales, elles le seront encore si on retranche de chacune d'elles une même quantité B, par exemple, on aura alors :

$$A + B - B = C - D - B,$$

mais dans le premier membre $+ B - B$ donnent zéro, de sorte qu'il y reste A, on a donc

$$A = C - D - B ;$$

donc B a changé de signe en passant au second membre. Ajoutons encore D de part et d'autre,

$$A + D = C - D - B + D$$

ou
$$A + D = C - B.$$

D a encore changé de signe en passant au premier membre.

On peut multiplier tous les termes d'une égalité par un même nombre, ou les diviser par un même nombre ; car si les quantités sont égales, en les rendant le même nombre de fois plus grandes, ou le même nombre de fois plus petites, elles seront encore égales.

Ainsi, $3x + 6 = 24 - 6x.$

On peut tout diviser par 3 et écrire

$$x + 2 = 8 - 2x.$$

Ou encore, si l'on a :

$$\frac{A}{3} - \frac{2}{3} = \frac{6}{3} + \frac{B}{3}$$

On peut écrire $A - 2 = 6 + B$, c'est comme si l'on avait multiplié chacun des termes par 3, puisqu'au lieu de tiers on leur fait exprimer des unités.

Une *équation* est une égalité dans laquelle est une lettre représentant une inconnue ; résoudre l'équation c'est chercher quelle valeur il faut donner à l'*inconnue* pour que les deux membres de l'équation deviennent égaux.

Citons un exemple :

$$x + 4 = 16 - 2x.$$

Faisons passer $- 2x$ dans le premier membre et 4 dans le second, on aura

$$x + 2x = 16 - 4$$

ou,

$$3x = 12,$$

ou en divisant par 3,

$$x = 4,$$

4 est la valeur de l'inconnue qui satisfait à l'équation.

Rapports et Proportions.

Nous croyons indispensable pour les élèves, de rappeler ici les principales propriétés des proportions, à cause du fréquent usage qu'il en sera fait dans cette seconde partie de la géométrie.

Comparer deux quantités de même nature l'une à l'autre, c'est en chercher le *rapport*. Quand l'une de ces quantités est la quantité qu'on est convenu de prendre pour unité, le rapport n'est autre chose que le nombre par lequel on désigne ou on mesure cette quantité.

Ainsi un poids contient quatre fois le poids d'un kilogramme, ce poids est 4 kilog. ; le rapport d'une ligne au mètre étant 10, on dit que cette ligne est 10 mètres.

On peut aussi évaluer le rapport de deux grandeurs quelconques. On appelle alors rapport, le quotient des deux nombres qui mesurent ces grandeurs. Ainsi deux grandeurs comparées à la même unité étant représentées par 30 et 10, leur rapport est celui de 30 à 10, ou le nombre de fois que 30 contient 10.

Quelquefois on indique seulement le quotient sans l'effectuer. Ainsi le rapport de 30 à 10 serait indiqué par $\dfrac{30}{10}$ ou par 30:10.

Si on voulait prendre le rapport de 3 à 7, on ne pourrait pas l'évaluer par un nombre entier, mais on dirait que ce rapport est $\dfrac{3}{7}$.

Dans un rapport, le dividende prend quelquefois le nom d'*antécédent*, le diviseur le nom de *conséquent;* le résultat de la division, c'est-à-dire le quotient, est la valeur ou la *raison* du rapport; dans $\dfrac{30}{10}$, 30 est l'antécédent, 10 le conséquent, 3 la raison.

Proportions.

Quand on compare deux à deux une suite de nombres à une autre suite de nombres, et que le rapport de deux termes correspondants de chacune des deux suites est toujours le même, on dit que les premiers nombres sont *proportionnels* aux seconds. Ainsi les nombres

$$10 \quad 20 \quad 30 \quad 40 \quad 50$$

sont proportionnels aux nombres

$$1 \quad 2 \quad 3 \quad 4 \quad 5,$$

parce qu'on a la suite de rapports égaux

$$\frac{10}{1} = \frac{20}{2} = \frac{30}{3} = \frac{40}{4} = \frac{50}{5} = 10.$$

Les nombres 2   3   5   7   sont proportionnels aux nombres 4   6   10   14.

La réunion de deux rapports égaux se nomme *proportion*.

Ainsi $\dfrac{4}{12} = \dfrac{16}{48}$ est une proportion.

On l'écrit encore ainsi :

$$4 : 12 :: 16 : 48$$

que l'on énonce, le plus souvent, en disant : *4 est à 12 comme 16 est à 48*. Mais quelle que soit la manière d'écrire ces rapports et de les énoncer, il faut toujours entendre que le premier nombre contient le second autant de fois que le troisième contient le quatrième.

Le premier antécédent 4 et le second conséquent 48, se nomment les *termes extrêmes*, ou simplement les *extrêmes* de la proportion ; le premier conséquent et le deuxième antécédent sont les *moyens*.

Voici les principales propriétés des proportions, que nous rappelons parce qu'elles sont indispensables pour l'étude de la géométrie.

Première Proposition. — *Dans une proportion le produit des extrêmes est toujours égal au produit des moyens :*

Ainsi, soit la proportion $\dfrac{12}{4} = \dfrac{15}{5}$.

On a $12 \times 5 = 60$ et $4 \times 15 = 60$, et on démontre en arithmétique que cela a lieu dans toute proportion.

Deuxième Proposition. — *Si le produit de deux nombres est égal au produit de deux autres, avec ces quatre nombres on peut faire une proportion ; les deux premiers étant les deux extrêmes, et les deux autres les deux moyens, ou inversement.*

Ainsi 20×6 donne 120 ainsi que 3×40, on peut écrire

$$\frac{20}{3} = \frac{40}{6}, \text{ ou bien } \frac{20}{40} = \frac{3}{6}, \text{ ou bien } \frac{3}{20} = \frac{6}{40}, \text{ ou bien enfin } \frac{6}{3} = \frac{40}{20}.$$

Il est facile de vérifier que, dans toutes ces proportions, les deux rapports sont égaux.

On en tire de plus, comme conséquence, qu'on peut intervertir l'ordre des termes, sans qu'il cesse d'y avoir proportion, pourvu toutefois, que dans la nouvelle manière d'écrire la proportion, le produit des extrêmes soit encore égal au produit des moyens.

TROISIÈME PROPOSITION. — *Si dans une proportion on ajoute chaque conséquent à son antécédent, on forme une nouvelle proportion.*

Ainsi dans la proportion :

$$\frac{40}{20} = \frac{6}{3}, \text{ on aura aussi } \frac{40 + 20}{20} = \frac{6 + 3}{3} \text{ ou } \frac{60}{20} = \frac{9}{3}.$$

Cela se conçoit, car chaque antécédent contenant une fois de plus son conséquent, chacun des deux rapports sera augmenté de 1. Les rapports étaient égaux, ils le sont donc encore en renversant les termes, ce qui est permis, et l'on peut écrire que $\dfrac{20}{40 + 20} = \dfrac{3}{6 + 3}$, égalité qui provient d'ailleurs de la proportion $\dfrac{20}{40} = \dfrac{6}{3}$ dans laquelle on a ajouté chaque antécédent à son conséquent.

QUATRIÈME PROPOSITION. — *La somme ou la différence des antécédents est à la somme ou à la différence des conséquents, comme un antécédent est à son conséquent.*

Ainsi de la proportion :

$$\frac{20}{40} = \frac{3}{6}, \text{ on tire } \frac{20 + 3}{40 + 6} = \frac{20}{40}, \text{ ou } \frac{23}{46} = \frac{20}{40},$$

ou bien encore :

$$\frac{20 + 3}{40 + 6} = \frac{3}{6}, \text{ ou } \frac{23}{46} = \frac{3}{6},$$

ou bien encore :

$$\frac{20 - 3}{40 - 6} = \frac{20}{40}, \text{ ou } \frac{17}{34} = \frac{20}{40}, \text{ ou } \frac{17}{34} = \frac{3}{6}.$$

Cette propriété a lieu pour une suite de rapports égaux :

$$\frac{2}{6} = \frac{5}{15} = \frac{8}{24} = \frac{10}{30}.$$

On peut écrire que :

$$\frac{2+5+8+10}{6+15+24+30}=\frac{2}{6}, \quad \text{ou} \quad \frac{25}{75}=\frac{2}{6}, \quad \text{ou} \quad \frac{25}{75}=\frac{8}{24}, \text{ etc.}$$

CINQUIÈME PROPOSITION. — *Quand on a deux proportions et qu'on les multiplie terme à terme, on forme une nouvelle proportion.*

Ainsi les deux proportions

$$\frac{4}{8}=\frac{6}{12} \quad \text{et} \quad \frac{5}{15}=\frac{7}{21},$$

donnent, en les multipliant terme à terme,

$$\frac{4 \times 5}{8 \times 15}=\frac{6 \times 7}{12 \times 21}, \quad \text{ou} \quad \frac{20}{120}=\frac{42}{252}.$$

Il en résulte que *si quatre nombres forment une proportion, leurs carrés ou leurs cubes forment une proportion.* Ainsi :

$$\frac{6}{4}=\frac{12}{8}.$$

Si l'on multiplie terme à terme cette proportion avec elle-même, on a :

$$\frac{6 \times 6}{4 \times 4}=\frac{12 \times 12}{8 \times 8}, \quad \text{ou} \quad \frac{6^2}{4^2}=\frac{12^2}{8^2}, \quad \text{ou} \quad \frac{36}{16}=\frac{144}{64}.$$

En multipliant encore une fois on aurait :

$$\frac{6^3}{4^3}=\frac{12^3}{8^3}.$$

SIXIÈME PROPOSITION. — *Quand on connaît trois termes d'une proportion, on peut toujours calculer le quatrième; si c'est un extrême, on multiplie les deux moyens et on divise par l'extrême connu; si c'est un moyen, on multiplie les deux extrêmes et on divise par le moyen connu.*

Ainsi, désignons par x le terme inconnu. Soit :

$$\frac{12}{36}=\frac{20}{x},$$

le produit des extrêmes devant être égal au produit des moyens, on devra avoir : 12 fois x égal à 36 fois 20 ou 720; donc une seule fois x, ou x, vaudra 12 fois moins que 720, ou le quotient de 720 par 12 qui est 60, ce qu'on exprime en écrivant que :

$$x = \frac{36 \times 20}{12}.$$

De même, si on avait

$$\frac{30}{x} = \frac{64}{32},$$ on en tirerait $64 \times x = 30 \times 32$, d'où $x = \frac{30 \times 32}{64}$, ou

$$x = 15.$$

Moyenne proportionnelle.

Quelquefois les deux extrêmes ou les deux moyens d'une proportion sont formés par un même nombre, comme par exemple :

$$\frac{10}{30} = \frac{30}{90};$$

alors le nombre 30 s'appelle une *moyenne proportionnelle* entre les nombres 10 et 90. D'après la propriété principale des proportions, on doit avoir 30×30, ou le carré de 30 égal au produit des deux nombres 10×90, ou 900. Si le carré de 30 est 900, c'est que 30 est la racine carrée de 900, c'est-à-dire le nombre qui, multiplié par lui-même, donne 900.

Si donc on avait à chercher une moyenne proportionnelle à deux nombres, par exemple 5 et 20, il faudrait écrire :

$$\frac{5}{x} = \frac{x}{20}, \text{ ou } x^2 = 5 \times 20, \text{ ou } x^2 = 100.$$

Donc x est la racine carrée de 100, $x = \sqrt{100}$, ou 10; on a alors

$$\frac{5}{10} = \frac{10}{20}.$$

Les questions d'arithmétique qui conduisent à calculer le nombre que l'on cherche, ou l'inconnue, par une proportion, s'appellent des *règles de trois*, parce qu'on se donne *trois* nombres qui servent à calculer le nombre inconnu.

Toutes ces règles sont indépendantes de l'espèce des nombres qui forment les rapports ; nous allons voir comment on les applique en géométrie aux rapports pris entre des lignes. Nous trouverons plus tard des rapports entre des surfaces et des volumes.

LIGNES PROPORTIONNELLES

Le rapport de deux lignes signifie le rapport des nombres qui représentent ces deux lignes. Ainsi la ligne A B (fig. 232) étant évaluée au moyen d'une unité quelconque, contient, par exemple, cinq fois cette ligne ; C D contient quatre fois la même ligne prise pour unité, le rapport de A B à C D est celui de 5 à 4 ou $\dfrac{AB}{CD} = \dfrac{5}{4}$. On peut toujours supposer qu'on a pris une unité assez petite pour que, portée sur chacune des deux lignes, elle y soit contenue exactement, ou au moins avec un reste tellement petit qu'il soit négligeable. Si, par exemple, dans les deux lignes qu'on veut comparer, le mètre n'est pas contenu exactement, on prendra le décimètre, ou le centimètre, ou le millimètre, ou le dixmillième de mètre ; le rapport sera d'autant plus exact que l'unité dont on se sera servi sera plus petite.

Si on était sûr que, quelque loin qu'on poussât la subdivision de l'unité, on ne trouverait jamais de partie assez petite pour qu'elle fût contenue exactement dans les deux lignes, on dirait que le rapport de ces deux lignes est *incommensurable ;* tel est le rapport de la diagonale d'un carré à son côté.

La géométrie donne souvent le moyen de connaître le rapport de deux lignes sans qu'on soit obligé de les évaluer en nombres ; nous allons bientôt étudier les diverses propriétés des lignes qui conduisent à ce résultat.

Lorsque le rapport de deux lignes est le même que le rapport de deux autres, on peut, sans qu'il soit besoin de les exprimer en nombres, former avec ces lignes une proportion. Ainsi la ligne A B (fig. 233) contient C D autant de fois que E F contient G H, on peut alors écrire $\dfrac{AB}{CD} = \dfrac{EF}{GH}$, ou A B : C D :: E F : G H.

Si l'une des lignes était inconnue, pour la trouver, on mettrait à la place de chacune des trois autres, les nombres qui les représentent, et par le procédé que nous avons vu et qu'on nomme la règle de trois, on calculerait la quatrième ; mais la géométrie nous enseignera à construire en vraie grandeur, par le dessin, cette quatrième ligne, sans qu'il soit nécessaire d'évaluer aucune des lignes proposées en nombre, ni de connaître ces nombres. C'est ce que vont établir les propositions suivantes.

PREMIÈRE PROPOSITION. — *Si une ligne est partagée en parties égales, toute autre ligne tracée dans le même plan, sera partagée en parties égales par des parallèles menées par les premiers points de division.*

Soient les deux droites A B et C D (fig. 234) : A B est partagée en cinq parties égales ; par chacun des points de division on mène des parallèles qui déterminent sur C D cinq divisions correspondantes ; ces divisions doivent aussi être égales entre elles. En effet, par les points C, m, n, p, q, où les parallèles rencontrent C D, menons les parallèles $C a'$, $m b'$, $n c'$, $p d'$, $q e'$; toutes ces lignes sont égales à $A a$, $a b$, $b c$, $c d$, $d B$, comme parallèles comprises entre parallèles, et comme ces dernières sont égales entre elles, les premières sont aussi égales entre elles ; d'où il résulte que tous les triangles $C a' m$, $m b' n$, $n c' q$, etc., sont égaux entre eux comme ayant un côté égal et les angles égaux à cause des parallèles. Or, si les triangles sont égaux, les lignes $C m$, $m n$, $n p$, $p q$, $q D$, sont égales entre elles.

DEUXIÈME PROPOSITION. — *Si dans un triangle on mène une parallèle à la base, elle coupe les côtés en parties proportionnelles,* ce qui veut dire que si, dans le triangle A B C (fig. 235), on mène D E parallèle au côté B C, il y a le même rapport entre A D et D B qu'entre A E et E C.

En effet, supposons une unité assez petite, $B b$, pour qu'elle puisse être contenue un nombre exact de fois dans les deux lignes B D et D A, par exemple sept fois dans A D et trois fois dans D B, cela veut dire que le rapport de A D à D B est celui de 7 à 3, ou $\dfrac{AD}{BD} = \dfrac{7}{3}$.

Si, par chacun des points de division, on mène des parallèles à B C, elles détermineront dans les deux lignes A E et E C un même nombre de divisions égales entre elles, d'après le théorème précédent, de sorte que AE et EC contiendront, l'une sept fois, l'autre trois fois, une même unité Cc. Leur rapport est donc encore $\dfrac{7}{3}$, c'est-à-dire que $\dfrac{AE}{AC} = \dfrac{7}{3}$, d'où il résulte que $\dfrac{AD}{BD} = \dfrac{AE}{EC}$.

La réciproque de cette proposition est vraie, c'est-à-dire que *si, dans un triangle, une ligne coupe deux côtés en parties proportionnelles, elle est parallèle à l'autre côté.* Ainsi, si on a $\dfrac{AD}{DB} = \dfrac{AE}{EC}$, la ligne DE est parallèle à BC; sans cela, en menant par le point D une parallèle à BC, si elle ne tombait pas en E, il y aurait deux points qui partageraient AC dans le même rapport, ce qui ne peut pas être.

Conséquence. — Comme on sait qu'on peut ajouter chaque conséquent à l'antécédent, sans qu'il cesse d'y avoir proportion, on pourra dire que

$$\frac{AD+BD}{BD} = \frac{AE+EC}{EC} \quad \text{ou} \quad \frac{AB}{BD} = \frac{AC}{EC}.$$

En intervertissant l'ordre des termes, on trouverait de même que $\dfrac{AB}{AD} = \dfrac{AC}{AE}$, ce qui signifie que *le rapport du côté du triangle à l'un des segments est le même pour les deux côtés.*

On conçoit encore que la même proportion a lieu quand on coupe deux lignes, AB et AC (fig. 236), par autant de parallèles que l'on voudra, c'est-à-dire qu'on a la suite des rapports égaux :

$$\frac{AD}{AG} = \frac{DE}{GH} = \frac{EF}{HK} = \frac{FB}{KC}.$$

En effet, par la même démonstration que dans le premier cas, on verrait que le rapport $\dfrac{AD}{DE}$ est le même que $\dfrac{AG}{GH}$; donc $\dfrac{AD}{DE} = \dfrac{AG}{GH}$, ou, en intervertissant l'ordre des moyens, $\dfrac{AD}{AG} = \dfrac{DE}{GH}$; de même $\dfrac{DE}{EF} = \dfrac{GH}{HK}$, ou, en intervertissant, $\dfrac{DE}{GH} = \dfrac{EF}{HK}$; enfin, $\dfrac{EF}{FB}$

$=\dfrac{HK}{KC}$, ou, en intervertissant, $\dfrac{EF}{HK}=\dfrac{FB}{KC}$, ce qui donne la suite de rapports égaux :

$$\frac{AD}{AG}=\frac{DE}{GH}=\frac{EF}{HK}=\frac{FB}{KC}.$$

TROISIÈME PROPOSITION. — *Lorsque dans un triangle on a mené une parallèle à la base, le rapport de la base à cette parallèle est encore le même que celui de l'un des côtés au segment compris sur ce côté, entre le sommet et la parallèle.*

En effet, soit D E la parallèle (fig. 237) : par le point E, on mène la ligne E I, parallèle à A B. Cette ligne E I, parallèle à A B, partage les côtés du triangle qu'elle rencontre en parties proportionnelles, de sorte qu'on a $\dfrac{AC}{AE}=\dfrac{BC}{BI}$, d'après le théorème précédent ; mais B I n'est autre chose que D E, comme parallèles comprises entre parallèles ; donc on peut dire que $\dfrac{BC}{DE}=\dfrac{AC}{AE}$, ou, ce qui revient au même,

$$\frac{BC}{DE}=\frac{AB}{AD}.$$

Applications.

Partager une droite donnée en un certain nombre de parties égales.

Soit la ligne A B (fig. 238) qu'on veut partager en sept parties égales : on trace une ligne quelconque A C, et on prend sur cette ligne, à partir du point A, sept longueurs à volonté, mais égales entre elles ; on joint le dernier point de division C avec l'extrémité B, et par chacun des autres points de division on mène des parallèles qui diviseront A B en sept parties égales ; car les segments de cette dernière ligne sont entre eux dans les mêmes rapports que A m, $m\,n$, $n\,p$ de la première ligne ; or, ceux-ci étant égaux entre eux, les premiers seront aussi égaux entre eux.

On peut prendre arbitrairement la longueur A m, qu'on porte sur la première ligne ; mais pour la justesse du dessin, il ne faut la prendre ni trop grande ni trop petite, pour que les parallèles ne coupent pas A B d'une manière trop oblique, ce qui rend incertain le point exact de division.

Trouver une quatrième proportionnelle à trois lignes données.

Soient A, B, C les trois lignes données, qui doivent, avec une quatrième ligne inconnue que nous désignerons par X, former la proportion $\frac{A}{B} = \frac{C}{X}$. Nous savons comment il faudrait faire si les lignes étaient données en nombre pour calculer la valeur de X ; mais nous pouvons maintenant avoir la grandeur de cette ligne sans évaluer en nombre aucune des lignes données.

Pour cela, on trace deux lignes qui se coupent au point a (fig. 239) ; on prend, sur l'un des côtés, $ab = $ A, $bc = $ B ; puis, de l'autre côté, $ad = $ C ; on joint bd, et par le point c, on mène ce parallèle à bd ; d'après la proposition principale on a bien : $\frac{ab}{bc} = \frac{ad}{de}$ ou $\frac{A}{B} = \frac{C}{de}$: de est donc égal à X.

On pourrait encore porter les trois lignes A, B, C, à partir du sommet de l'angle $a'b' = $ A, $a'c' = $ B, $a'd' = $ C, joindre $b'd'$, et par c' mener la parallèle, on a encore $\frac{a'b'}{a'c'} = \frac{a'd'}{a'e'}$ ou $\frac{A}{B} = \frac{C}{a'e'}$; c'est $a'e'$ qui est égal à X.

Échelles de proportion.

Lorsque, dans les arts ou dans l'industrie, on veut représenter géométriquement le dessin d'un terrain, d'un édifice, d'une machine, on ne peut, en général, le faire, en donnant au dessin les dimensions de l'objet que l'on représente ; il faut, tout en conservant aux diverses parties les proportions qu'elles doivent avoir entre elles, en réduire la grandeur. Il suffit, pour obtenir ce résultat, d'adopter une nouvelle unité de longueur qui soit un certain nombre de fois plus petite que l'unité principale ; puis de donner à chaque ligne du dessin la longueur qui est indiquée dans l'objet à représenter, mais évaluée au moyen de l'unité réduite. Ainsi, si l'on convient que 1 mètre sera représenté par 1 centimètre ou 1 millimètre, et qu'on veuille représenter une ligne A B (fig. 240), il faudra prendre une ligne contenant autant de fois le centimètre ou le millimètre, que A B contient de fois le mètre. Il y a donc le même rapport entre A B et 1 mètre, qu'entre la ligne cherchée et 1 centimètre ou 1 millimètre ; cette ligne est donc un terme inconnu d'une proportion dont on connaît les trois autres. Donc, pour avoir chaque ligne, il sera nécessaire de construire ou de calculer une quatrième proportionnelle.

Ainsi, si l'on voulait qu'une longueur de 1 mètre soit représentée par $0^m,0025$, pour avoir une longueur de 36 mètres, il faudrait faire le calcul suivant :

$$\frac{36}{1} = \frac{x}{0,0025}, \text{ d'où } x = 36 \times 0,0025 = 0^m,09.$$

Au lieu de 36 mètres, il faudrait porter sur le dessin $0^m,09$; à chaque longueur il faudrait donc faire un nouveau calcul, ou ce qui serait encore plus long, construire avec la règle la quatrième proportionnelle, comme nous l'avons fait ci-dessus. On a évité toutes ces longueurs par l'emploi des échelles de *proportion* ou de *réduction*.

PREMIÈRE ÉCHELLE. — La plus simple des échelles est celle-ci. Veut-on, par exemple, réduire un dessin de manière à ce que les lignes soient les 3 millièmes du modèle, il faut prendre dans les mesures 3 millimètres pour 1 mètre (fig. 241). On trace alors une ligne droite, on prend une longueur de 3 millimètres et on la porte ordinairement dix fois sur cette ligne ; chaque division représente 1 mètre. Mais on ne peut, avec cette échelle, mesurer qu'un nombre exact de mètres. Quand on voudra prendre 18 mètres sur une ligne, on portera d'abord la longueur de 0 à 10, prise sur cette échelle, puis celle de 0 à 8 à la suite de la première.

DEUXIÈME ÉCHELLE. — Voici maintenant comment on peut obtenir avec l'échelle non-seulement les mètres, mais encore les décimètres.

On porte dix fois sur une ligne la longueur qui représente le mètre. Soit $a\,b$ la somme de ces dix longueurs (fig. 242) ; on élève au point b une perpendiculaire $b\,e$, aussi égale à 1 mètre ; on joint $a\,c$, et par tous les points de division, on élève des perpendiculaires. En considérant le triangle *a b c* et la parallèle *b′c′* menée au côté *b c*, on voit qu'il y a le même rapport entre *b′c′* et *bc* qu'entre *a b′* et *a b* ; mais *a b′* est la dixième partie de *a b*, donc *b′ c′* est la dixième partie de *bc*, et comme *b c* est 1 mètre, *b′ c′* est 1 décimètre. On verrait de même que la perpendiculaire suivante est 2 décimètres, la suivante 3 décimètres, ainsi de suite ; de sorte que quand on voudra se servir de cette échelle et prendre une longueur de 7^m,3 par exemple, on prendra depuis *a* ou 0 jusqu'à la division 7, avec un compas, et on y ajoutera la longueur de la perpendiculaire de la division 3.

TROISIÈME ÉCHELLE. — Proposons-nous, enfin, de construire une échelle avec laquelle on puisse apprécier non-seulement les décimètres, mais encore les centimètres.

On mène une ligne horizontale, sur laquelle on porte la longueur qui représente le mètre autant de fois que l'on veut, de *a* en *b*, *c*, etc. (fig. 243) ; on élève ensuite des perpendiculaires *a z*, *b z′*, *c z″*, etc. ; sur *a z* on porte dix fois une certaine longueur quelconque, qu'il ne faut pas cependant choisir trop grande pour la commodité de la construction.

Par tous ces points, on mène des parallèles ; on trace au crayon, ou par un trait léger la diagonale *b a′*, et par tous les points de rencontre avec les parallèles horizontales, on mène des parallèles verticales qui déterminent sur *a b* et sur *a′ z′* des décimètres. On numérote en allant de *b* en *a*, 0 étant au point *b*, et 10 au point *a* ; sur *a′ z′*, on met 0 au premier point de division *b′*, et on continue jusqu'à 9 au point *a′* ; enfin, on mène des obliques joignant le point 0 de *a b* avec 0 de *a′ z′*, 1 de *a b* avec 1 de *a′ z′*, et ainsi de suite pour tous les nombres correspondants. Si maintenant on considère le triangle *b b′ z′*, on voit que les diverses portions de parallèles qui coupent ses côtés, sont des subdivisions de la base *b′ z′* ; ces longueurs, à partir de *b*, représenteront 1 centimètre, 2 centimètres, 3 centimètres, etc., qu'on numérote suivant *b z′*. C'est sur la rencontre des obliques avec la parallèle de la division 5 qu'on numérote les décimètres, de 0 à 9.

Avec une semblable échelle, on peut, avec la plus grande facilité et d'un seul coup de compas, prendre une longueur évaluée en mètres, décimètres et centimètres. Veut-on, par exemple, prendre

4 mètres 63 centimètres, on choisit la ligne des centimètres donnée par la division 3 de la ligne $b z'$, et on place sur cette ligne une pointe du compas à la verticale correspondante à 4 mètres, puis on allonge l'autre pointe sur cette même ligne, jusqu'à l'oblique de la division 6 des décimètres. On a ainsi, de m en n, 4 mètres; de n en p, 3 centimètres; de p en q, 6 décimètres, en tout, $4^m,63$.

Telles sont les échelles le plus fréquemment employées. On ne saurait trop s'attacher, avant de commencer un dessin, à construire l'échelle avec le plus grand soin; c'est surtout de son exactitude que dépendra la justesse et la perfection de ce dessin. De même, quand on a à vérifier un dessin donné, il faut commencer par s'assurer que l'échelle a été bien construite; il ne peut y avoir de sûreté qu'avec une échelle juste.

Les ingénieurs et les architectes évitent l'emploi de l'échelle, parce que, ordinairement, la réduction est choisie de telle manière qu'il soit très-facile de prendre sur le mètre ou le double décimètre des longueurs proportionnelles à celles qu'on veut représenter : par exemple, si l'on dessine avec une réduction d'*un millième*, c'est-à-dire en prenant 1 millimètre pour 1 mètre. Dans ce cas, on n'a qu'à prendre autant de millimètres qu'on veut représenter de mètres, et dès lors un double décimètre bien construit est suffisant; mais les échelles de réduction s'appliquent à tous les cas.

Compas de réduction.

Lorsqu'on veut réduire un dessin de manière à ce que les lignes du dessin réduit soient dans un certain rapport, celui de deux lignes données, avec celles du dessin proposé, et que dans celui-ci, les cotes ou nombres qui indiquent la valeur de ces lignes en mètres ou subdivisions de mètre ne sont par marquées, on pourrait, pour chaque ligne, établir une proportion et construire, comme on sait le faire, une quatrième proportionnelle, ce qui serait très-long. On évite cela par l'emploi d'un instrument qu'on appelle le *compas de proportion*.

Supposons qu'on veuille réduire les lignes d'un dessin dans le rapport de la ligne A B à la ligne C D (fig. 244), par exemple.

L'instrument se compose de deux règles en cuivre articulées autour d'un centre O, qui est le sommet de l'angle des deux droites graduées en parties égales, O M et O N. On porte la ligne A B sur O M, supposons que l'extrémité tombe à la division 7 : on prend avec un compas ordinaire la longueur C D, et on place l'une des pointes à la division 7 ; on écarte ou on rapproche ensuite l'autre branche, jusqu'à ce que la seconde pointe du compas touche la division correspondante 7 de l'autre branche. On maintient cette ouverture des deux branches pendant toute l'opération. Pour réduire alors une ligne E F, on la porte à partir de O sur O M, et on voit où tombe l'extrémité, soit la division 5 ; on prend alors avec le compas ordinaire la distance de cette division à la division 5 de l'autre branche, et on a la ligne réduite. Il est évident, en effet, que les lignes P Q et R S étant parallèles, il existe le même rapport entre P Q et R S qu'entre O P et O R. On a donc $\dfrac{OR}{OP} = \dfrac{RS}{PQ}$, ou $\dfrac{RS}{OR} = \dfrac{PQ}{OP}$, ou $\dfrac{RS}{EF} = \dfrac{CD}{AB}$, ce qu'on voulait.

On donne encore le nom de compas de réduction à un autre instrument qui remplit le même objet. Soit à faire un dessin qui soit tel que les lignes réduites soient $\frac{1}{3}$ de celles du modèle. On se sert d'un instrument composé de deux branches, aA, bB (fig. 245), terminées par des pointes sèches. Ces deux branches portent des coulisses, E F, E′ F′, qui peuvent glisser sur un bouton O, muni d'une vis et d'un écrou destiné à les serrer l'une sur l'autre, avec tel écartement que l'on veut. Dans les coulisses se trouvent des coulisseaux portant des droites de repère correspondantes à des divisions marquées sur les branches et qui indiquent que du point O au point a la longueur est la $\frac{1}{2}$, le $\frac{1}{3}$, le $\frac{1}{4}$ de la longueur de ce même point au point A.

Dans le cas qui nous occupe, on fait glisser le bouton dans la coulisse, de manière que le repère C du coulisseau corresponde à la division $\frac{1}{3}$, en $cc′$. Dans cette position, la distance oa étant le $\frac{1}{3}$ de oA, la distance ab sera le $\frac{1}{3}$ de A B. Si donc avec les pointes A B on mesure une ligne, les deux petites pointes ab donnent cette ligne réduite, et c'est cette distance ab qu'on porte sur le dessin.

FIGURES SEMBLABLES

On nomme *polygones semblables* des figures rectilignes qui ont les mêmes angles et les côtés homologues proportionnels.

Ces deux conditions doivent exister en même temps, quand il y a plus de trois côtés dans les polygones ; sans cela les figures n'auraient pas la même forme. On peut facilement s'en convaincre en comparant les quatre figures suivantes (fig. 246). La deuxième, B, a tous ses angles égaux à ceux de A, sans que les côtés soient dans le même rapport ; dans la troisième, C, on a pris tous les côtés proportionnels, par exemple, tous trois fois plus petits, sans les assujettir à faire des angles égaux ; enfin, la quatrième a tous ses angles égaux et tous ses côtés proportionnels aux côtés correspondants de la figure A, ils sont deux fois moindres. Cette dernière seule est une figure semblable à la première.

Triangles semblables.

Les triangles seuls offrent cela de particulier, que, pour être semblables, il suffit d'affirmer que l'une des deux propriétés est remplie. Ainsi, lorsque les angles sont égaux, les côtés homologues sont proportionnels, et de ce que les côtés sont proportionnels, il s'ensuit également que les angles sont égaux. Nous allons établir ces deux propositions.

PREMIÈRE PROPOSITION. — *Deux triangles qui ont les angles égaux ont les côtés proportionnels.*

Soient, en effet, les deux triangles A B C, *a b c* (fig. 247), qui ont leurs angles égaux ; on peut les placer l'un dans l'autre, de manière que les côtés de l'un des angles coïncident, par exemple l'angle A et l'angle *a*. Alors l'angle *b* étant égal à l'angle B, lorsqu'il sera au point D, il en résultera que la ligne D E sera parallèle à B C, comme étant également inclinée sur A B, et on voit qu'à cause de la parallèle D E, les côtés A B, A C, B C sont dans le même rapport avec A D, A E, D E, c'est à-dire que l'on a :

$$\frac{A B}{A D} = \frac{A C}{A E} = \frac{B C}{D E} \text{ ou } \frac{A B}{ab} = \frac{A C}{ac} = \frac{B C}{bc}.$$

DEUXIÈME PROPOSITION. — *Deux triangles qui ont les côtés homologues proportionnels ont les angles égaux* (fig. 247).

Soient les deux triangles A B C, abc, tels que l'on a $\frac{A B}{ab} = \frac{A C}{ac} = \frac{B C}{bc}$; si l'on prend sur A B une longueur A D égale à ab, et que par le point D on mène une parallèle D E à B C, on voit que $\frac{A B}{A D} = \frac{A C}{A E}$; mais on a $\frac{A B}{ab} = \frac{A C}{ac}$. Ces deux proportions ont trois termes égaux, puisque A D $= ab$; il faut donc que A E $= ac$. On a de même $\frac{A B}{A D} = \frac{B C}{D E}$, et comme $\frac{A B}{ab} = \frac{B C}{bc}$, c'est que D E $= bc$; donc les trois côtés du triangle A D E sont égaux aux trois côtés du triangle abc, c'est-à-dire que ces deux triangles sont égaux; mais A D E est semblable à A B C, donc abc est semblable à A B C et les angles de abc sont égaux aux angles de A B C.

CONSÉQUENCES. — On voit, d'après cela, qu'il faudra, pour s'assurer si les triangles sont semblables, mesurer les six côtés et voir s'ils forment des proportions, ou bien mesurer deux de leurs angles et voir s'ils sont égaux, car si deux angles d'un triangle sont égaux aux deux angles d'un autre, le troisième est nécessairement égal.

On voit encore que *si les triangles ont un angle égal compris entre deux côtés proportionnels, ils sont semblables;* ils sont comme A B C et A D E de la figure précédente, D E étant nécessairement parallèle à B C, puisque les lignes A B et A D sont proportionnelles à A C et A E.

On voit enfin que si les côtés des deux triangles sont parallèles ou perpendiculaires, les angles sont égaux, et par suite les triangles sont semblables, comme A B C, abc et $a'b'c'$ (fig. 248).

Troisième Proposition. — *Dans un triangle rectangle, si du sommet de l'angle droit on abaisse une perpendiculaire sur l'hypoténuse, on partage le triangle en deux triangles semblables.*

Les côtés de l'angle droit sont moyens proportionnels entre l'hypoténuse et le segment correspondant.

La perpendiculaire est moyenne proportionnelle entre les deux segments de l'hypoténuse (fig. 249).

En effet, soit le triangle BAC : AI est la perpendiculaire abaissée du sommet de l'angle droit A.

Le triangle ABI est semblable au grand triangle BAC, car ils ont un angle droit et un angle B commun; il en résulte que le troisième angle BAI, que je désigne par c, est égal au troisième angle C; les angles étant égaux, les triangles sont semblables.

De même, AIC est semblable au grand triangle, car ils sont rectangles, et l'angle C est commun; le troisième angle IAC, que je désigne par b, est égal au troisième B.

Il en résulte que BAI est semblable à AIC. Comparons BAI avec BAC, et prenons les côtés de chacun des triangles opposés aux angles égaux, on a :

$$\frac{BC}{BA} = \frac{BA}{BI} \quad \text{ou} \quad \overline{BA}^2 = BC \times BI.$$

En comparant AIC avec BAC on a aussi :

$$\frac{BC}{AC} = \frac{AC}{CI} \quad \text{ou} \quad \overline{AC}^2 = BC \times CI.$$

Ce qui veut dire que les côtés de l'angle droit sont moyens proportionnels entre l'hypoténuse et le segment correspondant.

La comparaison de AIC avec AIB donne encore

$$\frac{BI}{AI} = \frac{AI}{IC} \quad \text{ou} \quad \overline{AI}^2 = BI \times IC.$$

La perpendiculaire est moyenne proportionnelle entre les deux segments.

CONSÉQUENCE. — On tire de là le moyen de construire une moyenne proportionnelle à deux lignes A et B (fig. 250). On les place sur une ligne $a\,b$, $b\,c$, l'une à la suite de l'autre; on décrit sur $a\,c$ une demi-circonférence, et, au point b, on élève une perpendiculaire $b\,d$; c'est la moyenne proportionnelle, car en joignant $a\,d$ et $d\,c$, l'angle $a\,d\,c$ est droit comme inscrit sur un diamètre. Donc $a\,b\,c$ est un triangle rectangle, et $b\,d$ est moyenne proportionnelle entre $a\,b$ et $b\,c$, c'est-à-dire que

$$\overline{b\,d}^2 = a\,b \times b\,c,\ \text{ou}\ \frac{a\,b}{b\,d} = \frac{b\,d}{b\,c}.$$

On peut encore porter $a\,b$ et $b\,c$ sur une ligne, à partir du même point b (fig. 251), décrire sur $a\,b$ la demi-circonférence, élever au point c la perpendiculaire et joindre $b\,d$. Dans le triangle rectangle $a\,d\,b$, $b\,d$ est moyenne proportionnelle entre $b\,a$ et $b\,c$. Donc

$$\overline{b\,d}^2 = a\,b \times b\,c,\ \text{ou}\ \frac{a\,b}{b\,d} = \frac{b\,d}{b\,c}.$$

On tire de ces théorèmes une des propositions les plus importantes de la géométrie.

QUATRIÈME PROPOSITION. — *Dans un triangle rectangle, le carré du nombre qui exprime la longueur de l'hypoténuse, est égal à la somme des carrés des nombres qui expriment la longueur des deux autres côtés.*

Supposons qu'on additionne les deux quantités

$$\overline{A\,B}^2 = B\,C \times B\,I$$

et
$$\overline{A\,C}^2 = B\,C \times C\,I$$

On trouvera que

$$\overline{A\,B}^2 + \overline{A\,C}^2 = B\,C \times B\,I + B\,C \times C\,I$$

Ce qui veut dire que cette somme est égale à BC répété autant de fois que l'indique BI, plus autant de fois que l'indique CI ou, ce qui revient au même, autant de fois que l'indique $BI + CI$ ou BC; mais BC répété autant de fois que l'indique BC, c'est $BC \times BC$ ou $\overline{BC}^2$.

Donc
$$\overline{AB}^2 + \overline{AC}^2 = \overline{BC}^2,$$

ce qui démontre le théorème énoncé.

Soit, par exemple, $AB = 40^m$, $AC = 30^m$.

$$\overline{AB}^2 + \overline{AC}^2 = 1600 + 900 = 2500.$$

Il faut que $BC = 50$ mètres, parce que le carré de 50 est 2500.

On utilise cette propriété quand on veut s'assurer qu'un angle est droit. Soit MON (fig. 252) l'angle : on mesure sur l'un des côtés OM une longueur de 4 mètres, sur ON une longueur de 3 mètres; on mesure MN, elle doit avoir 5 mètres si l'angle est droit, parce que $3^2 + 4^2 = 5^2$, ou $9 + 16 = 25$.

Ce théorème célèbre est connu sous le nom de *théorème de Pythagore* ou théorème du carré de l'hypoténuse.

CINQUIÈME PROPOSITION. — *Si on joint un point O (fig. 253) aux points de division d'une ligne ABCDE, toute parallèle sera partagée par ces droites en parties proportionnelles aux premières.*

En effet, à cause des triangles semblables Oab, OAB, Obc, OBC, etc, on a la suite de rapports égaux

$$\frac{ab}{AB} = \frac{Ob}{OB}, \quad \frac{bc}{BC} = \frac{Ob}{OB};$$

donc
$$\frac{ab}{AB} = \frac{bc}{BC};$$

de même
$$\frac{bc}{BC} = \frac{Oc}{OC}; \quad \text{mais} \quad \frac{cd}{CD} = \frac{Oc}{OC};$$

donc
$$\frac{bc}{BC} = \frac{cd}{CD};$$

de même
$$\frac{cd}{CD} = \frac{Od}{OD}; \quad \text{mais} \quad \frac{de}{DE} = \frac{Od}{OD}$$

donc
$$\frac{cd}{CD} = \frac{de}{DE}, \quad \text{donc enfin} \quad \frac{ab}{AB} = \frac{bc}{BC} = \frac{cd}{CD} = \frac{de}{DE}.$$

Polygones semblables.

Nous avons dit que, pour que deux polygones soient semblables, il faut qu'ils aient leurs angles égaux et leurs côtés homologues proportionnels. On s'assurera très-facilement que ces conditions sont remplies en s'appuyant sur cette propriété que nous allons établir, que deux polygones semblables sont composés d'un même nombre de triangles semblables et semblablement situés. Cette proposition sera une conséquence de la suivante.

Première. Proposition. — *Si d'un point quelconque* O, *pris dans le plan d'un polygone, on mène des lignes à tous les sommets, et qu'on partage ces lignes dans le même rapport, en joignant les points de division on forme un polygone semblable au premier.*

Soit A B C D E (fig. 254) : on prend sur O A, O B, O C, etc., des longueurs oa, ob, oc, etc., telles que $\dfrac{AO}{ao}=\dfrac{BO}{bo}=\dfrac{CO}{co}=\dfrac{DO}{do}=\dfrac{EO}{eo}$. On joint $abcde$; ce polygone doit être semblable à A B C D E. En effet, puisque $\dfrac{AO}{ao}=\dfrac{BO}{bo}$, la ligne A B est parallèle à ab, et de plus, elles sont dans le même rapport que les rayons A O et ao; il en est de même pour une ligne quelconque de la figure. Donc toutes les lignes de $abcde$ sont parallèles à celles de A B C D E, ce qui prouve que tous les angles sont égaux; de plus, les côtés ab et A B, bc et B C, cd et C D, etc., étant dans le même rapport que deux rayons quelconques, sont tous dans des rapports égaux; donc les côtés sont proportionnels, et par suite les polygones sont semblables.

Nous en tirerons cette conséquence importante que, en joignant trois à trois les sommets, on forme des triangles qui ont aussi les côtés parallèles et proportionnels, d'où l'on conclut que *les polygones sont composés d'un même nombre de triangles semblables et semblablement situés.*

Il en serait de même si on avait prolongé le faisceau au delà du point O (fig. 255) et pris de ce côté les longueurs proportionnelles; la figure $a'b'c'd'e'$, ainsi formée, est semblable à la première, et de plus, elle est ici symétriquement placée par rapport au point O.

On remarque enfin que deux polygones semblables étant donnés, on pourra toujours les placer de manière que les sommets se trouvent sur les rayons menés d'un *centre de similitude* commun. Car, soient A B C D, $abcd$ (fig. 256) les deux polygones, O le centre de similitude que l'on veut prendre ; on joindra A, B, C, D avec O et on partagera ces rayons dans le rapport de A B à ab ; on aura alors un polygone $a'b'c'd'$ semblable à A B C D, et les côtés $a'b'$, $b'c'$, $c'd'$, $d'a'$ seront égaux, ainsi que les angles, à ceux de $abcd$; ce polygone ne sera autre que $abcd$.

Figures quelconques semblables

Les propriétés précédentes nous permettent de généraliser les conditions de similitude et de les étendre au cas de lignes brisées et de courbes quelconques.

Si on mène d'un point O (fig. 257) des rayons à tous les points d'une figure, et que l'on partage les rayons dans le même rapport, la figure ainsi formée sera une figure semblable à la première. Ainsi $abcdef$ est semblable à A B C D E F.

De même la courbe M N P Q R S est semblable à la courbe $mnpqrs$; le centre de similitude peut être intérieur, comme dans la figure 258, ou extérieur, comme dans la figure 259. C'est là le sens le plus général qu'il faudra attacher à l'idée de similitude.

Deux figures seront dites semblables lorsqu'elles pourront être placées de manière à avoir un centre commun de similitude.

Examinons le cas particulier des polygones réguliers.

DEUXIÈME PROPOSITION. — *Deux polygones réguliers, d'un même nombre de côtés, sont toujours deux figures semblables.*

En effet, nous avons appris à calculer la valeur de l'angle de chaque polygone régulier, et nous avons vu que cette valeur ne dépend que du nombre des côtés et nullement de leur grandeur ; donc les angles des deux polygones sont égaux. Quant aux côtés, ils sont certainement proportionnels, car le rapport de deux d'entre eux est toujours le même, puisqu'ils sont tous égaux dans chaque polygone.

TROISIÈME PROPOSITION. — Il en résulte *que si on inscrit ces polygones et qu'on joigne les sommets au centre, on forme des triangles semblables* A B O, *a b o, ou* A O I *et a o i* (fig. 260), car les angles sont encore égaux, comme moitié des angles des polygones.

Dès lors on a les rapports $\dfrac{AB}{ab}=\dfrac{AO}{ao}=\dfrac{IO}{io}$; mais comme on ne change pas un rapport en multipliant les deux termes par un même nombre, si on multiplie par le nombre des côtés le premier rapport, il deviendra $\dfrac{6\,AB}{6\,ab}$ ou $\dfrac{P}{p}$, en appelant P et p les périmètres. On aura donc :

$$\frac{P}{p}=\frac{AB}{ab}=\frac{AO}{ao}=\frac{OI}{oi},$$

ce qu'on énonce en disant que : *les périmètres des polygones réguliers sont entre eux dans le même rapport que les côtés, les rayons ou les apothèmes de ces deux polygones.*

QUATRIÈME PROPOSITION. — *Les longueurs de deux circonférences rectifiées sont entre elles comme les rayons de ces circonférences ou comme les diamètres.*

Nous remarquerons d'abord que quand on a un polygone régulier inscrit dans une circonférence (fig. 261), et qu'on double le nombre des côtés de ce polygone, on a un nouveau polygone qui enveloppe le premier, mais qui est enveloppé par la circonférence; en doublant encore le nombre des côtés, le nouveau polygone s'approche de plus en plus de la circonférence, de sorte que si on suppose qu'on ait doublé le nombre des côtés un nombre suffisant de fois, on peut admettre qu'on arrive à un polygone qui ne diffère pas sensiblement de la circonférence. Si à chaque opération on étendait en ligne droite les côtés des divers polygones mis bout à bout, on aurait une ligne droite dont la longueur serait le périmètre ou le contour du polygone; arrivé au dernier, on admet que cette droite représente, avec autant d'approximation que l'on veut, le périmètre ou contour de la circonférence ; c'est ce qu'on appelle la *circonférence rectifiée*.

Si donc on a deux circonférences, O et O' (fig. 262), de rayons R et R', en les supposant remplacées par deux polygones d'un même nombre infiniment grand de côtés, d'après la proposition précédente, les périmètres sont dans le même rapport que les rayons ; donc les circonférences rectifiées sont dans le même rapport que les rayons. En désignant par C et C' ces circonférences, on a :

$$\frac{C}{C'} = \frac{R}{R'} \text{ ou } \frac{C}{R} = \frac{C'}{R'}.$$

Rapport de la circonférence au diamètre.

La proportion précédente donne, en multipliant les dénominateurs par 2 : $\frac{C}{2R} = \frac{C'}{2R'}$, et si on considère une troisième circonférence $= \frac{C''}{2R''}$, etc. On voit, en traduisant ces dernières proportions, que *le rapport d'une circonférence quelconque à son rayon ou à son diamètre est toujours le même*, c'est-à-dire que chaque circonférence déroulée ou rectifiée doit contenir le même nombre de fois son diamètre ; ce nombre de fois est à peu près $\frac{22}{7}$, ou en décimales, 3,14, et plus exactement, 3,14159265358...

Ce nombre est souvent désigné dans les mathématiques par le signe π, c'est le *p* de la langue grecque, et on le prononce *pi*. On dit donc que $\frac{C}{2R} = \pi$. Or, dans une division, le dividende est égal au diviseur multiplié par le quotient. Donc $C = \pi \times 2R$, ou $C = 2\pi R$, ce qui veut dire que quand on veut évaluer le contour d'une circonférence, il faut multiplier le nombre 3,14159... par le double du rayon.

Soit, par exemple, une circonférence dont le rayon est $12^m,56$; le double est $25^m,12$; en multipliant par 3,1416 (en forçant le dernier chiffre à cause du 9 qui vient après), on obtient $78^m,916$.

Opération.   3,1416
                                25,12
                                ─────
                                62832
                                31416
                               157080
                                62832
                               ─────────
                               78,916992

Remarque. — On peut arriver à connaître le nombre π en partant
d'un diamètre connu, et évaluant les périmètres successifs des polygones dont on double plusieurs fois le nombre des côtés. Lorsqu'on
arrive à un polygone d'un nombre de côtés assez grand, on prend son
périmètre, que l'on connaît, et on le divise par le diamètre d'où l'on
est parti; on a ainsi le rapport de la circonférence au diamètre.

Il est démontré que quelque loin que l'on pousse l'opération, et de
quelque manière que l'on s'y prenne, on ne peut jamais exprimer
exactement ce rapport, c'est-à-dire qu'il est impossible d'évaluer
exactement la circonférence en rayons et en fractions de rayons, quelque petites qu'elles soient. Le rapport de ces deux grandeurs est
incommensurable.

PROBLÈME. — *Dans une circonférence dont le rayon est donné,
évaluer la longueur d'un arc d'un certain nombre de degrés, par
exemple, de 64 degrés.*

Il suffit de se rappeler que 1 degré est la 360ᵉ partie de la circonférence; donc l'arc de 64 degrés est les $\frac{64}{360}$ de la circonférence; on
évaluera donc la circonférence par le moyen connu, et on en prendra
les $\frac{64}{360}$, c'est-à-dire qu'on divisera le nombre obtenu par 360, et
qu'on prendra ce quotient 64 fois.

Si l'arc contient un nombre de degrés et de minutes, par exemple
30° 14', on réduit tout en minutes, ce qui donne 1814', et on
observe que dans la circonférence il y a $360 \times 60'$ ou 21600'; donc
l'arc dont il s'agit est les $\frac{1814}{21600}$ de la circonférence. On calculera donc
la circonférence et on la multipliera par ce nombre.

S'il y avait des secondes, on réduirait tout en secondes et on observerait que dans la circonférence il y a $360 \times 60 \times 60$ ou $1296000''$.

Exemple. — Dans une circonférence dont le rayon est 10^m, quelle est la longueur d'un arc de $38°\ 50'$?

Circonférence $= 3,14159 \times 20 = 62,8318$.

$$
\begin{array}{r}
38 \\
60 \\
\hline
2280 \\
50 \\
\hline
2330
\end{array}
$$

$38°\ 50' = 2330'$; donc l'arc est égal à $62,8318 \times \dfrac{2330}{21600}$.

$$
\begin{array}{r}
62,8318 \\
233 \\
\hline
1884954 \\
1884954 \\
1256636 \\
\hline
\end{array}
$$

$$
\begin{array}{r|l}
14639,8094 & 21600 \\
16798 & \overline{6,77} \\
16780.... &
\end{array}
$$

L'arc vaut environ $6^m,77$.

Applications.

Outre les méthodes exactes que nous avons données pour réduire un dessin, et qui s'appliquent surtout lorsqu'il s'agit de plans, d'architecture, de dessins de machines ou de bâtiments, il existe encore des procédés qu'il faut connaître et qui, tout en n'admettant pas la même rigueur géométrique, n'en sont pas moins utiles quand il s'agit de faire des figures semblables : ces méthodes s'appliquent surtout lorsque les dessins ont des formes irrégulières, rectilignes ou curvilignes, comme, par exemple, dans les dessins d'ornement ou le dessin des figures.

PREMIÈRE MÉTHODE. — La première méthode est fondée sur les centres de similitude. Sur le plan de la figure, on prend un centre O à volonté, et on le joint aux principaux points du dessin par des droites aussi nombreuses que l'on veut; on partage ensuite ces droites en parties proportionnelles et d'après le rapport de grandeur qu'on veut donner aux lignes. Par exemple, si l'on veut que les dimensions soient trois fois plus petites, on partage toutes les lignes au tiers de leur longueur (fig. 263).

On joint ensuite tous ces points par des traits, que l'on raccorde le mieux possible. La nouvelle figure ainsi formée peut servir de calque ou de patron, pour être transportée sur une autre feuille, s'il y a lieu.

DEUXIÈME MÉTHODE. — La deuxième méthode est plus souvent applicable et conduit à des résultats tout aussi exacts; les ingénieurs, les peintres l'emploient également pour réduire des dessins de toute espèce (fig. 264).

On prépare le modèle, en l'entourant d'un rectangle, dont on partage les côtés en parties égales, que l'on numérote dans les deux sens, et par les points de division on mène des parallèles aux côtés du rectangle, de sorte que toute la feuille se trouve partagée en petits carrés.

On forme ensuite sur la feuille du dessin un rectangle semblable, c'est-à-dire ayant sur les côtés le même nombre de divisions, aussi petites ou aussi grandes que l'on veut, et on le partage aussi, par des parallèles, en un même nombre de petits carrés correspondants.

Il est alors facile de suivre, sur chaque carré du modèle, les lignes qui s'y trouvent contenues, et de les rapporter, dans la même position, dans chaque carré correspondant du dessin. L'opération se fait d'une manière assez rapide.

Les ingénieurs ont des carnets à papier quadrillé, de diverses dimensions, où ils consignent les croquis de dessins, de plans ou de machines, qui peuvent ensuite être copiés très-commodément sur des dessins plus soignés.

Pantographe.

On a construit des instruments, nommés *pantographes*, destinés à tracer très-rapidement, et sans l'aide d'échelles ni de compas de proportion, des figures semblables à des figures données.

Voici comment est composé l'un des plus simples de ces pantographes : une règle, O D (fig. 265), est partagée, par des trous, en parties proportionnelles à des nombres donnés, par exemple

$$\frac{OA}{OD} = \frac{1}{2}, \quad \text{ou} \quad \frac{OA'}{OD} = \frac{4}{7}.$$

Au moyen de chevillettes, on fixe aux points A et D deux règles, qui sont reliées par une quatrième B C, de manière à former un parallélogramme A B C D. Le point B, sur l'intersection des deux règles, ne change pas; quant au point C, il est attaché à D C à l'aide d'une chevillette placée dans un trou correspondant à celui de la chevillette A, de manière que B C soit égal à A D, et que la figure soit toujours un parallélogramme. Sur les deux règles A B et C D, sont encore deux séries de trous correspondants et qui doivent être disposés de telle manière, que A B étant égal à D C, l'extrémité I de la règle D C, qui porte une pointe, soit en ligne droite avec les points B et O. Dans la première position O A B D C I on aura évidemment

$$\frac{OB}{OI} = \frac{OA}{OD} = \frac{1}{2};$$

dans la seconde O A′ D B′ C′ I′ on aura

$$\frac{OB'}{OI'} = \frac{OA'}{OD} = \frac{4}{7}.$$

Enfin, au point B est un crayon ou un traçoir quelconque.

Pour se servir de l'instrument, on fixe le point O sur le plan du dessin, et on applique l'instrument sur le papier, de manière que la pointe I puisse parcourir le dessin qu'on veut réduire, M N P (fig. 266). Pendant que cette pointe parcourt le dessin, le crayon B trace sur le papier une figure semblable et réduite dans un rapport voulu. En effet, dans toutes les positions, les règles ne cessent pas d'être parallèles deux à deux, et, par conséquent, il existe entre les rayons partis de O, Om et O M, On et O N, Op et O P, les mêmes rapports, qui sont ceux de O B à O I, ou de O A à O D, rapports qui sont fixes pendant toute l'opération. Donc les figures mnp, et M N P sont bien deux figures semblables, dont le centre de similitude est en O.

On conçoit que si on voulait agrandir un dessin, on mettrait en I le traçoir et en B la pointe qui doit suivre le dessin.

Cordes sans fin et roues dentées.

Nous citerons encore une application, très-importante et très-usitée dans la mécanique, de cette propriété que les circonférences ont des longueurs proportionnelles à leurs rayons.

On a souvent besoin de transmettre le mouvement de rotation d'une roue à une autre roue, située dans le même plan ou dans un plan parallèle très-voisin, qu'on veut faire tourner dans le même sens ou en sens inverse, et avec une vitesse un certain nombre de fois plus grande ou plus petite : on y parvient par les *cordes ou courroies sans fin*, et par les *roues d'engrenage*.

CORDES SANS FIN. — Soient deux roues mobiles, O et O' (fig. 267), unies par une courroie ou une corde tendue sur leur contour de manière à ne pas pouvoir glisser en dehors. Si le mouvement de O se fait dans le sens de la flèche, un point A″ de cette roue se transporte en A, et le cordon s'allonge dans ce sens, d'une longueur A A′, égale à l'arc A A′ déroulé. Cette portion du cordon doit s'enrouler sur O′, et le point a de la roue est entraîné en a', de manière que l'arc déroulé $a\,a'$ soit égal à A″A. D'après cela, si la circonférence O′ a un rayon qui soit le tiers de celui de O, cette circonférence sera trois fois plus petite que O, et, par conséquent, il faudra que *a* fasse trois fois le tour de O′, pendant qu'il se sera déroulé une seule circonférence de O, c'est-à-dire pendant que A aura fait un seul tour. Donc le nombre de tours de O′ sera au nombre des tours de O effectués dans le même temps, en raison inverse des rayons, ce qui veut dire que si le rayon de O′ est trois fois plus petit, le nombre de tours effectués sera trois fois plus grand que celui de O. Si l'on voulait faire marcher dans le même sens une roue dix fois plus vite qu'une autre, on lui donnerait un rayon dix fois plus petit.

En croisant les brins comme l'indique la figure 268, l'une des roues entraînera l'autre en sens inverse, comme il est facile de le constater.

Si O (fig. 269) a un rayon cinq fois plus grand que O′, auquel elle est liée, et que celle-ci soit le pignon d'une autre roue qu'elle entraîne et qui a un rayon cinq fois plus grand que O′, O′ marchera vingt-cinq fois plus vite que O.

ROUES D'ENGRENAGE. — Supposons deux roues en contact par un des points de leur circonférence, et mobiles (fig. 270) ; supposons, de plus, que l'une d'elles, *o* par exemple, étant en mouvement, le frottement qui s'exerce en *a* soit suffisant pour faire avancer A en sens inverse ; chaque point de la roue *o* viendra successivement s'appliquer sur un point de la roue O, de sorte que lorsque *o* aura fait un tour complet, la grande roue se sera avancée d'une portion de sa circonférence qui, si elle était déroulée, serait égale à la circonférence de *o*.

Il en résulte que si le rayon O A est, par exemple, quatre fois plus grand que *o a*, il faudra que *o* ait fait quatre tours pour que O en ait fait un. Les vitesses sont donc encore inversement proportionnelles aux rayons.

Il en résulte aussi que si on établit une suite de roues en contact, et telles que le rayon de chacune soit le tiers de celui qui précède (fig. 271), la deuxième, O′, marchera trois fois plus vite que la première, O″ ; O′ marchera trois fois plus vite que O′ ou neuf fois plus vite que O″ ; enfin, O marchera trois fois plus vite que O′, ou vingt-sept fois plus vite que O″.

En général, il ne suffit pas du simple contact pour que le mouvement de l'une des roues entraîne le mouvement de l'autre : on forme les circonférences des roues de saillies appelées *dents*, qui pénètrent les unes dans les autres, en glissant sur des petites courbes que la mécanique enseigne à construire. Ces appareils constituent les *engrenages*, et les roues sont nommées des *roues dentées* (fig. 272); la roue qui conduit se nomme ordinairement le *pignon*.

ORDRES D'ARCHITECTURE

On trouve une application intéressante des lignes proportionnelles dans l'établissement des proportions de ce qu'on nomme les CINQ ORDRES D'ARCHITECTURE. Ces ordres sont : le *toscan*, le *dorique*, l'*ionique*, le *corinthien*, et le *composite*.

Quand on veut exécuter un de ces ordres dans une grandeur déterminée, il faut conserver aux diverses parties des rapports de grandeur indispensables, sans cela les formes n'auraient plus le même caractère ; seulement, au lieu de faire les dessins à l'échelle métrique, on a de tout temps adopté, en architecture, une échelle particulière, formée de parties principales, qu'on appelle *modules*, et de subdivisions de ces modules, qu'on appelle *minutes*.

La colonne étant la partie essentielle de l'ordre, c'est sur son diamètre inférieur qu'est fixée la grandeur du module. On nomme module le demi-diamètre inférieur ; il se divise en 12 minutes pour les ordres toscan et dorique, et en 18 pour les autres.

Quand on veut composer un dessin d'architecture, on commence par établir l'échelle des modules : pour cela, il faut, d'après Vignole, diviser la hauteur totale en dix-neuf parties ; quatre appartiendront au piédestal, douze à la colonne, et trois à l'entablement. La hauteur de la colonne étant ainsi fixée, on la divise en sept parties égales, si c'est l'ordre toscan, en huit si c'est l'ordre dorique, en neuf si c'est l'ordre ionique, en dix pour le corinthien et le composite. Chacune de ces parties constitue le diamètre inférieur de la colonne ; on prend la moitié de ce diamètre pour former le module, on divise ensuite le module en minutes, comme il a été dit, et on a une échelle au moyen de laquelle on peut établir, dans le dessin, les proportions déterminées par les architectes dans chaque partie de chacun des ordres. Voici les tableaux de ces diverses parties, avec leurs noms et leurs proportions.

1° ORDRE TOSCAN. — 22 modules 2 minutes.

(Fig. 273 et 273 *bis*.)

			HAUTEUR.		SAILLIE.	
			mod.	min.	mod.	min.
PIÉDESTAL 4 mod. 8 min.	**BASE** 6 minutes.	Plinthe. . . .	0	5	1	8½
		Filet ou listel.	0	1	1	6½
	DÉ 3 mod. 8 min.	Congé.	0	2	1	4½
		Socle.	3	6	1	4½
	CORNICHE 6 minutes.	Talon.	0	4	1	8
		Listel.	0	2	1	8½
COLONNE 14 modules.	**BASE** 1 module.	Plinthe. . . .	0	6	1	4 $\frac{1}{7}$
		Tore.	0	5	1	4½
		Listel.	0	1	1	1½
	FUT 12 modules.	Congé.	0	1½	1	0
		Fût.	11	8	1	0
		Congé.	0	1	0	10
		Filet.	0	½	0	11
		Baguette. . . .	0	1	0	11½
	CHAPITEAU 1 module.	Gorgerain. . . .	0	3	0	10
		Filet.	0	1	0	10
		Listel.	0	1	0	11
		Quart de rond.	0	3	1	1 $\frac{3}{4}$
		Larmier. . . .	0	2	1	2
		Congé.	0	1	1	2
		Listel.	0	1	1	3
ENTABLEMENT 3 modules 6 minutes.	**ARCHITRAVE** 1 module.	Plate-bande. .	0	8	0	10
		Congé.	0	2	0	10
		Listel.	0	2	1	0
	FRISE	. . . .	1	2	0	10
	CORNICHE 1 mod. 4 min.	Talon.	0	4	1	2
		Listel.	0	½	1	2½
		Larmier. . . .	0	5	1	11
		Congé.	0	1	1	11
		Listel.	0	½	2	0
		Baguette. . . .	0	1	2	½
		Quart de rond.	0	4	2	4

Les saillies sont cotées à partir de l'axe de la colonne.

La distance entre les colonnes, et qu'on nomme *entrecolonnement*, est de 6 modules; avec portiques sans piédestaux, il est de 9 modules 6 minutes; avec piédestaux, de 13 modules 9 minutes; les entrecolonnements se cotent d'axe en axe.

2° ORDRE DORIQUE. — 25 modules 4 minutes.

(Fig. 274 et 274 *bis*.)

			HAUTEUR.		SAILLIE.	
			mod.	min.	mod.	min.
PIÉDESTAL 5 modules 4 minutes.	**BASE** 10 minutes.	1re plinthe. . .	0	4	1	9$\frac{1}{3}$
		2e plinthe. . .	0	2$\frac{1}{2}$	1	9
		Talon.	0	2	1	7
		Baguette. . . .	0	1	1	6$\frac{3}{4}$
		Listel.	0	$\frac{1}{2}$	1	6
	DÉ 4 modules.	Congé.	0	1	1	5
		Socle.	3	11	1	5
	CORNICHE 6 minutes.	Talon.	0	1$\frac{1}{2}$	1	6$\frac{1}{2}$
		Larmier. . . .	0	2$\frac{1}{2}$	1	9
		Listel.	0	$\frac{1}{2}$	1	9$\frac{3}{4}$
		Quart de rond.	0	1	1	10$\frac{3}{4}$
		Listel.	0	$\frac{1}{2}$	1	11
COLONNE 16 modules.	**BASE** 1 module.	Plinthe. . . .	0	6	1	5
		Tore.	0	4	1	5
		Baguette. . . .	0	1$\frac{1}{3}$	1	2$\frac{3}{4}$
		Listel.	0	$\frac{2}{3}$	1	2
	FUT 14 modules.	Congé infér^r. .	0	2	1	0
		Fût.	13	7	1	0
		Congé supér^r .	0	1$\frac{1}{2}$	0	10
		Filet.	0	1$\frac{1}{2}$	0	11$\frac{1}{2}$
		Baguette. . . .	0	1	1	0

SUITE DE L'ORDRE DORIQUE.

		HAUTEUR.		SAILLIE.	
		mod.	min.	mod.	min.
COLONNE (Suite.) — CHAPITEAU 1 module.	Gorgerain. . .	0	4	0	10
	1ᵉʳ filet. . . .	0	$\frac{1}{2}$	0	$10\frac{1}{2}$
	2ᵉ filet.	0	$\frac{1}{2}$	0	11
	3ᵉ filet.	0	$\frac{1}{2}$	0	$11\frac{1}{2}$
	Quart de rond.	0	$2\frac{1}{2}$	1	$1\frac{3}{4}$
	Tailloir. . . .	0	$2\frac{1}{2}$	1	2
	Talon.	0	1	1	$3\frac{1}{4}$
	Listel.	0	$\frac{1}{2}$	1	$3\frac{1}{2}$
ENTABLEMENT 4 modules. — ARCHITRAVE 1 module.	1ʳᵉ plate-bande.	0	4	0	10
	2ᵉ plate-bande.	0	6	0	$10\frac{1}{2}$
	Gouttes. . . .	0	$1\frac{1}{2}$	0	$11\frac{1}{2}$
	Chapiteau des gouttes. . .	0	$\frac{1}{2}$	0	$11\frac{1}{2}$
	Listel.	0	2	1	0
FRISE 1 mod. 6 min.	Métope. . . .	1	6	0	10
	Triglyphe. . .	1	6	0	$10\frac{1}{2}$
CORNICHE 1 mod. 6 min.	Chapiteau des triglyphes. .	0	2	0	11
	Filet.	0	$\frac{1}{2}$	0	$11\frac{1}{2}$
	Quart de rond.	0	2	1	$1\frac{1}{2}$
	Gouttes de la mutule. . .	0	$\frac{1}{2}$	2	2
	Mutule. . . .	0	$3\frac{1}{2}$	2	$4\frac{1}{2}$
	Talon.	0	1	2	$3\frac{1}{2}$
	Larmier. . . .	0	$3\frac{1}{2}$	2	6
	Talon.	0	1	2	$6\frac{3}{4}$
	Filet.	0	$\frac{1}{2}$	2	7
	Doucine. . . .	0	3	2	7
	Filet.	0	1	2	10

L'entrecolonnement simple de cet ordre est de 6 modules 3 minutes ; avec portique, sans piédestaux, il est de 10 modules ; avec piédestaux, de 14 modules 9 minutes.

L'entablement peut se décorer; la *frise* est divisée en *triglyphes* et en *métopes;* les triglyphes ont 1 module de largeur et 1 module $\frac{1}{2}$ de hauteur. La métope est carrée, et c'est la partie la plus susceptible d'ornements. Au-dessous des triglyphes, dans l'architrave, se trouvent les *gouttes*.

3° ORDRE IONIQUE. — 28 modules 9 minutes.

(Fig. 275 et 275 *bis.*)

			HAUTEUR.		SAILLIE.	
			mod.	min.	mod.	min.
PIÉDESTAL 6 modules.	BASE 9 minutes.	Plinthe. . . .	0	4	1	15
		Filet.	0	$\frac{2}{3}$	1	$13\frac{1}{2}$
		Doucine. . . .	0	3	1	$9\frac{2}{3}$
		Baguette. . . .	0	$1\frac{1}{3}$	1	10
	DÉ 5 modules.	Filet.	0	1	1	9
		Congé.	0	2	1	7
		Socle.	4	$12\frac{3}{5}$	1	7
		Congé.	0	$1\frac{1}{2}$	1	7
	CORNICHE 9 minutes.	Filet.	0	1	1	$8\frac{1}{4}$
		Baguette. . . .	0	1	1	9
		Quart de rond.	0	3	1	$11\frac{1}{2}$
		Larmier. . . .	0	3	1	$15\frac{1}{2}$
		Talon.	0	$1\frac{1}{5}$	1	$16\frac{3}{4}$
		Filet.	0	$\frac{2}{3}$	1	17
COLONNE 18 modules.	BASE 1 module.	Plinthe. . . .	0	6	1	7
		Tore.	0	$4\frac{1}{2}$	1	7
		Filet.	0	$\frac{1}{2}$	1	5
		Scotie.	0	3	1	$1\frac{1}{2}$
		Filet.	0	$\frac{1}{2}$	1	$2\frac{1}{2}$
		Tore.	0	$2\frac{1}{2}$	1	4
		Filet.	0	1	1	2

SUITE DE L'ORDRE IONIQUE.

			HAUTEUR.		SAILLIE.	
			mod.	min.	mod.	min.
COLONNE (Suite.)	FUT 16 mod. 6 min.	Congé.	0	2	1	0
		Fût.	15	17	1	15
		Congé.	0	2	0	15
		Filet.	0	1	0	17
		Baguette. . . .	0	2	1	0
	CHAPITEAU 12 minutes.	Quart de rond.	0	5	1	4
		Canal de la volute.	0	3	0	17
		Listel.	0	1	0	$17\frac{1}{2}$
		Talon.	0	2	1	$1\frac{1}{2}$
		Filet.	0	1	1	2
ENTABLEMENT 4 modules 9 minutes.	ARCHITRAVE 1 mod. 4 min. 1/2	1re face. . . .	0	$4\frac{1}{2}$	0	15
		2e face.	0	6	0	16
		3e face.	0	$7\frac{1}{2}$	0	17
		Talon.	0	3	1	$1\frac{2}{3}$
		Listel.	0	$1\frac{1}{2}$	1	2
	FRISE	. . . .	1	9	0	15
	CORNICHE 1 mod. 15 min. 1/2	Talon.	0	4	1	$1\frac{1}{2}$
		Filet.	0	1	1	2
		Denticules. . .	0	6	1	6
		Cordon. . . .	0	1	1	3
		Filet.	0	$\frac{1}{2}$	1	$6\frac{1}{2}$
		Baguette. . . .	0	1	1	7
		Quart de rond.	0	4	1	$10\frac{1}{4}$
		Larmier. . . .	0	6	2	$2\frac{1}{2}$
		Talon.	0	2	2	$4\frac{1}{2}$
		Filet.	0	$\frac{1}{2}$	2	5
		Doucine. . . .	0	5	2	10
		Filet.	0	$1\frac{1}{2}$	2	10

L'entre-colonnement simple de cet ordre est de 6 modules 12 minutes; avec portiques, sans piédestaux, il est de 10 modules 16 minutes, et avec piédestaux, 15 modules 12 minutes.

4° ORDRE CORINTHIEN. — 31 modules 12 minutes.

(Fig. 276 et 276 *bis*.)

			HAUTEUR.		SAILLIE.	
			mod.	min.	mod.	min.
PIÉDESTAL 6 modules 12 minutes.	BASE 12 minutes.	Plinthe	0	6	1	$14\frac{1}{2}$
		Tore	0	3	1	$14\frac{1}{2}$
		Filet	0	1	1	$12\frac{3}{4}$
		Doucine	0	3	1	$8\frac{5}{8}$
		Baguette	0	$1\frac{1}{4}$	1	$9\frac{1}{4}$
	DÉ 5 mod. 4 min.	Filet	0	$\frac{3}{4}$	1	$8\frac{1}{4}$
		Congé	0	$1\frac{1}{2}$	1	7
		Socle	4	$15\frac{1}{4}$	1	7
		Congé	0	$1\frac{1}{2}$	1	7
		Filet	0	$\frac{3}{4}$	1	$8\frac{1}{4}$
		Baguette	0	$1\frac{1}{4}$	1	$8\frac{7}{8}$
	FRISE		0	5	1	7
	CORNICHE 10 minutes.	Filet	0	1	1	$7\frac{1}{4}$
		Baguette	0	1	1	$8\frac{1}{2}$
		Quart de rond	0	$1\frac{1}{4}$	1	$12\frac{3}{4}$
		Larmier	0	3	1	14
		Talon	0	$1\frac{1}{3}$	1	$15\frac{1}{4}$
		Filet	0	$\frac{2}{3}$	1	$15\frac{1}{2}$
COLONNE 20 modules.	BASE 1 mod. 1 min.	Plinthe	0	6	1	7
		Tore	0	4	1	7
		Filet	0	$\frac{1}{4}$	1	5
		Scotie	0	$1\frac{1}{2}$	1	$3\frac{1}{8}$
		Filet	0	$\frac{1}{4}$	1	$3\frac{5}{8}$
		Baguette	0	1	1	4
		Filet	0	$\frac{1}{4}$	1	$3\frac{3}{8}$
		Scotie	0	$1\frac{1}{2}$	1	2
		Filet	0	$\frac{1}{4}$	1	$2\frac{1}{2}$
		Tore	0	3	1	4

GÉOMÉTRIE

SUITE DE L'ORDRE CORINTHIEN.

			HAUTEUR.		SAILLIE.	
			mod.	min.	mod.	min.
COLONNE (Suite.)	FUT 16 mod. 11 min.	Filet.	0	$1\frac{1}{2}$	1	2
		Congé.	0	2	1	0
		Fût.	16	$3\frac{1}{2}$	1	0
		Congé.	0	1	0	15
		Filet.	0	1	0	16
		Baguette. . .	0	2	0	17
	CHAPITEAU 2 mod. 6 min.	1er rang · de feuilles. . .	0	12	0	0
		2e rang. . . .	0	12	0	0
		3e rang. . . .	0	4	0	0
		Volute. . . .	0	8	0	0
		Listel.	0	8	0	0
		Larmier. . . .	0	3	0	0
		Filet.	0	1	0	0
		Quart de rond.	0	2	0	0
ENTABLEMENT 5 modules.	ARCHITRAVE 1 mod. 9 min.	1re face. . . .	0	5	0	15
		Baguette. . . .	0	1	0	$15\frac{1}{2}$
		2e face. . . .	0	6	0	$15\frac{1}{2}$
		Talon.	0	2	0	$16\frac{1}{3}$
		3e face. . . .	0	7	0	$16\frac{1}{2}$
		Baguette. . . .	0	1	0	17
		Talon.	0	4	0	$1\frac{2}{3}$
		Filet.	0	1	1	2
	FRISE 1 mod. 9 min.	Plate-bande. .	1	$6\frac{1}{4}$	0	15
		Congé.	0	$1\frac{1}{4}$	0	15
	CORNICHE 2 modules.	Filet.	0	$\frac{1}{2}$	0	$16\frac{1}{4}$
		Baguette. . . .	0	1	0	$16\frac{3}{4}$
		Talon.	0	3	1	$\frac{3}{4}$
		Filet.	0	$\frac{1}{2}$	1	2
		Denticules. . .	0	6	1	6
		Filet.	0	$\frac{1}{2}$	1	$6\frac{1}{2}$
		Baguette. . . .	0	1	1	7
		Quart de rond.	0	4	1	10

SUITE DE L'ORDRE CORINTHIEN.

		HAUTEUR.		SAILLIE.	
		mod.	min.	mod.	min.
ENTABLEMENT (Suite.)	CORNICHE 2 modules.				
	Filet.	0	$\frac{1}{2}$	1	$10\frac{1}{2}$
	Modillon. . . .	0	6	2	$8\frac{1}{2}$
	Talon.	0	$1\frac{1}{2}$	2	$9\frac{1}{2}$
	Larmier. . . .	0	5	2	10
	Talon.	0	$1\frac{1}{2}$	2	$11\frac{1}{2}$
	Filet.	0	$\frac{1}{2}$	2	12
	Doucine. . . .	0	5	2	17
	Filet.	0	1	2	17

L'entre-colonnement simple de cet ordre est de 7 modules; avec portiques, sans piédestaux, il est de 11 modules 6 minutes, et avec piédestaux, 16 modules 9 minutes.

5° ORDRE COMPOSITE. — 31 modules 12 minutes.

(Fig. 277 et 277 *bis*.)

		HAUTEUR.		SAILLIE.	
		mod.	min.	mod.	min.
PIÉDESTAL 6 modules 12 minutes.	BASE 12 minutes.				
	Plinthe. . . .	0	4	1	15
	Tore.	0	3	1	15
	Filet.	0	1	1	$13\frac{1}{4}$
	Talon.	0	3	1	$12\frac{1}{4}$
	Baguette. . . .	0	1	1	$9\frac{3}{4}$
	DÉ 5 mod. 4 min.				
	Filet.	0	1	1	9
	Congé.	0	2	1	9
	Socle.	4	$16\frac{3}{4}$	1	7
	Congé.	0	$1\frac{1}{4}$	1	7
	Filet.	0	1	1	$8\frac{1}{4}$

SUITE DE L'ORDRE COMPOSITE.

			HAUTEUR.		SAILLIE.	
			mod.	min.	mod.	min.
PIÉDESTAL (Suite.)	CORNICHE 14 minutes.	Baguette. . . .	0	1	1	9
		Frise.	0	5	1	7
		Cavet.	0	1	1	$7\frac{1}{4}$
		Filet.	0	$\frac{1}{2}$	1	$8\frac{1}{4}$
		Doucine. . . .	0	$1\frac{1}{3}$	1	$10\frac{1}{2}$
		Larmier. . . .	0	3	1	$13\frac{1}{2}$
		Talon.	0	$1\frac{1}{3}$	1	$14\frac{3}{4}$
		Filet.	0	$\frac{2}{3}$	1	15
COLONNE 20 modules.	BASE 1 mod. 1 min. 1/2	Plinthe. . . .	0	6	1	7
		Tore.	0	4	1	7
		Filet.	0	$\frac{1}{4}$	1	5
		Scotie.	0	2	1	$2\frac{2}{3}$
		Filet.	0	$\frac{1}{4}$	1	$3\frac{1}{3}$
		Baguette. . . .	0	$\frac{1}{2}$	1	$3\frac{3}{4}$
		Filet.	0	$\frac{1}{4}$	1	$3\frac{1}{3}$
		Scotie.	0	$1\frac{1}{2}$	1	2
		Filet.	0	$\frac{1}{4}$	1	$2\frac{1}{2}$
		Tore.	0	3	1	4
		Filet.	0	$1\frac{1}{2}$	1	2
	FUT 16 mod. 9 min. 1/2	Congé.	0	2	1	0
		Fût.	16	$3\frac{1}{2}$	1	0
		Congé.	0	1	0	15
		Filet.	0	1	0	16
		Baguette. . . .	0	2	0	17
	CHAPITEAU 2 mod. 7 min.	1er rang de feuilles. . .	0	12	0	0
		2e rang. . . .	0	12	0	0
		Volute.	0	16	0	0
		Filet.	0	$\frac{1}{2}$	0	0
		Quart de rond.	0	$2\frac{1}{2}$	0	0

SUITE DE L'ORDRE COMPOSITE.

		HAUTEUR.		SAILLIE.	
		mod.	min.	mod.	min.
ARCHITRAVE 1 mod. 9 min.	1re face. . . .	0	8	0	15
	Talon.	0	2	0	$16\frac{2}{3}$
	2e face.	0	10	0	17
	Baguette. . . .	0	1	0	$17\frac{3}{4}$
	Quart de rond.	0	3	1	2
	Cavet.	0	2	1	$2\frac{1}{2}$
	Filet.	0	1	1	4
FRISE 1 mod. 9 min.	Plate-bande. .	1	$6\frac{1}{2}$	0	15
	Congé.	0	1	0	15
	Filet.	0	$\frac{1}{2}$	0	$16\frac{1}{4}$
	Baguette. . . .	0	1	0	17
CORNICHE 2 modules.	Quart de rond.	0	5	1	4
	Filet.	0	1	1	5
	Denticules. . .	0	$7\frac{1}{2}$	1	11
	Filet des den-ticules. . . .	0	$\frac{1}{2}$	1	10
	Talon.	0	4	1	$14\frac{1}{3}$
	Filet.	0	1	1	15
	Doucine. . . .	0	$1\frac{1}{2}$	2	5
	Larmier. . . .	0	5	2	7
	Baguette. . . .	0	1	2	$7\frac{3}{4}$
	Talon.	0	2	2	$9\frac{1}{2}$
	Filet.	0	1	2	10
	Doucine. . . .	0	5	2	15
	Filet.	0	$1\frac{1}{2}$	2	15

(ENTABLEMENT 5 modules.)

Les entre-colonnements ont les mêmes proportions que le précédent.

On nomme *pilastres* des colonnes carrées en plan, isolées ou en saillie sur un mur, et appartenant à chacun des ordres précédents; les diverses parties conservent les mêmes proportions que les colonnes de l'ordre correspondant.

Les *frontons* sont des ornements en forme de triangle, fermés par trois corniches; l'espace compris entre les corniches se nomme *tympan*, et s'il est assez étendu, il est susceptible de recevoir des sculptures et des allégories.

Les *impostes* sont les parties d'un *pied-droit* sur lesquelles commence un arc; les *archivoltes* sont de larges bandes formant des arcs en saillie sur le nu d'un mur; enfin, les *soffittes* sont diverses sculptures qui servent à orner le plafond des entablements et des corniches.

Les colonnes sont ordinairement cylindriques jusqu'au tiers de leur hauteur; elles vont, à partir de là, en diminuant, de manière que le diamètre de la partie supérieure soit de un sixième moins grand que celui de la partie inférieure; cependant, quelques architectes font diminuer le diamètre à partir du bas, au lieu de commencer au tiers de la hauteur. Voici deux procédés employés pour donner la diminution des colonnes (fig. 278) :

Soit C E le diamètre inférieur, A B l'axe, et G H le diamètre supérieur. Menez les parallèles à l'axe, C D, E F; au tiers de la hauteur, menez l'horizontale I J, et décrivez une demi-circonférence, I L J. On ferait cette construction sur C E, si la diminution devait commencer en bas. Par G et H, menez les parallèles G M, H N, et partagez l'arc I M en six parties égales par des horizontales. A partir de A, partagez de même la hauteur A O en six parties égales par des horizontales; la rencontre de celles-ci avec des parallèles à l'axe, menées par chacun des points de division des arcs I M et J N, donnera les points de la courbe qui marquent la diminution.

On peut encore, après avoir marqué les deux diamètres extrêmes A B et C D (fig. 279), prendre, avec un rayon égal au rayon inférieur, une distance D E, qui donne le point E sur l'axe; joindre D E et prolonger jusqu'à l'horizontale qui passe par le point où commence la diminution, en O par exemple, si elle commence depuis le bas. On mène alors du point O autant de lignes que l'on veut, et sur ces lignes, à partir de l'axe, on prend constamment des distances égales au rayon inférieur, et on marque les points G, H, I qui se trouvent sur la courbe; on prend ensuite les points symétriques M, etc.

CHAPITRE VI

MESURE DES SURFACES

NOTIONS PRÉLIMINAIRES

La *surface, superficie* ou *aire* d'une figure plane, est la portion d'un plan comprise entre les lignes qui forment un contour fermé.

Mesurer une surface, c'est la comparer à une autre surface prise pour unité, ou bien encore c'est chercher combien de fois elle contient cette unité ou une certaine partie de cette unité.

La surface qu'on prend pour unité, est le *mètre carré*, c'est-à-dire la surface comprise entre les côtés d'un carré ayant 1 mètre de longueur. Dans les mesures agraires, c'est-à-dire qui servent à mesurer la superficie des terrains, on emploie souvent l'*are* : c'est un carré ayant 10 mètres de côté. Il est facile de voir qu'un semblable carré contient cent fois le mètre carré, car si A B D C (fig. 280) est un carré dont les côtés ont 10 mètres, en partageant deux des côtés, A B et A C, par exemple, en 10 parties égales, chacune de 1 mètre, et en menant des parallèles par tous les points de division, on partage l'are en cent petits carrés, tels que A *a b c*, ayant chacun 1 mètre de côté; l'are ou décamètre carré vaut donc 100 mètres carrés.

Quand donc on saura mesurer une surface en mètres carrés, on saura le nombre d'ares qu'elle contient en cherchant combien de fois le nombre qui la mesure contient 100, ou en divisant par 100; ce qui, d'après les principes du calcul décimal, se fait très-simplement : il suffit de mettre une virgule qui sépare deux chiffres à la droite; ainsi, 1844 mètres carrés valent 18 ares 44 mètres carrés.

Quand on veut évaluer des fractions de mètre carré, on emploie des subdivisions que l'on forme de la manière suivante : supposons que, dans la figure précédente, A B soit une longueur de 1 mètre, A *a* sera une longueur de 1 décimètre, et le carré A *abc* sera un *décimètre carré*. On voit que le décimètre carré, ou carré de 1 décimètre de côté, est la centième partie du mètre carré.

De même, si A B représente le décimètre et A *a* la longueur de 1 centimètre, A B C D sera le décimètre carré et A *abc* le centimètre carré. Le décimètre carré contient donc encore 100 centimètres carrés ; le mètre carré contient cent fois 100 ou 10000 centimètres carrés.

On verrait de même que le centimètre carré vaut 100 millimètres carrés.

Les subdivisions du mètre carré, savoir : le décimètre carré, le centimètre carré, le millimètre carré, dont les côtés sont de dix en dix fois plus petits, sont donc de cent en cent fois plus petites en surface. Il est important de se familiariser avec ces rapports, si on ne veut être exposé à commettre des erreurs dans l'évaluation des surfaces.

Ainsi, dans le calcul décimal, quand on écrit des fractions décimales à la suite de la virgule, le premier chiffre indique des unités dix fois plus petites que celles qui sont à gauche de la virgule, par exemple $4^{mc},3$ exprime 4 mètres carrés et 3 dixièmes de mètre carré ; il ne faudrait pas lire 3 décimètres carrés, car le décimètre carré n'est que la centième partie du mètre carré. On écrit 1 décimètre carré en mettant, si l'on veut conserver la forme décimale, ce qui est toujours plus facile pour le calcul, $0^{mc},01$; on écrit 1 centimètre carré, $0^{mc},0001$; 1 millimètre carré, $0^{mc},000001$, en reculant, toujours de deux en deux chiffres.

Ainsi, 14 mètres carrés 43 décimètres carrés, s'écrit $14^{mc},43$; 14 mètres carrés et 3 décimètres carrés s'écrit $14^{mc},03$.

De même $14^{mc},8635$ pourrait se lire 14 mètres carrés 86 décimètres carrés et 35 centimètres carrés.

La seule difficulté, c'est lorsque le nombre de chiffres décimaux est impair et qu'on ne peut pas, par conséquent, partager en tranches de deux chiffres à partir de la virgule. Par exemple, que signifie $8^{mc},3$? On peut lire 8 mètres carrés, 3 dixièmes de mètre carré ; mais si l'on veut évaluer en subdivisions carrées, on sait que 3 dixièmes est la même chose que 30 centièmes ; on est donc libre de mettre un zéro à la droite et d'écrire 8^{mc},30, et, par suite, de lire 8 mètres carrés, 30 décimètres carrés.

Ainsi, 0^{mc},013 peut s'écrire 0^{mc},0130 et peut se lire en disant : 1 décimètre carré et 30 centimètres carrés ; c'est la même chose que 13 millièmes de mètre carré.

Réciproquement, si on voulait écrire en un seul nombre décimal le nombre 12 mètres carrés 15 décimètres carrés et 4 centimètres carrés, on écrirait 12^{mc},1504.

Ces notions sont suffisantes pour bien comprendre les résultats que l'on trouve dans le calcul des surfaces.

Nous appellerons *figures équivalentes* deux figures qui ont des aires ou surfaces égales, sans être superposables, même sans avoir une forme semblable ; ainsi, un triangle et un carré peuvent être équivalents : il suffit qu'ils contiennent le même nombre de mètres carrés.

Deux figures égales sont nécessairement équivalentes, tandis que deux figures équivalentes ne sont pas nécessairement égales ou superposables.

Première Proposition. — *La surface d'un carré s'obtient en multipliant le côté par lui-même.*

Car si le côté est un nombre exact de mètres, par exemple 5 mètres, en divisant A B et A D (fig. 281) en cinq parties égales, et en menant par chacun des points de division des parallèles, on obtiendra cinq bandes de cinq carrés chacune ; ces carrés ont 1 mètre de côté et sont des mètres carrés. Il y a donc 5×5, ou 25 ou 5^2 mètres carrés dans la surface de ce carré.

La même démonstration s'applique lorsque le côté n'est pas un nombre exact de mètres. Supposons, par exemple, que le côté soit de 3^m,24 (fig. 282), on peut partager les deux côtés en 324 divisions de 1 centimètre de longueur ; en menant des parallèles, il y aura 324 fois 324 petits carrés qui ont 1 centimètre de côté, et, par conséquent, sont des centimètres carrés. En multipliant 324 par 324, on obtient 104976, et comme les centimètres carrés sont des dix-millièmes de mètre carré, cela équivaut à 10^{mc},4976 ; or, ce nombre est précisément le produit que l'on aurait obtenu en multipliant 3^m,24 par 3^m,24, d'après les règles du calcul décimal ; donc, dans tous les cas, il faut multiplier le côté par lui-même.

Nous remarquerons ici que le nom de *carré*, que l'on donne en arithmétique au produit d'un nombre par lui-même, ou à la deuxième puissance d'un nombre, vient de ce que ce produit indique précisément la surface d'un carré dont le nombre proposé serait le côté.

Ainsi, dans le théorème de Pythagore, quand nous avons dit que le carré du nombre qui représente la longueur de l'hypoténuse est égal à la somme des carrés des nombres qui expriment la longueur des autres côtés, on peut maintenant interpréter cela en disant que le carré fait sur l'hypoténuse d'un triangle rectangle est égal à la somme des carrés faits sur les deux autres côtés (fig. 283). Ainsi, dans le triangle A B C, le carré A C D E, fait sur l'hypoténuse A C, renferme à lui seul autant de surface que les carrés A B G F et B C K H réunis.

DEUXIÈME PROPOSITION. — *La surface d'un rectangle s'obtient en multipliant sa base par sa hauteur, ou ses deux dimensions.*

On peut prendre pour base l'un quelconque des côtés, soit B C (fig. 284), A B sera la hauteur ; si B C vaut 7 mètres et A B 4 mètres, en menant des parallèles on formera encore 7×4, carrés égaux à des mètres carrés. Il y en a donc autant que l'indique le produit de la base par la hauteur.

Si les dimensions étaient exprimées par des nombres fractionnaires, on généraliserait cette règle, comme on vient de le faire pour le carré.

TROISIÈME PROPOSITION. — *La surface d'un parallélogramme s'obtient en multipliant sa base par sa hauteur.*

Soit A B (fig. 285) la base, H I perpendiculaire à la base jusqu'à la base supérieure, est la hauteur. Aux points B et A on élève des perpendiculaires jusqu'à la rencontre de D C ; on forme ainsi un rectangle A B M N, qui a même surface que le parallélogramme, car il a de plus le triangle A D N, et de moins M C B, lesquels triangles sont égaux, comme ayant un angle égal B et A compris entre côtés égaux. Donc la surface du parallélogramme est la même que celle du rectangle, et celui-ci ayant pour mesure le produit de la base A B par la hauteur B M ou H I, on aura aussi pour mesure du parallélogramme : $A B \times H I$, ou sa base multipliée par sa hauteur.

QUATRIÈME PROPOSITION. — *La surface d'un triangle s'obtient en multipliant la base par la hauteur et prenant la moitié du produit, ou, ce qui revient au même, en multipliant la base par la moitié de la hauteur, ou la hauteur par la moitié de la base.*

‑ Soit le triangle À B C (fig. 286); si on prend pour base le côté B C, la hauteur est la perpendiculaire A H, abaissée du sommet opposé sur ce côté.

Par les points A et C on mène des parallèles aux côtés opposés, de manière à construire le parallélogramme A B C D; les deux triangles A B C et A D C ont l'angle C égal à A, à cause des parallèles; C D est égal à A B, comme parallèles comprises entre parallèles, et A C est commun; les triangles ont un angle égal compris entre deux côtés égaux, donc ils sont égaux, et l'un d'eux, A B C, est la moitié de la surface du parallélogramme; mais celle-ci s'obtient en multipliant la base par la hauteur, $B C \times A H$; la moitié ou la surface du triangle sera $\frac{1}{2} B C \times A H$ ou $B C \times \frac{1}{2} A H$.

Lorsque le triangle est rectangle, comme A B C (fig. 287), B C étant la base, A B est la hauteur; la surface est $\frac{1}{2} A B \times B C$, c'est-à-dire la moitié du produit des deux côtés de l'angle droit.

CONSÉQUENCES. — Puisque la surface d'un rectangle ou d'un parallélogramme est représentée par le produit de sa base par sa hauteur, R étant un rectangle ou un parallélogramme, B et H la base et la hauteur, $R = B \times H$; pour un rectangle différent R', de base B', de hauteur H', on a $R' = B' \times H'$, de sorte que le rapport de R à R', ou $\dfrac{R}{R'}$ est le même que celui des produits $B \times H$ et $B' \times H'$ ou $\dfrac{B \times H}{B' \times H'}$.

$$\frac{R}{R'} = \frac{B \times H}{B' \times H'}.$$

Si les deux figures avaient même base, $B = B'$, on pourrait diviser les deux termes de la deuxième fraction par B, sans changer le rapport, et on aurait :

$$\frac{R}{R'} = \frac{H}{H'}.$$

Si la hauteur est la même et les bases différentes, on trouverait de même :

$$\frac{R}{R'} = \frac{B}{B'}.$$

Ces rapports seraient les mêmes pour deux triangles, car soient T et T' ces deux triangles, on aura :

$$T = \tfrac{1}{2} B \times H$$

$$T' = \tfrac{1}{2} B' \times H';$$

donc

$$\frac{T}{T'} = \frac{\tfrac{1}{2} B \times H}{\tfrac{1}{2} B' \times H'} = \frac{B \times H}{B' \times H};$$

donc si $B = B'$, on a :

$$\frac{T}{T'} = \frac{H}{H'};$$

si $H = H'$, on a :

$$\frac{T}{T'} = \frac{B}{B'}.$$

On énoncera ainsi ces résultats :

Deux rectangles, deux parallélogrammes ou deux triangles de même base sont entre eux comme leurs hauteurs.

Deux rectangles, deux parallélogrammes ou deux triangles de même hauteur sont entre eux comme leurs bases.

Deux parallélogrammes ou deux triangles de même base et de même hauteur sont équivalents.

Un triangle est la moitié d'un parallélogramme ou d'un rectangle de même base et de même hauteur.

CINQUIÈME PROPOSITION. — *La surface d'un trapèze s'obtient en multipliant la demi-somme des côtés parallèles, ou bases du trapèze, par la hauteur.*

Soient A B et D C (fig. 288) les bases parallèles, et A H la hauteur; on prolonge D C d'une longueur C E = A B, et on joint A E; on forme un triangle D A E qui a la même surface que le trapèze, car les deux triangles A I B et I C E sont égaux, ayant le côté A B = C E, et les angles égaux comme alternes-internes, à cause des parallèles. Il en résulte que le triangle A D E a le triangle A B I de moins que le trapèze, et le triangle I C E de plus; il lui est donc équivalent. Or, la

mesure de ce triangle est la moitié de la base par sa hauteur,
c'est-à-dire $\dfrac{DC + CE}{2} \times AH$, ou $\dfrac{DC + AB}{2} \times AH$, ou la demi-
somme des bases multipliée par la hauteur; telle est donc la surface
du trapèze.

La ligne IK, qui joint les milieux I et K des côtés non parallèles
du trapèze, joint aussi les milieux K et I des côtés du triangle DAE;
elle est donc parallèle à la base, et de plus, égale à sa moitié. Si donc
on connaissait cette ligne, il faudrait la multiplier par la hauteur pour
avoir la surface du trapèze.

Dans le cas d'un trapèze où les deux côtés AB et CD, parallèles
(fig. 289), sont perpendiculaires à un des autres côtés BC, c'est
celui-ci qui est la hauteur du trapèze; la surface est donc
$\dfrac{AB + DC}{2} \times BC$.

SIXIÈME PROPOSITION. — *La surface d'un polygone régulier s'obtient en multipliant son périmètre par la moitié de son apothème.*

En effet, en joignant le centre O du polygone (fig. 290) avec chacun des sommets A, B, on forme autant de triangles égaux qu'il y a
de côtés; chacun de ces triangles, ABO, a pour mesure le côté
$AB \times \dfrac{OI}{2}$; en répétant ce produit autant de fois qu'il y a de côtés, cela
reviendra au même que de multiplier d'abord AB par le nombre des
côtés, ce qui donnera le périmètre, et de le multiplier ensuite par
la moitié de OI.

SEPTIÈME PROPOSITION. — *La surface d'un cercle s'obtient en
multipliant la circonférence par la moitié du rayon.*

Car en le considérant comme un polygone régulier d'un nombre
infiniment grand de côtés, le périmètre ne sera autre chose que la
circonférence, et l'apothème se réduira au rayon lui-même.

Ainsi, si R est le rayon, on sait que pour avoir la circonférence il
faut prendre $\pi \times 2R$; si on multiplie ce produit par $\dfrac{R}{2}$, on aura
$\pi \times 2R \times \dfrac{R}{2}$; en supprimant le facteur 2, qui multiplie et divise, il

restera $\pi \times R \times R$ ou $\pi \times R^2$; c'est-à-dire que pour avoir la surface du cercle, il faut multiplier le nombre π, ou 3,14, ou 3,14159 par le carré du rayon.

Ainsi, dans une circonférence dont le rayon est 10 mètres, la surface du cercle serait $3,1416 \times 100$ ou $314^{\text{mc}},16$.

Si on veut évaluer la surface d'*un secteur* (fig. 291), c'est-à-dire la partie du cercle comprise entre l'arc et deux rayons, on remarquera qu'un secteur de un degré serait la 360e partie de la surface du cercle ; le secteur d'une minute, la 60e partie de celle du secteur de un degré. Si donc on veut avoir la surface d'un secteur de 35° dans un cercle de rayon égal à 5^m, on obtient d'abord la surface du cercle en multipliant 3,1416 par 25, ce qui donne $78^{\text{mc}},54$; on divise ensuite par 360 pour avoir le secteur de un degré, et on multiplie le quotient obtenu par 35, ou, ce qui revient au même, on multiplie 78,54 par $\frac{35}{360}$ ou $\frac{7}{72}$; on obtient ainsi $7^{\text{mc}},63$.

On peut encore dire que *le secteur a pour mesure l'arc intercepté multiplié par la moitié du rayon*. Car si on décompose $A\,m\,BO$ en petits secteurs, tels que $bO\,B$, ceux-ci peuvent être considérés comme des triangles ayant pour base une petite portion d'arc $B\,b$, et pour hauteur le rayon lui-même ; chacun d'eux aura pour mesure $B\,b$ multiplié par la moitié du rayon ; en les réunissant, le secteur aura pour mesure la somme de ces petits arcs, c'est-à-dire l'arc $A\,B$, multiplié par la moitié du rayon. Si on fait le calcul, on trouve le même résultat que précédemment.

Évaluation de la surface d'une figure plane quelconque.

Dès qu'on sait mesurer les triangles, on peut mesurer l'aire d'une surface plane quelconque, mais rectiligne. On peut toujours, en effet, mener par un des sommets A (fig. 292), par exemple, des diagonales à tous les sommets opposés ; de même du point F ; on a partagé ainsi le polygone en triangles ; dans chacun de ces triangles, on mesurera la base et la hauteur, et on évaluera sa surface. Ainsi, A C est une base commune, les hauteurs sont B I, D I' ; de même A E est une base commune, les hauteurs correspondantes sont D L et F L', et ainsi de suite. On fera ensuite la somme de toutes ces surfaces, et on aura la surface du polygone A B C D E F G H K.

Mais la méthode suivante est préférable, d'autant plus qu'elle s'applique très-bien et avec une approximation suffisante au cas où la surface est terminée par une ligne courbe.

Soit la figure A B C M N D E V T S R Q P (fig. 293), qui a des parties courbes telles que C M N D et A P Q R : on mène d'abord une droite, A E, qui joigne les deux points les plus éloignés de la figure ; puis, de chaque sommet on abaisse des perpendiculaires telles que B I, C h ; dans la partie courbe, on prend une longueur fixe, par exemple 2 mètres, et on la porte sur A E, en élevant en chaque point des perpendiculaires qu'on mesure. On partage ainsi la figure en triangles tels que A B I, D h_6 E, E V Z, A P I′, en trapèzes qui existent dans la figure, tels que B C h I, T V Z U, et en d'autres petits trapèzes qui se rapprochent beaucoup de la surface comprise entre la droite A E et la courbe. On évalue séparément toutes ces *parcelles ;* on remarquera que les trapèzes correspondant à la partie courbe, ont pour côtés parallèles les hauteurs ou *ordonnées*, dont nous représenterons les longueurs par h, h_1, h_2, etc., et que la hauteur de tous les trapèzes est toujours 2 mètres. On peut donc faire facilement le calcul : pour le premier, il faut multiplier la demi-somme de $h + h_1$ par 2, ou la somme de $h + h_1$ par la moitié de 2, qui est 1 et qui ne multiplie pas ; donc, en faisant la somme des ordonnées deux à deux, on aura la surface ; on voit que la première et la dernière entreront une fois dans la somme totale, et les autres deux fois. La surface correspondante à la partie courbe C D h_0 h donne 136me ; les autres parties s'évaluent de la même manière.

Si la distance du pied des ordonnées est a, la surface de la partie courbe sera donnée par la formule :

$$S = \frac{a}{2} (h + h_1 + h_1 + h_2 + h_2 + h_3 + h_3 + h_4 + h_4 + h_5 + h_5 + h_6),$$

ou $\qquad \frac{a}{2} (h + h_6 + 2h_1 + 2h_2 + 2h_3 + 2h_4 + 2h_5)$

$$= a \left(\frac{h + h_6}{2} + h_1 + h_2 + h_3 + h_4 + h_5 \right).$$

Rapport des surfaces des figures semblables.

Lorsque nous avons étudié les figures semblables, nous n'avons comparé que la longueur des côtés ; nous avons construit des figures dont les côtés sont deux, trois fois ou un nombre quelconque de fois plus grands ou plus petits. Nous allons maintenant chercher quel est le rapport de grandeur des surfaces correspondant au rapport de deux côtés donnés.

PREMIÈRE PROPOSITION. — *Les surfaces de deux triangles semblables sont entre elles comme les carrés de deux côtés homologues quelconques.*

Ainsi, soient les deux triangles ABC et abc (fig. 294) : si l'un des côtés ab est $\frac{1}{3}$ de AB, ou si AB contient trois fois ab, la surface ABC contiendra un nombre de fois la surface abc, indiqué par le carré de 3, c'est-à-dire 9 fois.

En effet, partageons AB en trois parties égales à ab, et par chacun des points de division menons des parallèles jusqu'aux côtés opposés ; faisons de même de ces nouveaux points pour les côtés opposés ; et, en définitive, nous aurons partagé le triangle en neuf triangles égaux entre eux et égaux au triangle abc, comme ayant tous un côté égal à Am et les angles égaux à cause des parallèles. Donc ABC contient neuf fois abc, c'est-à-dire :

$$\frac{ABC}{abc} = \frac{9}{1}.$$

ou autant de fois que $\overline{AB}^2$ contient $\overline{ab}^2$;

donc

$$\frac{ABC}{abc} = \frac{\overline{AB}^2}{\overline{ab}^2}.$$

Si le côté AB était double, on trouverait que la surface est quatre fois plus grande ; s'il était quatre fois plus grand, la surface serait seize ois plus grande. On en conclut que cela a lieu dans tous les cas. Si un côté est les $\frac{2}{3}$ du côté de l'autre triangle, la surface sera les $\frac{4}{9}$ de la surface de ce triangle, parce que $\frac{4}{9}$ est le carré de $\frac{2}{3}$.

En général, si A B C et A D E (fig. 295) sont les deux triangles semblables, qu'on a placés l'un dans l'autre, de manière qu'ils aient un angle commun A, et par suite les bases parallèles, et si on mène les hauteurs, à cause de la proportionnalité des lignes dans les figures semblables, on a :

$$\frac{BC}{DE} = \frac{AC}{AE},$$

et de même

$$\frac{AI}{AK} = \frac{AC}{AE};$$

en multipliant terme à terme on a :

$$\frac{BC \times AI}{DE \times AK} = \frac{\overline{AC}^2}{\overline{AE}^2};$$

mais B C $\times$ A E est le double de la surface de A B C, et D E $\times$ A K le double de la surface de A D E; en prenant la moitié des deux termes, ce qui ne change pas le rapport, on a :

$$\frac{ABC}{ADE} = \frac{\overline{AC}^2}{\overline{AE}^2},$$

ce qui généralise la proposition.

DEUXIÈME PROPOSITION. — *Les surfaces de deux polygones semblables sont entre elles comme les carrés des côtés homologues.*

En effet, il est évident que s'il existe un rapport constant entre deux côtés homologues, il existera aussi un rapport constant entre leurs carrés, d'après ce qui a été vu dans les proportions. Donc, en décomposant les deux polygones A B C D E F, $abcdef$ (fig. 296) en un même nombre de triangles semblables, qui ont tous pour côté un des côtés du polygone, il existera le même rapport entre tous les triangles correspondants des deux polygones, et, par suite, entre leurs sommes. Ainsi, les côtés du deuxième polygone étant deux fois plus petits, les surfaces des triangles sont toutes quatre fois plus petites; donc la surface totale est quatre fois plus petite, et par suite, $\dfrac{S}{s} = \dfrac{\overline{AB}^2}{\overline{ab}^2}$.

Troisième Proposition. — *Les surfaces des polygones réguliers d'un même nombre de côtés, sont entre elles comme les carrés des côtés, ou des rayons, ou des apothèmes.*

Car les polygones réguliers d'un même nombre de côtés sont des figures semblables, et, de plus, ils sont formés de triangles tels que ABO, abo (fig. 297), semblables entre eux. Le rapport des surfaces des polygones est le même que le rapport des surfaces de deux des triangles ; or, celles-ci sont entre elles comme les carrés des côtés, c'est-à-dire :

$$\frac{ABO}{abo} = \frac{\overline{AB}^2}{\overline{ab}^2} = \frac{\overline{AO}^2}{\overline{ao}^2} = \frac{\overline{OI}^2}{\overline{oi}^2}.$$

Donc il en est de même des polygones.

Conséquence. — Il en est de même aussi pour des cercles qui sont des polygones réguliers d'un nombre infini de côtés. *Les surfaces des cercles sont entre elles comme les carrés des rayons.*

Applications.

1. Nous pouvons maintenant nous proposer de réduire un dessin, non pas seulement en donnant la réduction qu'il faut faire sur les côtés, mais en donnant le rapport de la surface que doit avoir le dessin réduit, à la surface du modèle.

Par exemple, si l'on veut faire un dessin qui soit le $\frac{1}{4}$ du modèle, il faut prendre les lignes de manière à ce qu'elles soient le $\frac{1}{2}$ des lignes correspondantes.

Si la surface doit être $\frac{1}{100}$, les lignes doivent être $\frac{1}{10}$; il faudrait donc construire une échelle de 1 décimètre pour 1 mètre.

Si la réduction a lieu à $\frac{1}{10000}$ de la surface, les lignes sont $\frac{1}{100}$, et l'échelle dont on doit se servir est celle de 1 centimètre pour 1 mètre.

Si l'on voulait que la surface fût 354 fois plus petite, on chercherait le nombre qui, multiplié par lui-même, donne 354, ou la racine carrée de 354. On trouvera environ 18,8; il faudra donc prendre des côtés 18,8 de fois plus petits; l'échelle devrait être égale au quotient de 1^m par 18,8, ce qui donne approximativement 0^m,053 pour 1 mètre.

2. *Construire un carré deux, trois, quatre fois plus grand qu'un carré donné.* D'après la proposition sur le carré de l'hypoténuse, si on construit un triangle rectangle dont les deux côtés, A B, B C (fig. 298), soient égaux au côté du carré donné, le carré fait sur A C serait égal à la somme des deux carrés construits sur les côtés ou au double de l'un d'eux. En élevant au point A une perpendiculaire sur A C, d'une longueur égale au côté A B et joignant D C, le carré fait sur D C serait égal au carré fait sur A C, plus le carré fait sur A B ou trois fois le carré fait sur A B. En continuant ainsi, on forme une figure appelée limaçon, dont les lignes 2, 3, 4, 5, 6... 13 sont les côtés des carrés 2, 3, 4, 5, 6... 13 fois plus grands que A B.

3. *Construire un carré deux, trois, quatre fois plus petit qu'un carré donné.*

On se fonde sur cette propriété du triangle rectangle, que le côté de l'angle droit est moyenne proportionnelle entre l'hypoténuse et le segment adjacent (fig. 299), c'est-à-dire que $\overline{AB}^2 = AC \times AI$. Si on prend le rapport de $\overline{AB}^2$ à $\overline{AC}^2$, ce qui revient au fond à prendre le rapport de

$$AC \times AI \text{ à } \overline{AC}^2 \text{ ou à } \frac{\overline{AB}^2}{\overline{AC}^2} = \frac{AC \times AI}{\overline{AC}^2} = \frac{AI}{AC};$$

donc le carré fait sur A B est au carré fait sur A C comme la ligne A I est à la ligne A C; de sorte que si A I est trois fois plus petit que A C, le carré fait sur A B sera trois fois plus petit que le carré fait sur A C.

D'après cela, si on veut faire un carré par exemple cinq fois plus petit que le carré M N (fig. 300), décrivez sur M N une demi-circonférence, partagez M N en cinq parties égales, et élevez au premier point de division une perpendiculaire R P; joignez P M, le carré fait sur P M est le $\frac{1}{5}$ du carré fait sur M N, puisque le triangle M P N est rectangle, comme inscrit sur un diamètre.

Il est facile de voir que le carré fait sur P N serait les $\frac{14}{5}$ du carré M N.

4. *Construire un carré ayant une surface égale à la somme des surfaces de deux carrés donnés.*

Soient AB et CD les deux carrés (fig. 301) : on construit un angle droit, sur les côtés duquel on prend $ab =$ AB et $bc =$ CD, on mène ac; le carré fait sur l'hypoténuse ac, est égal à la somme des carrés faits sur les deux autres côtés.

Si l'on veut un carré égal à la différence entre ces deux carrés, on construit encore un angle droit, on prend $mn =$ CD (fig. 302); du point n comme centre, avec AB pour rayon, on décrit un arc de cercle qui coupe l'autre côté de l'angle droit au point p; le carré fait sur mp est la différence entre le carré fait sur np et le carré fait sur nm.

5. *Construire un carré équivalent à un rectangle ou à un triangle.*

Le rectangle a pour côtés a et b (fig. 303); le carré cherché, s'il était construit, aurait un côté que j'appelle x. La surface de ce carré serait x^2, celle du rectangle $a \times b$; donc $x^2 = a \times b$, d'où il suit que x est moyenne proportionnelle entre a et b. On prend $mn = a$, $np = b$; on décrit sur mp une demi-circonférence, on élève nq perpendiculaire; ce sera la moyenne proportionnelle, et, par suite, le côté du carré.

Si on voulait changer un triangle en un carré (fig. 304), par exemple DEF, la surface serait $\frac{EF}{2} \times DI$; le côté du carré étant x, on devrait avoir $x^2 = \frac{EF}{2} \times DI$; il faut donc chercher une moyenne proportionnelle entre DI et la moitié de EF.

Calculer le rapport de la circonférence au diamètre.

6. Nous donnerons, comme dernière application, une des méthodes dont on peut se servir pour avoir le nombre π.

D'après ce qui a été dit, si nous pouvions calculer le périmètre d'un polygone régulier inscrit dans une circonférence de rayon connu, et au moyen de ce périmètre, calculer les périmètres successifs de polygones d'un nombre double de côtés, inscrits dans la même circonférence, ces périmètres se rapprocheraient de plus en plus du véritable périmètre de la circonférence rectifiée. En s'arrêtant à l'un d'eux, dont le nombre des côtés serait suffisant, on le regarderait comme représentant la circonférence; en divisant cette longueur par le double du rayon d'où l'on est parti, on aurait une valeur approchée du nombre π.

Tout consiste donc à savoir passer du périmètre d'un polygone au périmètre du suivant. Nous allons donc, avant de faire le calcul, résoudre le problème suivant :

PROBLÈME. — *Étant donné le côté d'un polygone régulier inscrit dans une circonférence, calculer le côté du polygone régulier inscrit dans la même circonférence, et d'un nombre de côtés double.*

Soit A B (fig. 305) ce côté, que nous représenterons par c; A O le rayon égal à R; A C le côté du polygone d'un nombre de côtés double, que nous nommerons x.

D'après une proposition sur les lignes proportionnelles, la corde A C est moyenne proportionnelle entre le diamètre C D et le segment C I; donc

$$x^2 = 2\,\mathrm{R} \times \mathrm{CI};$$

mais $$\mathrm{CI} = \mathrm{CO} - \mathrm{OI} = \mathrm{R} - \mathrm{OI}.$$

Or, O I est le côté d'un triangle rectangle, A I O, et on sait que

$$\overline{\mathrm{OI}}^2 = \overline{\mathrm{AO}}^2 - \overline{\mathrm{AI}}^2 \quad \text{ou} \quad \overline{\mathrm{OI}}^2 = \mathrm{R}^2 - \left(\frac{c}{2}\right)^2 = \mathrm{R}^2 - \frac{c^2}{4};$$

donc $$\mathrm{OI} = \sqrt{\mathrm{R}^2 - \frac{c^2}{4}},$$

ou, en réduisant R^2 en quarts :

$$\mathrm{OI} = \frac{\sqrt{4\,\mathrm{R}^2 - c^2}}{2};$$

donc enfin :

$$CI = R - \frac{\sqrt{4R^2 - c^2}}{2} \quad \text{et} \quad x^2 = 2R\left(R - \frac{\sqrt{4R^2 - c^2}}{2}\right).$$

En effectuant la multiplication indiquée par la parenthèse, on trouve :

$$x^2 = 2R^2 - R\sqrt{4R^2 - c^2},$$

ou, en extrayant la racine :

$$x = \sqrt{2R^2 - R\sqrt{4R^2 - c^2}}.$$

Nous pouvons faire le calcul en supposant que le rayon d'où l'on est parti est égal à 1 ; alors l'expression devient :

$$x = \sqrt{2 - \sqrt{4 - c^2}}.$$

En mettant à la place de c la valeur d'un côté, on aura pour x le côté du polygone suivant ; en mettant ensuite dans la même formule, pour c, la valeur calculée de x, on aura une nouvelle valeur de x, qui sera le côté du polygone, ayant quatre fois plus de côtés, et ainsi de suite.

Si on part du carré, par exemple, on sait que le diamètre est la diagonale du carré inscrit ; donc $2c^2 = 4R^2$, ou $c^2 = 2R^2$, ou $c = R\sqrt{2}$; si $R = 1$, $c = \sqrt{2}$, et $c^2 = 2$; donc, la première valeur de x, que nous désignerons par x_8, sera :

$$x_8 = \sqrt{2 - \sqrt{4 - 2}} = \sqrt{2 - \sqrt{2}},$$

qu'on calculera avec une assez grande approximation, ou plutôt, en substituant son carré qui est $2 - \sqrt{2}$ à la place de c^2, on aura une nouvelle valeur de x, qui sera :

$$x_{16} = \sqrt{2 - \sqrt{4 - 2 + \sqrt{2}}} = \sqrt{2 - \sqrt{2 + \sqrt{2}}};$$

on trouverait de même :

$$x_{32} = \sqrt{2 - \sqrt{2 + \sqrt{2 + \sqrt{2}}}}$$

$$x_{64} = \sqrt{2 - \sqrt{2 + \sqrt{2 + \sqrt{2 + \sqrt{2}}}}}$$

$$x_{128} = \sqrt{2 - \sqrt{2 + \sqrt{2 + \sqrt{2 + \sqrt{2 + \sqrt{2}}}}}}$$

Si nous nous arrêtons à cette dernière expression et que nous en fassions le calcul, nous voyons qu'il faudra commencer par le dernier radical à droite, extraire la racine de 2, ajouter cette racine à 2, extraire la racine de la somme obtenue; ajouter cette racine à 2, extraire de nouveau la racine de la somme, et répéter cinq fois cette opération. Cela fait, retrancher le résultat de 2, extraire la racine de la différence, et on aura x_{128} ; en multipliant par 128, on aura le périmètre de ce polygone. En divisant ce périmètre par le double du rayon ou 2, ce qui revient à multiplier seulement x_{128} par 64, on aura le rapport de la circonférence au diamètre. Nous mettons ci-dessous le calcul et les résultats.

2.00.00.00.00.00	1,41421				
1.0					
40.0	24	281	2824	28282	282841
1190.0	4	1	4	2	1
.6040.0					
.38360.0					
100759					

$$\sqrt{2} = 1,41421 \qquad 2 + \sqrt{2} = 3,41421$$

3,41.42.10.00.00	184775				
24.1					
174.2	28	364	3687	36947	369545
2861.0	8	4	7	7	5
28010.0					
214710.0					
299375					

$$\sqrt{2 + \sqrt{2}} = 1,84775 \qquad 2 + \sqrt{2 + \sqrt{2}} = 3,84775$$

```
3,84.77.50.00.00 | 196156
28.4             |
237.7            | 29  386  3921  39225  392306
.615.0           |  9    6    1      5       6
22290.0
267750.0
323664
```

$$\sqrt{2+\sqrt{2+\sqrt{2}}}=1{,}96456 \qquad 2+\sqrt{2+\sqrt{2+\sqrt{2}}}=3{,}96456$$

```
3,96.15.60.00.00 | 199036
29.6             |
351.5            | 29  389  39803  398066
.146.00.0        |  9    9      3       6
265910.0
270704
```

$$\sqrt{2+\sqrt{2+\sqrt{2+\sqrt{2}}}}=1{,}99036$$

$$2+\sqrt{2+\sqrt{2+\sqrt{2+\sqrt{2}}}}=3{,}99036$$

```
3,9903.60.00.00 | 1,99758
29.9            |
380.3           | 29  389  3987  39945  399508
3026.0          |  9    9     7      5       8
23510.0
353750.0
341436
```

$$\sqrt{2+\sqrt{2+\sqrt{2+\sqrt{2+\sqrt{2}}}}}=1{,}99758$$

$$2-\sqrt{2+\sqrt{2+\sqrt{2+\sqrt{2+\sqrt{2}}}}}=0{,}00242$$

$$
\begin{array}{r|ll}
0{,}00.24.20.00 & 491 & \\
82.0 & \\
090.0 & 89 & 981 \\
9190.0 & 9 & 1
\end{array}
$$

$$\sqrt{2-\sqrt{2+\sqrt{2+\sqrt{2+\sqrt{2+\sqrt{2}}}}}} = 0{,}0491 = x_{128}$$

$$
\begin{array}{r}
0{,}0491 \\
64 \\
\hline
1964 \\
2946 \\
\hline
3{,}1424
\end{array}
$$

$\pi = 3{,}14$; à cause des chiffres qu'on néglige, les trois premiers seuls sont exacts.

Remarque. — Le problème fameux, connu sous le nom de QUA-
DRATURE DU CERCLE, revient à se proposer de *trouver le côté d'un
carré qui aurait exactement la même surface qu'un cercle donné.*
Si le nombre π pouvait se calculer exactement et non par approximation, en appelant x le côté du carré, sa surface serait x^2, et celle du
cercle étant πR^2, cela reviendrait à trouver un carré qui fût un certain nombre de fois plus grand qu'un carré dont le côté serait R, problème que nous savons résoudre ; mais comme on l'a vu par la méthode que nous venons d'employer, et comme on le verrait par toutes
les autres, le nombre π ne peut pas être calculé exactement. La longueur de la circonférence n'a point de rapport exact avec le diamètre
ou le rayon ; dès lors on ne peut ni on ne pourra jamais évaluer la
surface du cercle dont le rayon est donné, qu'approximativement, et
par conséquent, on ne pourra jamais avoir le carré qui aurait la
même surface que lui.

Inversement, si on se donnait un carré et que de sa surface on voulût faire un cercle, il faudrait, pour avoir le rayon R, que πR^2 égalât

le carré a^2; donc $R^2 = \dfrac{a^2}{\pi}$, et $R = \sqrt{\dfrac{a^2}{\pi}}$, valeur qu'on ne pourra pas non plus avoir exactement, puisque déjà π n'est pas exact.

De plus, il n'existe aucun procédé de géométrie qui permette de construire graphiquement le côté d'un carré équivalent à un cercle donné, et des raisons fondées sur les mathématiques transcendantes permettent de penser que cette construction est impossible.

Le problème de la quadrature du cercle doit donc être rangé parmi les recherches chimériques que se sont inutilement proposées les savants des diverses époques; recherches qui, comme celles de la pierre philosophale, du mouvement perpétuel, ne sont plus permises maintenant que leur impossibilité est reconnue, mais qui n'en ont pas moins été d'une très-grande utilité pour le progrès de l'esprit humain, à cause des innombrables travaux auxquels elles ont donné lieu.

7. Nous terminerons par une dernière observation sur l'aire des figures planes, très-utile dans la pratique, et que nous nous cententerons d'énoncer, la démonstration exigeant plus de développement que nous ne voulons en donner.

Pour circonscrire une même surface, il ne faut pas le même périmètre; ainsi, une surface de 100^{mc} étant sous la forme d'un carré de 10^m de côté, le périmètre serait 40^m; si elle avait la forme d'un rectangle ayant pour base 25^m et pour hauteur 4^m, le périmètre serait 58^m.

Or, à égal nombre de côtés, un polygone régulier nécessite un périmètre plus petit pour renfermer la même surface.

Entre deux polygones réguliers différents, celui qui a un plus grand nombre de côtés enferme plus de surface sous le même périmètre.

D'où il résulte *que de toutes les figures celle qui exige le moins de périmètre possible, pour enfermer une surface donnée, est le cercle.*

Ainsi, si on veut construire un édifice d'une surface donnée, le développement des murs sera d'autant plus petit que l'on s'approchera davantage de la forme du cercle.

Si on veut construire en tôle ou en fonte un tuyau qui doit être tel, qu'il passe dans une section une quantité de liquide ou de gaz connue, on économisera les matériaux en le construisant de manière que cette section soit un cercle, c'est-à-dire cylindrique.

On trouve dans l'histoire des animaux une application très-curieuse de ces principes de géométrie : ce sont les alvéoles dont sont formés les nids des guêpes et des abeilles (fig. 306). La première condition pour qu'elles puissent être juxtaposées, c'est que les sections soient un des polygones avec lesquels nous avons vu qu'on pouvait paver, savoir : le triangle, le carré, l'hexagone ; mais pour que le plus grand espace soit enfermé avec le moins de matériaux possible, il importe de choisir entre ces polygones réguliers celui qui a le plus grand nombre de côtés. C'est, en effet, la forme hexagonale qui est la forme des cellules et qui peut seule satisfaire à ces deux conditions.

LEVÉ DES PLANS ET ARPENTAGE

Une des applications les plus importantes de la géométrie est le *levé des plans*. Nous traitons à part cette application, afin de pouvoir entrer dans de plus grands détails.

Lever un plan, c'est faire une figure semblable à celle que présente un terrain, que l'on suppose contenu dans un plan horizontal. Si le terrain n'est pas une surface plane et horizontale, on supposera chaque point projeté par une perpendiculaire sur un plan horizontal, et c'est de cette projection qu'on fera une figure semblable. C'est pour ainsi dire l'image plane que présenterait le terrain s'il était aplati sur un plan horizontal. Cette manière d'opérer s'appelle par *cultellation*[1].

Quand il s'agit d'un édifice, on suppose qu'on coupe les murs qui le composent par un plan horizontal, et c'est l'intersection de ces murs par le plan, dont on fait une image semblable. On peut ainsi couper l'édifice par des plans horizontaux, à diverses hauteurs, et lever le plan de chaque étage.

Il y a deux opérations distinctes à faire dans le levé des plans : lever le plan sur le terrain, et rapporter le plan, ou en faire le dessin réduit à une certaine échelle. Nous allons dire quelques mots de chacune des méthodes que l'on peut suivre ; mais nous décrirons d'abord les principaux instruments dont on se sert dans ces différentes méthodes.

Chaîne d'arpenteur.

La *chaîne d'arpenteur* est une chaîne de 10 mètres de long, composée de chaînons de 1 ou 2 décimètres, séparés par des anneaux

---

1. La raison qui, dans l'arpentage, a fait admettre cette méthode, provient, a-t-on dit, de ce que les végétaux s'élèvent dans le sens vertical et non incliné ; il ne peut pas en pousser plus sur le sol incliné que sur sa projection horizontale.

(fig. 307). A chaque extrémité se trouve une *manette*, destinée à tenir la chaîne en y passant la main; à chaque distance de 1 mètre, à partir de *a*, se trouve un anneau, *b*, en cuivre, pour le distinguer des autres; on joint à la chaîne dix fiches en fer (fig. 308), destinées à être plantées dans le sol pour y fixer l'extrémité de la chaîne.

Il y a de grandes précautions à prendre pour se servir convenablement de cet instrument : il doit être manœuvré par deux personnes, l'opérateur et le porte-chaîne. La première chose que l'on doit faire, c'est d'étendre la chaîne sur le sol, pour s'assurer que les chaînons et les anneaux ne sont pas enchevêtrés, ce qui en changerait la longueur.

Cela fait, le porte-chaîne prend dans sa main les dix fiches et l'une des manettes, et s'avance dans la direction de la droite du terrain qui a été jalonnée. L'opérateur porte l'autre manette et la retient au point de départ; il dirige, par des signes de la main, son aide pour qu'il se tienne bien sur la direction des jalons de la droite à mesurer. Lorsque la chaîne est entièrement développée, le porte-chaîne la maintient de manière qu'elle soit horizontale autant que possible, et comme le poids, en lui donnant une forme courbe, lui enlève une partie de sa longueur, il donne une légère secousse pour la tendre, et plante une fiche dans l'intérieur de la manette, contre l'extrémité *a* (fig. 309). Il laisse la fiche plantée dans le sol, et continue à marcher; l'opérateur marche à sa suite, et se sert de la fiche qui est restée dans le sol pour y appliquer l'extrémité de sa manette. La chaîne tendue de nouveau, il relève la fiche et continue l'opération. Lorsqu'il a ramassé les dix fiches, c'est qu'on a mesuré 100 mètres. Il inscrit ce résultat sur le calepin, rend les dix fiches au porte-chaîne, et l'opération se continue de la même manière. Lorsque le terrain est fort incliné, en tendant la chaîne suivant une direction horizontale AB (fig. 310), il est assez difficile, dans ce cas, de placer la fiche à sa véritable position *f*, on emploie alors des fiches F, dont la pointe est plombée, de telle sorte qu'en les laissant tomber d'aplomb, elles s'enfoncent en général d'elles-mêmes dans le sol.

On emploie aussi une chaîne composée d'un ruban de chaînons plats, en acier, et qui s'enroule sur elle-même; elle n'a pas l'inconvénient que les chaînons et les anneaux s'enchevêtrent, mais elle est sujette à d'autres inconvénients.

Les roulettes, les cordons, les règles de bois, sont employés en même temps que la chaîne pour la mesure des longueurs.

Équerre d'arpenteur.

L'*équerre d'arpenteur* est un instrument au moyen duquel on élève des perpendiculaires sur le terrain ; il est d'un très-grand usage dans l'arpentage et le levé des plans, et peut servir à résoudre toutes les difficultés qui se présentent dans ces opérations. Aussi, à cause de sa simplicité et de sa commodité, doit-on s'exercer à s'en servir le plus possible, et suppléer, par son emploi, à celui de presque tous les autres instruments.

Il se compose d'un cube, ordinairement en cuivre, d'environ 1 décimètre de hauteur (fig. 311), ou d'un prisme octogone (fig. 312) ; sur deux faces opposées sont pratiquées deux ouvertures qui se correspondent, lesquelles sont formées de deux parties : l'une qui n'est qu'une fente très-étroite, se nomme l'*œilleton* ; l'autre, plus large, est partagée dans sa longueur par un fil très-fin et qui est la fenêtre. En plaçant l'œil contre l'œilleton bc, on aperçoit le fil de la fenêtre placée en face, et on peut viser une direction zu. La direction perpendiculaire xy est donnée par les deux autres faces du cube. Dans la seconde figure, il y a deux directions perpendiculaires, xy, zu et $x'y'$, $z'u'$.

L'instrument s'emmanche, au moyen d'une douille, sur un bâton de $1^m,30$ environ de hauteur, terminé par une pointe en fer, pour le fixer dans la terre.

Quand on veut élever une perpendiculaire sur une droite, A B, tracée et jalonnée sur le terrain, on le plante au point O (fig. 313), où on veut élever la perpendiculaire, et on tourne l'une des faces, de manière qu'on puisse, de chaque côté, viser deux points de la ligne A et B. On vise ensuite, par la face perpendiculaire, et le porte-chaîne place, sur l'indication de l'opérateur, un jalon en un point C ou en un point D, qui se trouve sur la ligne de visée ; C O D est la perpendiculaire.

Si on veut abaisser d'un point extérieur, C, une perpendiculaire sur A B, on place un jalon au point C, puis on cherche par tâtonnement le pied O de la perpendiculaire, en transportant l'équerre en différents points de la ligne, de manière que $x\,y$ étant dans la direction A B, le point C se trouve dans la direction $z\,u$. On joint ensuite C O.

Graphomètre.

Le *graphomètre* sert à mesurer les angles sur le terrain ; c'est un rapporteur muni de deux *alidades* ou de deux lunettes.

Les alidades sont des règles en cuivre, terminées par des *pinules* (fig. 314), qui se redressent perpendiculairement aux extrémités. Ces pinules portent des fenêtres et des œilletons qui indiquent une ligne de visée. L'une, A B, est fixe, et la ligne de visée ou *ligne de foi* passe par le centre et par les points 0 et 180 du *limbe ;* l'autre alidade, C D, est mobile autour du centre O, et peut prendre toutes les directions. Le limbe est divisé ordinairement en degrés et demi-degrés, ou divisions de 30 en 30 minutes ; mais au moyen d'un perfectionnement, qu'on nomme *Vernier*, on peut obtenir les trentièmes de ces divisions, et par conséquent les minutes. L'appareil est porté par un système qu'on appelle un genou à coquille G. Il se compose d'une sphère enveloppée d'un manchon en cuivre formé de deux lames qui la retiennent plus ou moins, à l'aide d'une vis de pression, mais qui n'empêchent pas la sphère de tourner sur elle-même dans tous les sens ; le tout est porté sur un trépied.

Dans le limbe se trouve encastrée une petite boussole, pour donner l'orientation ; les alidades sont quelquefois, et avantageusement, remplacées par des lunettes sur l'objectif desquelles sont croisés deux fils très-fins, dont le point de rencontre donne la direction de la ligne de visée.

Enfin, dans les opérations délicates, on se sert d'un graphomètre à lunettes, dont le limbe est une circonférence entière ; il prend le nom de *cercle répétiteur*. Ce nom lui vient de la méthode des répétitions, imaginée par Borda, qui consiste à mesurer non pas l'angle, mais un angle deux, trois, quatre, dix fois plus grand, de sorte qu'en divisant le résultat obtenu par 2, 3, 4 ou 10, les erreurs commises sont atténuées.

Quand on veut mesurer un angle sur le terrain, on place le trépied de manière qu'un fil à plomb, partant du centre O (fig. 315), tombe bien au sommet B de l'angle ABC qu'on veut mesurer. On tourne ensuite le limbe jusqu'à ce que l'alidade fixe donne la direction BC. L'alidade mobile est dirigée suivant l'autre côté de l'angle BA ; l'arc mn marqué sur le limbe, entre les deux lignes de foi des alidades, donne le nombre de degrés et minutes de l'angle.

Dans l'arpentage, le plan du graphomètre est horizontal.

Équerre-graphomètre.

Enfin, on se sert encore d'un nouvel instrument qui peut être employé à la fois comme équerre et comme graphomètre ; il se compose de deux cylindres superposés, ABC, A'B'C' (fig. 316), réunis par la ligne circulaire mn, laquelle est graduée, sur le limbe inférieur, en degrés et demi-degrés. Le cylindre inférieur AB est fixe, et il est percé de deux fenêtres correspondantes et dont le milieu se trouve vis-à-vis des divisions du limbe 0° et 180°. Le cylindre supérieur est mobile autour de son axe, il peut être mis en mouvement d'une manière très-lente par une vis inférieure V, laquelle, au moyen d'un pignon, fait mouvoir une roue dentée, qui tourne en faisant tourner le cylindre. Ce cylindre mobile a quatre ouvertures correspondantes deux à deux, et dans des directions perpendiculaires.

De sorte que l'instrument, supporté par un ou trois pieds, étant placé au sommet de l'angle, on amène, par le mouvement de la vis, une des lignes de visée du cylindre supérieur à coïncider avec la droite sur laquelle on veut mener une perpendiculaire. La direction de l'autre ligne de visée sert à mener cette perpendiculaire ; l'appareil sert ainsi d'équerre d'arpenteur.

Pour le faire servir de graphomètre, on vise par la fenêtre du cylindre inférieur un des côtés de l'angle, et on fait ensuite tourner le cylindre supérieur jusqu'à ce que, par l'une des fentes, on puisse viser l'autre côté. Le repère correspondant à l'axe de cette fenêtre mobile indiquera, à partir du 0 des divisions du limbe inférieur, le nombre de degrés et de minutes de cet angle.

Première méthode. — Levé au mètre.

Cette méthode s'appuie sur ce principe que, lorsqu'on connaît les trois côtés d'un triangle, le triangle est connu, c'est-à-dire qu'on ne peut construire qu'un triangle satisfaisant à la condition d'avoir trois côtés égaux aux côtés donnés. D'après cela, si on connaît la position de deux points du terrain A et B (fig. 317), et la longueur de la droite qui les joint, on pourra fixer la position d'un troisième point C, en mesurant les distances A C et C B; de même, du point D, en mesurant A D et B D; de même pour E, en mesurant A E et B E. On marque sur un croquis un dessin approximatif de la forme de ces triangles abc, abd, abe (fig. 318), en mettant la cote sur chacun des côtés; quand on veut relever le plan, on n'a plus qu'à faire des triangles égaux à des triangles dont on connaît les trois côtés, ce que nous savons faire.

Prenons, pour exemple de cette méthode, le terrain et le bâtiment représentés dans la figure 319 : il faut d'abord chercher, autant que cela peut se faire, un contour intérieur ou extérieur qui enferme complètement le plan que l'on a à lever, ou qui suive les contours le plus près possible. Soit A B C D E F ce contour, que l'on désigne par le nom de *polygone topographique;* on choisit ensuite une base, par exemple A B, on la mesure; puis, en mesurant les côtés des divers triangles, on relie à la base A B le point C par les trois côtés du triangle A B C; D par B D C; F par A F B; E par A E F. On ferme le polygone en E D, et comme vérification, si on peut mesurer E D, on prend sa longueur, quoique cela ne soit pas nécessaire pour construire le polygone; on relie de même, par des triangles, à la base A B, les points remarquables, comme les divers angles des murs de la maison, I, K, H, G; on a déjà ainsi ce qu'il faut pour construire le contour de la figure suivante (fig. 320); on marque les détails, tels que le puits L, la porte mn.

Pour pénétrer dans l'intérieur de la maison et en faire les détails, on prend un point a sur la base (fig. 319) ou dans une position connue, et on vise un point intérieur, soit O, dans la cour; on marque, dans la direction de aO un point b, que l'on pourra repérer avec les points A et B (fig. 321); on le marque sur le croquis, on joint ab, et on prolonge jusqu'au point O ; on mesure bO, et on marque O sur le croquis. On rattache alors deux points de l'intérieur, par exemple c et d, aux points O et b, par des triangles ; puis, au moyen de lignes maintenant connues, $c\,d$, On, Od, On, Oc, on lève les points e, f, g, h, qui donnent la forme de la cour. On pénètre ensuite, de la même manière, dans les diverses pièces ; ainsi on marque la porte $p\,q$ sur la ligne connue dH ; puis, avec des diagonales, on marque les points G$'$ et R. Quand on fera le dessin exact, ces points R et G$'$ étant le long d'un mur dont l'autre face est G D, on en déduira l'épaisseur du mur, et une vérification, si par une ouverture on peut sonder cette épaisseur.

Telle est la méthode du levé au mètre ; elle peut, à la rigueur, être employée dans tous les cas ; mais il pourrait se présenter des difficultés qui la rendraient très-pénible.

Quoique dans cette méthode il ne soit pas nécessaire de connaître les angles, nous ajouterons que si on voulait rapporter un angle du terrain, par exemple M N P (fig. 322), on l'obtiendrait en prenant deux longueurs à volonté, N M et N P, et en mesurant M P ; ces trois côtés, rapportés sur le dessin, permettront de construire le triangle M N P, et par suite de connaître l'angle.

Quelquefois, pour la commodité du tracé, on veut s'assurer qu'un angle est droit, par exemple l'angle des deux murs d'une chambre : on emploie alors la méthode indiquée, qui consiste à prendre, sur les côtés de l'angle droit, 3 mètres, 4 mètres, et voir si la ligne qui joint ces points est de 5 mètres ; si cela a lieu, l'angle est droit (fig. 323).

Deuxième méthode. — Levé à l'équerre.

L'équerre d'arpenteur fournit une méthode, pour lever les plans, très-simple, très-facile à appliquer, et qui est la méthode indispensable pour lever des détails, quelle que soit du reste la méthode qu'on ait suivie pour lever l'ensemble.

Cette méthode consiste à fixer la position des points par des perpendiculaires élevées en des points d'une droite donnée, et dont on mesure les longueurs.

Si par exemple on a fixé sur le terrain une base $a\,g$ (fig. 324), et qu'on élève avec l'équerre des perpendiculaires aA, bB, cC, dD, eE, fF, gG, jusqu'aux points du contour AG qu'on veut représenter, qu'on marque sur le croquis les distances $a$$b$, $b$$c$, $c$$d$, etc., et les longueurs des perpendiculaires, on pourra tracer exactement, en relevant le plan, la position des points, et par suite la forme du contour.

Prenons pour exemple une portion de terrain où l'on a déjà levé, par un procédé quelconque, des lignes principales qui serviront de polygone topographique, telles que BAC, AD, DE, DF (fig. 325) : soit G H I un contour, le bord d'une rivière, par exemple; on élèvera gG, hH, iI avec l'équerre, qu'on mesurera, et on marquera les pieds de ces perpendiculaires; de même le long de l'axe AB, ou AD, ou DF; on mesurera autant de perpendiculaires qu'on voudra, on les mesurera et on les marquera sur le croquis; elles détermineront les points b, d, a, c, m, n, etc., avec lesquels on pourra figurer tous les détails des contours. La figure 326 indique comment est disposé le croquis.

On emploie souvent, dans les petits détails, une méthode pratique pour abaisser des perpendiculaires d'un point sur une droite, qui dispense de se servir de l'équerre : on se sert d'une roulette ou d'un simple cordon, qu'on fixe à un point A (fig. 327), et on fait osciller l'autre extrémité B, en allongeant ou en diminuant la longueur du cordon, jusqu'à ce que l'arc qu'il décrit soit tangent au point B; la directrice A B est alors celle de la perpendiculaire abaissée du point A sur la droite C D.

Troisième méthode. — Levé au Graphomètre.

Le levé au graphomètre se fonde sur ce principe, qu'un triangle est déterminé quand on connaît un côté et les deux angles adjacents. Ainsi, la droite A B étant connue (fig. 340), si on mesure les angles A et B, que font avec cette ligne des droites menées au point C, ce point sera déterminé, et nous pourrons tracer un triangle égal ou semblable au triangle A C B.

On se sert du levé au graphomètre dans les grandes opérations, et surtout pour établir les lignes principales constituant les polygones topographiques; on s'en sert encore pour résoudre sur le terrain quelques questions particulières que peuvent présenter les levés des divers plans.

On opère avec le graphomètre de deux manières : par la méthode des intersections et par cheminement.

MÉTHODE DES INTERSECTIONS. — On mesure et on jalonne un côté du polygone que l'on veut lever, ou une ligne tracée dans ce polygone (fig. 328). Soit A B cette base, qui est un côté du polygone : on mesure avec le graphomètre l'angle que cette base fait avec les côtés A F ou B C, et avec des rayons menés aux autres sommets E, D ; on marque sur un croquis la valeur de ces angles ; on peut ensuite, en les construisant exactement avec le rapporteur, fixer la position des différents points par les intersections successives des rayons partis de chacune des extrémités A et B.

MÉTHODE PAR CHEMINEMENT. — Cette méthode s'emploie surtout quand les différents points qui forment les sommets du polygone ne peuvent être aperçus à une grande distance, comme, par exemple, lorsque la portion de polygone à tracer se trouve dans les détours d'un bois ; dans ce cas, soit, par exemple, A B C D E F (fig. 339) le contour à lever : il faut mesurer le premier côté A B, puis l'angle A B C ; on mesure ensuite le côté B C, puis l'angle B C D, et ainsi de suite. Cette méthode doit seulement être employée lorsque l'autre n'est pas applicable, car la nécessité d'avoir à mesurer chaque côté la rend très-longue.

La méthode des intersections permet de résoudre une question qui se présente très-souvent dans le lever des plans, qui est de *mesurer la distance de deux points inaccessibles.*

Soient P et Q les deux points (fig. 330) : dans le terrain que l'on peut parcourir on prend une base A B, que l'on mesure ; puis des points A et B on vise, avec le graphomètre, les points P et Q, et on mesure les angles B A P, B A Q, A B Q et A B P ; on peut ensuite construire exactement, à l'échelle et au rapporteur, les deux triangles A B P et A B Q, et en joignant P Q et mesurant, on connaît cette distance.

Cette méthode peut servir à lever le plan d'un terrain dont on ne peut pas approcher. Soit, par exemple, une île qui n'est liée aux bords de la rivière par aucun pont : on prend sur l'un des bords deux points, A et B (fig. 331) ; d'où l'on puisse apercevoir le plus grand nombre des points remarquables qui forment le contour de l'île, et par la mesure de la base A B et le graphomètre, on fixe la position des points m, n, p, q; on en fait autant de l'autre côté, au moyen de la base C D, pour les points r et s, et on marque ensuite sur le dessin exact ces différents points, par la méthode des intersections.

Quatrième méthode. — Levé à la Boussole.

La *boussole* dont on se sert est fixée sur un petit plateau carré, que l'on place horizontalement, et sur le bord duquel est attachée une lunette dans la position ab (fig. 332), ou quelquefois un simple tube avec une croisée de fils aux deux bouts. On ne peut, avec cette boussole, appelée aussi *déclinatoire*, que mesurer des angles, et on opère comme avec le graphomètre, dans la méthode par cheminement. Soit A B C (fig. 333) un angle que l'on veut mesurer : on dirige la lunette ab suivant un des côtés de l'angle A B ; sur le cadran de la boussole, une ligne fixe mn est parallèle à A B et donne, avec la direction fixe de l'aiguille aimantée toujours dirigée dans la ligne nord-sud, S N, un angle Non. On se transporte vers l'autre côté B C ; la lunette $a'b'$ est dirigée suivant ce côté; la ligne fixe parallèle à ab prend la position pq, et donne, avec l'aiguille S N, un nouvel angle $No'p$. Comme on avait noté l'angle Non, la différence $po'n'$ donnera l'angle D B C, comme étant formé par deux côtés parallèles. Si on veut l'angle A B C, on prendra le supplément de $po'n'$.

Cette méthode n'exige pas qu'on se place sur le sommet de l'angle et qu'on vise dans sa direction, comme dans le graphomètre; il n'est pas même nécessaire de connaître ce sommet : il suffit de pouvoir se placer le long de deux des côtés. Cette méthode est fort suivie pour lever le plan de galeries souterraines, comme il en existe dans les fortifications ou les mines.

Il suffit de mesurer en cheminant la longueur des côtés ab, bc, cd, de (fig. 334), et sur chaque direction opérer avec la boussole, comme nous l'avons dit, en plaçant par exemple la lunette de la déclinatoire parallèle aux murs, ou en visant une lumière placée sur l'axe du chemin que l'on parcourt.

Cinquième méthode. — Levé à la Planchette.

Dans les diverses méthodes que nous venons de donner, on ne peut prendre que des croquis et des cotes sur le terrain, puis on dessine dans le cabinet, à l'aide des échelles ou du double décimètre, les plans que l'on a levés.

Dans le levé à la planchette, le levé et le dessin du plan se font en même temps; aussi, quand on a de grands espaces à lever et surtout quand le terrain est suffisamment découvert, la méthode de la planchette est la plus expéditive.

La planchette est une table en bois, parfaitement dressée (fig. 335), sur laquelle on colle ou on attache, au moyen de rouleaux placés sur les bords, la feuille de papier sur laquelle on veut dessiner le plan. Cette planchette est toujours dressée horizontalement; on y parvient en mettant au-dessus deux niveaux à bulle d'air, qu'on met à peu près à angle droit, ou avec un seul niveau, qu'on change successivement de position; on abaisse ou on relève la planchette à l'aide d'un genou à coquille sur lequel porte l'instrument, et qu'on serre ou desserre avec une vis de pression; ce genou est lui-même porté par trois pieds.

Quand la planche est bien horizontale, on peut la faire tourner de manière qu'un point A' du dessin, qui doit représenter la position d'un point A sur le terrain, lui corresponde sur une même verticale, ce dont on s'assurera à l'aide d'un fil à plomb.

On vise une direction du plan à partir d'un point, et on marque cette direction sur la planchette à l'aide d'une alidade. Celle-ci se compose d'une grande règle en cuivre (fig. 336), à l'extrémité de laquelle se relèvent deux pinules munies de fenêtres contenant l'œilleton et la croisée; la ligne de visée suit le bord de la règle, qui est taillée en biseau et porte quelquefois une graduation en millimètres.

Quand on ne se sert pas de la règle, les pinules se replient sur la règle; enfin, les bonnes alidades sont munies d'un petit niveau à bulle d'air, permettant de s'assurer dans tout le courant de l'opération que l'horizontalité n'a pas été détruite.

Pour viser une direction à partir d'un point A, on place le bord *ab* sur le point A, et on fait tourner la règle autour de ce point; mais pour obtenir plus facilement ce résultat, on plante en A une épingle, qui permet d'exécuter plus facilement les mouvements de la règle autour du point A, sans la déplacer.

La méthode n'est pas autre chose que celle du graphomètre par les intersections, seulement ici on trace les angles et on ne les mesure pas.

On choisit une base A B (fig. 337) sur le terrain, d'où on puisse apercevoir le plus grand nombre de points possibles, on la mesure exactement, et sur la planchette on marque une ligne que l'on fait égale au moyen de l'échelle ou du double décimètre, *ab*.

On met ensuite la planchette en *station* au point A, par la méthode indiquée, en ayant soin de mettre le long de *ab*, sur la planchette, l'alidade, appuyée ordinairement contre deux épingles plantées en *a* et *b*; on fait tourner la planchette de manière que *a* étant sur A, la ligne *ab* soit dans la direction A B. Alors on trace de *a*, avec l'alidade, des rayons dans toutes les directions A M, A N, A P, A Q, A R, A S. Cela fait, on enlève la planchette et on la transporte en B, pour s'y mettre de nouveau en station. Pour cela, l'alidade est de nouveau mise suivant *ab*; dès que *b* se trouve sur B et l'alidade dirigée vers A, on vise les mêmes points et on trace des rayons B M, B N, B P, B Q, B R, B S; les intersections de ces rayons avec ceux qu'on a tracés du point A donnent le polygone *mnpqrs*, qui est semblable à MNPQRS.

Quand on veut continuer le plan sur une plus grande étendue, avant de quitter B on vise une base C D, où on se mettra plus tard en station, et on mesure de nouveau cette base et la distance B C; puis on se transporte de B en C, en prenant les mêmes précautions que quand on s'est transporté de A en B. Quand la feuille est trop grande, on peut replier, par l'un des rouleaux, la partie du plan qui est déjà dessinée.

Telles sont les principales méthodes qu'on emploie dans le levé des plans; aucune d'elles ne doit être suivie exclusivement à l'autre; elles offrent toutes des avantages dans des cas particuliers; l'opérateur doit savoir choisir, en étudiant l'ensemble du terrain, les diverses manières d'opérer qu'il faut employer dans chaque partie.

Problèmes et Applications.

Nous terminerons en citant encore quelques opérations qu'on peut faire sur le terrain avec les instruments et à l'aide des méthodes employées dans le levé des plans.

1. *Prolonger une droite de l'autre côté d'un obstacle.*

Soit la droite aa' (fig. 338) arrêtée par un obstacle et qu'on voudrait prolonger. On élève en un point a, avec l'équerre d'arpenteur, la perpendiculaire aA, que l'on mesure; en A, dans la partie découverte du terrain, on élève AB perpendiculaire à Aa; puis en un point B, au delà de l'obstacle, on élève de nouveau Bb égale à Aa, et enfin en b on élève la perpendiculaire bc, qui sera la continuation de aa', comme parallèle à AB; ou bien encore on élève deux perpendiculaires Bb, Cc, égales à Aa, et on joint bc.

2. *Tracer sur le terrain un arc de cercle d'un rayon très-étendu, passant par trois points donnés A, B, C (fig. 339).*

On comprend que si le rayon est de plusieurs centaines de mètres, il n'y a pas moyen de tracer directement l'arc de cercle. Cela arrive souvent dans la construction des chemins de fer, où les courbes sont des arcs de circonférence qui ont 400, 500, 800 mètres de rayon.

Deux opérateurs se placent en A et C avec des graphomètres; ils visent ensemble B; puis celui qui est en A vise une direction telle que Ab, cette ligne faisant un angle moindre, par exemple de 1°, que l'angle BAC; au contraire, en C, l'opérateur vise une direction faisant un angle de 1° de plus que BCA. Il en résulte que la somme des angles des triangles BAC et bAC est toujours la même, et que la somme des angles à la base reste fixe, puisque l'un s'augmente de la quantité dont l'autre est diminuée; l'angle b sera égal à B; on continue ainsi pour b', b'', etc., et en faisant placer un jalon au point d'intersection des deux rayons visuels, on aura des sommets d'angles égaux s'appuyant sur une droite AC, on voit qu'ils se trouveront tous sur un arc de cercle passant par A, B, C.

Quant à la difficulté de faire placer les jalons au point d'intersection des deux rayons visuels, voici comment l'on procède: le porte-chaîne se place en b_1, dans la direction du rayon parti du point A., puis il s'avance, sans quitter cette direction, jusqu'à ce qu'il soit aperçu par l'arpenteur qui est en C, dans la direction Cb; il s'arrête alors par un signe et il plante le jalon.

3. *Mesurer la distance d'un point dont on ne peut pas approcher* (fig. 340).

Soit A et C les deux points : au point A où l'on se trouve, on trace une base A B, que l'on mesure; de A on vise C avec un graphomètre, et on obtient l'angle C A B; de même, de B on obtient A B C. Dans ce triangle, connaissant un côté et les deux angles adjacents, on peut construire et avoir à l'échelle A C; mais la construction géométrique est, dans ce cas, presque toujours insuffisante; on ne peut espérer de résultat qu'à l'aide du calcul. Le but de la TRIGONOMÉTRIE est précisément le calcul des triangles.

Cette méthode est celle qu'emploient les astronomes pour avoir la distance à laquelle les astres se trouvent de la terre. Les angles A et B étant connus, cela permet d'obtenir l'angle C, c'est-à-dire l'angle sous lequel un observateur placé au point C verrait la base A B. Cet angle est ce qu'on nomme le *parallaxe* du point C par rapport à la base A B. Au moyen de cet angle, on peut donc se faire une idée de la distance, car la même base A B (fig. 341) étant placée à des distances de plus en plus grandes de C, C', C'', les angles C, C', C'' vont en diminuant, et on a calculé à l'avance, pour une base donnée, quel est l'éloignement lorsque l'angle est de 1°, 1', 1'', 2', 3', etc.

4. *Mesurer la hauteur d'un édifice du pied duquel on peut approcher* (fig. 342).

Soit B C cette hauteur : on s'éloigne à une distance A B du pied; on place en A un graphomètre, et en tenant le limbe dans un plan vertical, on vise C. Dans le triangle rectangle abC, on connaît le côté $ab =$ A B, et l'angle a. On peut le construire à l'échelle et en déduire Cb, et par suite C B, en y ajoutant la hauteur du pied du graphomètre.

On peut encore résoudre cette question d'une manière assez simple, lorsque le soleil forme dans le terrain qui avoisine le pied de l'édifice l'ombre de cet édifice.

Soient A B (fig. 343) la hauteur qu'on veut mesurer et B C son ombre;

les rayons du soleil ont la direction A C : on plante verticalement
en *b* un bâton d'une longueur connue ; l'ombre est *bc*, et comme on
admet que les rayons voisins provenant du soleil sont parallèles, à
cause de son éloignement, les deux triangles A B C et *abc* sont semblables, et on a :

$$\frac{AB}{ab} = \frac{BC}{bc}, \quad \text{d'où} \quad AB = \frac{ab \times BC}{bc} ;$$

il n'y aura donc qu'à mesurer les deux ombres.

5. *Mesurer la hauteur d'une montagne ou d'un édifice du pied
duquel on ne peut pas approcher.*

Soit A*b* la hauteur de la montagne (fig. 344) : dans la plaine, par
rapport à laquelle on veut la hauteur, on choisit une base *cd* et on la
mesure. Au point C, avec le graphomètre, en mettant le plan du
limbe vertical, on mesure l'angle A C B, et, en l'inclinant, l'angle A C D.
De même, au point D, on mesure l'angle A D B, le rayon horizontal
D B devant aboutir au même point que C B ; puis enfin l'angle A D C.

Cela fait, on construira le triangle A C D, puisqu'on connaît C D
et les deux angles, on connaîtra A C. Avec l'hypoténuse A C et l'angle
A C B, on construira le triangle rectangle A B C ; on aura ainsi A B, on
y ajoutera B*b*, hauteur du graphomètre.

6. *Étant donnés trois points sur un plan ou sur une carte,
placer sur cette carte la position d'un quatrième point où l'on se
trouve.*

Soient A, B, C (fig. 345) les points du terrain déjà marqués sur le
plan, et O le point qu'on veut rapporter : il n'y a qu'à viser de O les
deux angles A O B et B O C. Sur le plan on décrit sur *ab* un segment
de cercle qui puisse contenir l'angle A O B ; puis, sur *bc*, un segment
qui puisse contenir l'angle B O C ; le point d'intersection O de ces
deux arcs sera le point cherché.

GÉOMÉTRIE DANS L'ESPACE

CHAPITRE PREMIER

COMBINAISONS DES PLANS AVEC LES DROITES ET DES PLANS ENTRE EUX

Plans.

On appelle *plan* ou *surface plane* une surface telle, qu'en y prenant deux points à volonté et les joignant par une ligne droite, cette droite est entièrement contenue dans la surface.

D'où il résulte que, pour qu'une surface telle qu'une table, un tableau, un parquet de billard, soit reconnue plane, il faut y appliquer dans tous les sens le bord d'une règle parfaitement dressée et vérifiée ; si dans une position quelconque il existait un vide entre le bord de la règle et la surface, c'est qu'elle ne serait pas plane.

Lorsqu'on a deux droites qui se rencontrent, A B, B C (fig. 1), et qu'on fait glisser sur ces deux lignes une troisième droite qui les touche toujours l'une et l'autre, cette troisième droite, dans toutes ses positions, engendre un plan qui contient les deux droites proposées ; c'est le plan des deux droites, ou le plan qui passe par les deux droites. D'ailleurs, toute surface plane qui contiendra tous les points des deux droites A B et B C (fig. 2), contiendra l'une quelconque des lignes qui s'appuient sur deux de leurs points, sans quoi elle ne serait pas plane. On peut donc en conclure ce principe fondamental, qui se démontre de la même manière si les droites sont parallèles :

Par deux droites qui se coupent, ou par deux droites parallèles, on peut toujours faire passer un plan, et on ne peut en faire passer qu'un.

On peut modifier cet énoncé en disant que : *par trois points non en ligne droite on peut faire passer un plan, et on n'en peut faire passer qu'un.* Cela revient à l'énoncé précédent, car en menant deux droites qui passent par ces trois points, elles se coupent à l'un des points et elles sont dans le cas de tout à l'heure.

Il n'en serait pas ainsi, par exemple, si les trois points étaient en ligne droite, car en faisant passer un plan par les trois points A, B, C, (fig. 3) ou par la droite qui les joint, on peut ensuite faire tourner ce plan, dans diverses positions, autour de cette droite comme charnière. On peut donc : *par une ligne droite faire passer une infinité de plans.*

Un point et une droite équivalent à deux droites qui se coupent, ou à deux droites parallèles, et peuvent servir à déterminer la position d'un plan.

Les potiers et les faïenciers, pour obtenir des surfaces planes, fixent deux règles ou guides A B, CD (fig. 4), dont les bords supérieurs sont parallèles ; on les met tels que, suffisamment prolongés, ils se rencontreraient. Entre ces règles, on accumule la terre ou la substance sur laquelle on a à opérer ; puis on fait glisser une règle M N, dont le bord est bien dressé, de manière que deux de ses points M et N soient constamment sur les deux droites ; cette règle chasse devant elle la matière en excès et touche celle qui reste en tous ses points. Il en résulte une surface plane.

Les menuisiers, après avoir fixé deux lignes droites sur les bords d'une planche, promènent le rabot dans tous les sens ; le tranchant, qui est une ligne droite, s'appuie sur la surface dans toutes les directions, de manière à enlever tout ce qui l'empêche de se trouver partout en contact avec la surface.

Dans le dessin et dans les constructions géométriques, pour représenter une surface plane ou un plan, on est obligé de se le figurer comme terminé ou limité par des lignes. Ordinairement, on le représente par un rectangle, ou, à cause de la perspective, un parallé-logramme. Dans la figure 5 on a représenté des plans dans diverses positions, avec les ombres qu'ils se projetteraient les uns sur les autres s'ils étaient des corps solides ayant une épaisseur, tandis que dans la démonstration il faudra toujours faire abstraction de l'épaisseur, pour ne s'occuper que de la surface.

Il résulte encore des propriétés que nous venons de faire connaître, que *deux plans se coupent suivant une ligne droite.* En effet, supposons que les points communs aux deux plans M N et P Q (fig. 6) ne soient pas en ligne droite, et considérons trois de ces points, A, B, C. Comme nous venons de voir que par trois points non en ligne droite on ne peut faire passer qu'un plan, il en résulte que les deux plans donnés se confondent ou n'en font qu'un, ce qui n'est pas vrai.

Remarque. — Lorsqu'on construit une surface au moyen d'une ligne droite qui glisse sur deux lignes données, comme nous l'avons fait, on ne produit pas toujours un plan; il faut que les deux lignes fixes se rencontrent ou soient parallèles. S'il n'en était pas ainsi, et que les deux lignes ne puissent pas se rencontrer, quoique n'étant pas parallèles, en assujettissant certaines droites à aller constamment rencontrer ces deux lignes, on produirait des *surfaces gauches,* sur lesquelles une ligne droite peut s'appliquer dans certaines directions et non dans d'autres. On aurait un exemple de surface gauche en prenant trois droites non parallèles et non situées dans le même plan, A B, M N, C D (fig. 7), et en faisant passer par chaque point de M N des droites qui aillent rencontrer A B et C D en même temps.

Mais nous n'avons pas à nous occuper de ces surfaces, quoiqu'elles soient engendrées par une droite, puisque ce sont des surfaces courbes.

Droites perpendiculaires et obliques aux plans.

DÉFINITION. — *Une droite qui est perpendiculaire à toutes les lignes qui passent par son pied, dans le plan, est dite perpendiculaire au plan* (fig. 8).

Ainsi, **A B** est perpendiculaire à **C D, E F, G H** (la perspective qu'on est obligé d'employer pour représenter la figure est seule cause que les angles droits adjacents tels que **C B A, A B D** paraissent inégaux, l'un obtus, l'autre aigu); la ligne **A B** est perpendiculaire au plan **M N**.

PREMIÈRE PROPOSITION. — *Si une droite est perpendiculaire à deux droites passant par son pied, dans le plan, elle est perpendiculaire à toutes les autres, et par suite perpendiculaire au plan* (fig. 9).

Soit **A P** perpendiculaire à **P B** et **P C** : elle doit être perpendiculaire à toute autre **P D**, tracée à volonté, par son pied, dans le plan. En effet, on prolonge **A P** d'une longueur égale à elle-même, **A′ P**; on mène une transversale dans le plan, qui coupe les trois lignes, aux points **C, D, B,** et enfin on joint ces points avec **A** et **A′.** Il est évident que les lignes **B A** et **B A′** sont égales, puisque B est sur une perpendiculaire **P B,** élevée sur le milieu de **A A′**; il en est de même de **C A** et **C A′,** à cause de la perpendiculaire **P C.** Donc, si on fait tourner autour de **C B,** comme charnière, le triangle **A′ C B** jusqu'à ce qu'il vienne s'appliquer sur **A C B,** ces deux figures coïncideront, puisque ce sont deux triangles qui ont les trois côtés égaux, et le point **A′** viendra au point **A**; d'ailleurs, comme le point **D** qui est sur la charnière n'a pas changé, la ligne **D A′** s'applique sur **D A,** ce qui prouve que le point **D** est à égale distance de **A** et de **A′**; il appartient donc à la perpendiculaire élevée sur le milieu de **A A′**; **P D** est donc cette perpendiculaire. Donc **A P** est bien perpendiculaire sur **P D** et sur toute autre ligne menée par son pied dans le plan.

DEUXIÈME PROPOSITION. — *La perpendiculaire est le plus court chemin d'un point à un plan* (fig. 10).

En effet, soit **A P** la perpendiculaire au plan, soit **A Q** toute autre droite; le triangle **A P Q** est rectangle en P, et par suite, **A Q** est plus grand que **A P.** La ligne **A Q** est une oblique au plan, et la proposition peut s'énoncer en disant que *la perpendiculaire est plus courte que l'oblique.*

TROISIÈME PROPOSITION. — *Si d'un point pris hors d'un plan on mène différentes obliques, les obliques qui s'écartent également du pied de la perpendiculaire sont égales; celles qui s'écartent le plus sont les plus grandes* (fig. 11).

Les triangles A P B et A P C sont égaux, si P B est égal à P C, car ils ont un angle droit égal compris entre deux côtés égaux, savoir : A P commun et P B = P C; donc A B = A C.

Si P D est plus grand que P B, en prenant P B′ égal à P B, l'oblique A B′ est égale à A B, et dans le même plan A D est plus grand que A B′, comme on le sait.

CONSÉQUENCE. — Si du pied de la perpendiculaire comme centre on décrit une circonférence avec un rayon quelconque, et qu'on joigne le point A aux différents points de cette circonférence, toutes ces obliques seront égales, d'où il résulte que ce point A est à égale distance de tous les points de cette circonférence. La même chose a lieu pour tout autre point de la perpendiculaire, et cela n'a lieu que pour ces points. En effet, soit un point O (fig. 12) hors de la perpendiculaire; menons O P, et par les deux lignes A P et O P faisons passer un plan qui coupe le plan M N suivant une ligne Q R; A P est perpendiculaire sur le milieu de Q R, dans le plan que nous venons de mener, donc le point O n'est pas à égale distance de Q et de R : il n'y a donc que les points de la perpendiculaire qui soient à égale distance de tous les points d'une circonférence ayant pour centre le point P.

Il en résulte que si l'on a deux points à égale distance des différents points de la circonférence, on est sûr qu'ils appartiennent tous les deux à la perpendiculaire, et qu'en les joignant on aura cette perpendiculaire.

La droite A P se nomme quelquefois l'axe du cercle.

QUATRIÈME PROPOSITION. — *Par un point on ne peut mener qu'un plan perpendiculaire sur une droite* (fig. 13).

Soit D G un plan perpendiculaire en O à la droite A B, et supposons C H un second plan aussi perpendiculaire à la même droite. Si par la droite A B on fait passer un plan M N, il coupe les deux plans suivant O D et O C, et comme A B est perpendiculaire aux deux plans, elle est perpendiculaire aux deux droites O D et O C, qui passent par son pied dans les deux plans ; on aurait donc, dans le même plan M N, deux droites perpendiculaires sur A B, ce qui est impossible.

De même si le point O (fig. 14) est extérieur à A B, et qu'on ait mené un plan O M perpendiculaire à A B, tout autre plan O N ne peut l'être en même temps, car en joignant O avec les pieds C et D de A B sur les deux plans, les angles O C D et O D C du même triangle devraient être droits, ce qui ne peut pas être.

Construire une perpendiculaire au plan.

Il résulte des propriétés que nous venons d'étudier, des moyens de mener des droites perpendiculaires aux plans, par un point donné.

1. Si le point donné est sur le plan, on prend deux équerres, que l'on adosse l'une à l'autre, de manière qu'elles aient un côté commun A B (fig. 15). On porte ensuite l'appareil ainsi formé, de manière que les deux autres côtés B D et B C (fig. 16) soient appliqués sur le plan donné M N, le point B étant sur le point donné, ce qui est toujours possible. La droite A B étant perpendiculaire à deux lignes qui passent par son pied dans le plan est perpendiculaire au plan.

2. Si le point est hors du plan, soient le point A et le plan M N (fig. 17), du point A, avec un cordon assez long, on marque trois points à volonté sur le plan, B, C, D, qui sont à égale distance de A. On cherche le centre du cercle qui passe par ces trois points, et on joint le point A à ce centre O. Il est évident que les deux points A et O appartiennent à la perpendiculaire, axe du cercle B C D, puisqu'ils sont à égale distance des points B, C, D.

Applications.

Lorsqu'une droite M O (fig. 18) est fixée perpendiculairement à une autre, A B, et que celle-ci tourne sur elle-même, la droite O M décrit un plan perpendiculaire à la droite, et le point M une circonférence dans ce plan. C'est là le principe dont on fait une application importante dans l'instrument qu'on appelle *le tour*. Il consiste en un appareil muni d'une pédale de rémouleur, au moyen de laquelle on peut donner un mouvement de rotation très-rapide à un axe A B (fig. 19). En maintenant à une distance fixe de cet axe un outil tranchant M, on trace sur les corps attachés à l'axe et tournant avec lui, des cercles dont le plan est perpendiculaire sur A B.

Si on avance l'outil vers le même point O (fig. 20) de l'axe, tous les cercles sont dans un même plan perpendiculaire à l'axe, et on obtient ainsi sur le corps une surface plane. C'est le procédé que l'on emploie si on veut obtenir des surfaces planes très-exactes, pour ajuster par exemple des pièces métalliques l'une contre l'autre.

Droites et Plans parallèles.

DÉFINITIONS. — Une droite est parallèle à un plan lorsqu'elle ne peut le rencontrer, quelque loin qu'on la prolonge.

Deux plans sont parallèles lorsqu'ils ne peuvent se couper, quelque loin qu'on les prolonge.

PREMIÈRE PROPOSITION. — *Si une droite est parallèle à une droite située dans un plan, elle est parallèle au plan* (fig. 21).

En effet, C D étant parallèle à A B, est dans un même plan avec A B, et, en la prolongeant, elle ne peut pas sortir de ce plan ; si donc elle rencontrait le plan M N, ce serait sur quelque point de la droite A B, ce qui est impossible, puisqu'elle lui est parallèle. Donc elle ne peut pas non plus rencontrer le plan M N.

Réciproquement : si A B est parallèle au plan M N, et que par un point C de ce plan on mène une parallèle à A B, elle sera tout entière dans le plan M N (fig. 22). En effet, soit C D cette parallèle : par A B et le point C je conduis un plan, et je suppose que ce plan coupe le plan M N suivant la ligne C E ; A B ne peut rencontrer C E qu'en rencontrant le plan M N, et comme elle est parallèle à ce plan, elle ne pourra non plus rencontrer C E ; donc C E lui est parallèle, et C D ne peut l'être, à moins de se confondre avec C E, c'est-à-dire d'être contenue dans le plan, comme on voulait le démontrer.

DEUXIÈME PROPOSITION. — *Les intersections de deux plans parallèles par un troisième sont parallèles.*

Soient les deux plans parallèles A et B coupés par le plan C (fig. 23) : les intersections E D et F G ne peuvent pas sortir du plan C ; donc, si elles n'étaient pas parallèles, elles se rencontreraient ; mais alors les plans A et B, dont elles font partie, se rencontreraient, ce qui est cóntre l'hypothèse.

TROISIÈME PROPOSITION. — *Si deux angles, non situés dans un même plan, ont les côtés parallèles, ils sont égaux et leurs plans sont parallèles.*

On prend des distances égales A B et E D, A C et E F (fig. 24) et on joint A E, B D, C F ; A B D E est un parallélogramme comme ayant deux côtés égaux et parallèles ; donc B D = A E. Il en est de même pour le parallélogramme A C F E, qui donne C F = A E ; il en résulte que B D et C F sont égaux et parallèles, et que la figure B C F D est encore un parallélogramme ; donc B C est égal à D F, les deux triangles B A C, D E F sont égaux, et par suite, les angles A et E, ce qu'on voulait démontrer.

Leurs plans sont parallèles, car s'ils ne l'étaient pas, en menant par l'une des lignes A C un plan parallèle au premier, il couperait B D en B', différent de B, et la figure A B' D E, formée de quatre côtés parallèles deux à deux, serait un parallélogramme ; donc B' D serait égal à A E, et comme déjà B D = A E, on aurait le résultat absurde que B' D doit égaler B D ; donc B' doit se confondre avec B, c'est-à-dire que les deux plans sont parallèles.

QUATRIÈME PROPOSITION. — *Deux plans perpendiculaires à une même droite sont parallèles.*

Tels sont M et N perpendiculaires à A B (fig. 25) ; car s'il en était autrement, ils se rencontreraient, et il s'ensuivrait que d'un de leurs points communs on pourrait abaisser deux plans perpendiculaires à la même droite.

PROPOSITION RÉCIPROQUE. — *Si une droite est perpendiculaire à un plan, elle est perpendiculaire à tout autre plan parallèle au premier* (fig. 26).

En effet, si par la perpendiculaire A B au premier plan M, on mène deux plans quelconques, ils déterminent dans les deux plans des intersections parallèles, B D et C F, B E et C G ; donc A B étant perpendiculaire sur B D et D E, est perpendiculaire sur C F et C G, et par suite, sur le plan N.

CONSÉQUENCES. — Il résulte des théorèmes qui précèdent différents moyens de mener par un point un plan parallèle à un plan donné.

Premier procédé. — Soient M le plan et O le point (fig. 27) : on abaisse de O une perpendiculaire O P, sur le plan, et puis on élève au point O un plan perpendiculaire sur la droite O P ; il sera parallèle au premier.

Deuxième procédé. — On prend un point A dans le plan M (fig. 28), et on trace deux droites quelconques ; puis par le point O on mène des parallèles à ces droites, et par ces deux lignes on fait passer un plan qui sera parallèle au premier.

PLAN HORIZONTAL. — Nous avons déjà vu, dans une des premières leçons, que la direction d'un corps qui tombe librement, ou celle d'un fil à plomb, donne la ligne verticale ; nous avons appelé horizontales les droites perpendiculaires à la verticale.

Si, suivant deux horizontales C D et E F (fig. 29), on fait passer un plan M N, ce plan est le plan horizontal ; c'est le plan qui est donné par la surface de l'eau tranquille.

Les horizontales peuvent être obtenues par des niveaux à bulle d'air, d'où il suit que, quand on veut dresser un plan horizontal, comme par exemple une table de billard ou une planchette d'arpentage, on place deux niveaux sur la table et dans des directions qui se coupent (fig. 30). Dans les deux niveaux les bulles étant au milieu, on a deux lignes horizontales, et par suite, le plan qui passe par ces deux lignes est horizontal et parallèle à tout autre plan horizontal.

CINQUIÈME PROPOSITION. — *Si deux droites sont parallèles et que* *l'une soit perpendiculaire à un plan, l'autre est aussi perpendiculaire à ce plan.*

Soient A B et C D (fig. 31) les deux droites parallèles : A B est, par hypothèse, perpendiculaire au plan M N ; C D le sera aussi : d'abord, en joignant les pieds B et D, comme A B est perpendiculaire sur B D, sa parallèle l'est également ; de plus, si par A B et C D on mène deux plans parallèles, leurs intersections B E et D F seront parallèles, et par suite, les angles A B E et C D F seront égaux, comme ayant leurs côtés parallèles. Or, A B E est droit, donc C D F l'est aussi ; donc C D est perpendiculaire à deux droites qui passent par son pied dans le plan M N, et par conséquent, au plan M N.

PROPOSITION RÉCIPROQUE. — *Si deux droites sont perpendiculaires au même plan, elles sont parallèles.*

Les droites A B et C D (fig. 32) sont perpendiculaires au plan M ; si elles n'étaient pas parallèles, par le point C on mènerait une parallèle G E à A B ; alors, d'après le théorème précédent, C E serait perpendiculaire au plan, et on aurait au point C deux perpendiculaires à un même plan, ce qui ne peut pas être ; donc A B et C D sont bien réellement parallèles.

SIXIÈME PROPOSITION. — *Deux plans parallèles sont partout à la même distance* (fig. 33).

Cela veut dire que si en des points quelconques on mène des perpendiculaires communes aux deux plans, AB, CD, E F, toutes ces lignes ont la même longueur.

En effet, ces lignes étant parallèles, le plan qui passe par deux d'entre elles, A B D C par exemple, est coupé par les deux plans parallèles, suivant deux droites A C et B D, qui sont parallèles entre elles ; de sorte que la figure A B D C est un parallélogramme, comme ayant les côtés parallèles deux à deux. Donc A B est égal à C D, qui lui-même est égal à E F, et ainsi pour les autres.

Il est évident que si ces lignes, au lieu d'être perpendiculaires aux deux plans, étaient simplement des lignes parallèles entre elles, la même démonstration ferait voir qu'elles sont égales entre elles, ce qui s'énonce ainsi : *des parallèles comprises entre des plans parallèles sont égales.*

Angles des plans entre eux, angles des plans et des droites. Mesure des angles dièdres.

DÉFINITION. — On appelle *angle dièdre* l'espace compris entre deux plans qui se coupent, ou plutôt l'inclinaison de ces deux plans l'un sur l'autre. Cette inclinaison est nulle lorsque le plan P, par exemple (fig. 34), qui coupe le plan MN suivant AB, est couché jusqu'à se confondre avec le plan MN. Le plan P tournant autour de AB, l'angle dièdre devient plus grand; en P_1, les angles dièdres formés de part et d'autre sont égaux, et le plan est dit alors perpendiculaire sur MN, les angles dièdres sont droits. S'il continue à tourner, l'angle dièdre devient plus grand qu'un angle dièdre droit, et lorsque P se confond de nouveau avec MN, il a parcouru deux angles dièdres droits.

Si en un point A de l'intersection DE de deux plans M et N (fig. 35), on élève à cette intersection des perpendiculaires dans chacun des deux plans AC, AC_1, ces perpendiculaires forment un angle qu'on nomme l'*angle rectiligne* de l'angle dièdre, et qui va nous servir à mesurer cet angle dièdre. D'abord on remarquera que l'angle dièdre partant de zéro, l'angle rectiligne part de zéro, puisque les deux perpendiculaires se confondent; quand il atteint deux angles dièdres droits, l'angle rectiligne atteint aussi deux droits, puisque les perpendiculaires sont sur le prolongement l'une de l'autre, ce qui n'aurait pas lieu si les droites tracées avaient d'autres directions. Nous allons voir, de plus, que si un angle dièdre devient deux, trois, quatre, dix fois plus grand, son angle rectiligne croît de la même manière.

En effet, soit MNDE (fig. 36) un angle dièdre, aob son angle rectiligne : si on fait un autre angle dièdre égal NN'ED, et si oc est la perpendiculaire en o, dans la deuxième face du nouveau dièdre, en portant MNDE sur NN'ED, bo coïncidera avec oc, comme étant perpendiculaires sur DE; donc les angles rectilignes aob, boc sont égaux. Il en serait de même si on prenait d'autres angles dièdres égaux et les angles rectilignes correspondants, de sorte que si l'angle dièdre MEDP est six fois plus grand que MEDN, son angle rectiligne aog est six fois plus grand que aob, car en partageant le premier dièdre en six autres égaux au second, le premier angle rectiligne se composerait de six angles rectilignes, tous égaux à l'angle rectiligne du second.

Il résulte de là que si le premier angle dièdre était l'unité d'angle dièdre, et l'angle rectiligne correspondant l'unité d'angle rectiligne, on en conclurait que : *un angle dièdre contient l'unité d'angle dièdre autant de fois que l'angle rectiligne contient l'unité d'angle rectiligne.* Si donc on dit qu'un angle dièdre est de 38°, cela signifie qu'on a tracé son angle rectiligne et que celui-ci est de 38°, ou que l'angle dièdre proposé contiendrait 38 angles dièdres, dont l'angle rectiligne serait de 1°. Un angle dièdre droit correspond à un angle rectiligne de 90°.

PREMIÈRE PROPOSITION. — *Si une droite est perpendiculaire à un plan, tout plan mené suivant cette droite est perpendiculaire à ce plan.*

Soit A B (fig. 37) la droite perpendiculaire sur le plan M N, P un plan quelconque mené par cette droite : il faut établir que l'angle dièdre P C D N est droit ou que son angle rectiligne est droit; on élève en B la perpendiculaire E F, dans le plan M N; A B E est l'angle rectiligne de l'angle dièdre; or, A B étant perpendiculaire sur le plan, est perpendiculaire à E F, qui passe par son pied; donc le plan est perpendiculaire.

PROPOSITION RÉCIPROQUE. — *Si un plan est perpendiculaire sur un autre, en menant d'un point quelconque de l'intersection une perpendiculaire sur le second, elle doit être entièrement contenue dans le premier.*

En effet, si cette perpendiculaire B C (fig. 38) n'était pas dans le plan P, on mènerait dans ce plan A B perpendiculaire à D E, et B D, dans le plan M N, perpendiculaire à la même ligne; les trois droites A B, C B, B D sont dans le même plan, et comme A B D est droit, puisqu'il est l'angle rectiligne qui mesure l'angle dièdre droit par hypothèse, C B D ne peut pas l'être; donc B C n'est pas la perpendiculaire au plan au point B.

Il en résulte donc que A B étant la perpendiculaire au plan M N, si d'un point quelconque A de P on abaisse une perpendiculaire sur MN, elle restera dans le plan P, puisqu'elle se confondra avec AB.

On en tire comme conséquence que *tous les plans menés suivant une direction de fil à plomb sont verticaux.*

Deuxième Proposition. — *Si deux plans sont perpendiculaires sur un troisième, leur intersection est perpendiculaire à ce troisième.*

Car si par le point O, commun aux deux intersections des deux plans P et Q (fig. 39), perpendiculaires sur MN, on élève une perpendiculaire sur MN, d'après le théorème précédent, elle doit se trouver entièrement dans le plan P et dans le plan Q ; ce ne peut donc être que leur intersection.

Il en résulte que si deux murs sont verticaux, l'arête suivant laquelle ils se rencontrent doit être verticale.

Troisième Proposition. — *Si d'un point pris dans l'intérieur d'un angle dièdre on abaisse des perpendiculaires sur les deux plans, elles forment un angle qui est le supplément de l'angle dièdre.*

Soit M A B N (fig. 40) l'angle dièdre, O le point, O P et O Q les perpendiculaires : le plan P O Q I, qui rencontre A B en I, est perpendiculaire à chacun des plans donnés, comme contenant une perpendiculaire à ces plans, et par suite, à leur intersection ; donc à son tour cette intersection est perpendiculaire aux deux droites I P et I Q, qui passent par son pied dans ce plan, ce qui fait que l'angle P I Q est le rectiligne de l'angle dièdre A B ; mais dans le quadrilatère O P Q I, la somme des quatre angles vaut quatre droits, et comme P et Q sont droits, O et I valent deux droits, c'est-a-dire qu'ils sont supplémentaires.

Cette proposition est très-importante, en ce qu'elle donne le moyen de mesurer l'angle de deux plans, même lorsqu'on ne peut pas les prolonger jusqu'à leur intersection. Par exemple, deux murs M et N (fig. 41) ne peuvent être prolongés ; si on veut avoir leur angle, on abaisse du point O deux perpendiculaires, O P et O Q, on mesure leurs angles et on en prend le supplément, qui est l'angle des deux plans.

Projections des figures sur un plan.

DÉFINITIONS. — La projection d'un point sur un plan est le pied de la perpendiculaire abaissée de ce point sur le plan, *a* est la projection de A sur le plan M (fig. 42).

La projection d'une ligne quelconque sur un plan, est le lieu des pieds des perpendiculaires abaissées de tous les points de la ligne sur ce plan. Ainsi *a b c d* est la projection de A B C D (fig. 43) sur le plan M N.

La projection d'une ligne n'est pas toujours de même forme que cette ligne. Pour en donner un exemple, concevons une courbe plane située dans un plan qui serait perpendiculaire à celui sur lequel on la projette ; par exemple, la courbe A B C D, située dans le plan M perpendiculaire au plan N (fig. 44). Si de tous les points de A B C D on abaisse des perpendiculaires sur le plan N, elles seront toutes comprises dans le plan M, d'après un théorème énoncé ; par suite, les pieds de toutes ces perpendiculaires se trouveront sur la ligne droite, qui est l'intersection des deux plans, *a b c d*, et par conséquent, la projection d'une ligne courbe peut être une ligne droite ; de même une droite A B, qui est dans une direction perpendiculaire au plan M, a pour projection un point qui est le pied même de cette ligne sur le plan.

Voici les cas où on peut à l'avance connaître la nature de la projection.

PREMIÈRE PROPOSITION. — *La projection d'une droite sur un plan est toujours une droite, excepté dans le cas où elle se réduit à un point.*

En effet, soit A B (fig. 46) la droite donnée : du point A on abaisse une perpendiculaire A *a* sur M N, et par les deux droites A B et A *a*, on fait passer un plan ; si d'un point C quelconque, de la droite, on mène une parallèle à A *a*, elle restera dans le plan des trois points C A *a*, et ira rencontrer le plan M N sur un point *c* de la droite, qui est l'intersection des deux plans ; mais C *c* étant parallèle à A *a*, et celle-ci étant perpendiculaire, C *c* est aussi perpendiculaire, et par conséquent *c* est la projection de C. Donc tout point de la droite A B se projette sur la droite ab ; donc enfin, la projection d'une droite est une droite.

Remarques. — I. Il résulte de là que pour avoir la projection d'une droite sur un plan, il suffira de projeter deux points de cette droite sur ce plan ; en joignant ces deux points, on aura la projection de la droite.

II. Nous remarquerons que si la droite AB (fig. 47) est parallèle au plan, elle est égale à sa projection, car la figure AabB est un parallélogramme.

III. Si la droite n'est pas parallèle, la projection est toujours plus petite que la droite : en effet, si par le point A on mène AB parallèle à ab, ces deux lignes sont égales, et de plus, ab étant perpendiculaire sur Cb, AB l'est aussi ; donc elle est plus courte que l'oblique AC, et par conséquent ab est plus courte que AB.

DEUXIÈME PROPOSITION. — *Le plus petit angle qu'une droite fasse avec des droites passant par son pied dans un plan, est l'angle qu'elle fait avec sa projection sur ce plan.*

Soit AB une droite et MN le plan (fig. 48) : a étant la projection de A, Ba est la projection de BA. Menons une autre droite quelconque par son pied, BC par exemple, et prenons BC égal à Ba, enfin joignons AC ; les deux triangles ABC et ABCa ont deux côtés égaux ; mais le troisième côté AC de l'un est plus grand que le côté Aa de l'autre, l'un étant oblique et l'autre perpendiculaire ; [donc l'angle du premier, ABC, est plus grand que l'angle du second, ABa, que la droite fait avec sa projection.

CONSÉQUENCES. — I. Il résulte de cette propriété que, lorsqu'on veut connaître l'inclinaison d'une droite sur un plan, ou l'angle de la droite et du plan, on prend l'angle qu'elle fait avec sa projection, qui est le plus petit de tous ceux qu'elle peut faire.

II. Lorsque deux plans M et N (fig. 49) se coupent, comme, par exemple, un plan M qui rencontre un plan horizontal N, la droite AB, perpendiculaire à l'intersection, se nomme la droite de *plus grande pente*, c'est-à-dire de toutes celles menées du point A dans le plan M, celle qui fera le plus grand angle avec N, car en abaissant A a perpendiculaire, une autre droite quelconque A C sera plus grande que A B, et par suite l'angle A C a sera plus petit que A B a; or ces angles sont ceux que font ces deux droites avec leurs projections, et par suite, avec le plan; c'est donc A B qui a la plus grande pente. Cet angle de plus grande pente n'est autre chose que l'angle rectiligne qui mesure l'angle dièdre.

Troisième Proposition. — *Si une ligne plane ou une figure plane quelconque est dans un plan parallèle au plan de projection, elle se projette en vraie grandeur.*

Soit, en effet, la courbe A D G plane (fig. 50), et dans un plan parallèle à M N, partageons la courbe en un assez grand nombre de parties, pour que les cordes qui joindront ces points se confondent sensiblement avec les arcs; puis projetons ces points et joignons les projections par des lignes droites; les figures A B ab, B C bc, C D cd..., etc., sont des parallélogrammes, puisque les quatre côtés sont parallèles deux à deux; donc les côtés de l'un des polygones sont égaux aux côtés de l'autre; de plus, à cause de leur parallélisme, leurs angles sont égaux; donc les polygones sont égaux. Comme cette égalité est indépendante du nombre des points que l'on a pris, elle serait encore vraie si on les prenait assez rapprochés pour que les cordes se confondissent sensiblement avec les arcs, ce qui signifie que les courbes sont égales.

Applications.

Géométrie descriptive. — L'emploi des projections forme la base de la *géométrie descriptive.* Cette science a pour but de pouvoir représenter, à l'aide de dessins et de figures faites sur un plan, les formes et les dimensions de figures de l'espace qui ont les trois dimensions.

. Le principe fondamental c'est que : *on connaît un point de l'espace lorsqu'on connaît ses deux projections sur deux plans qui se coupent.*

On choisit ordinairement deux plans, dont l'un est horizontal et l'autre vertical, H et V (fig. 51); la ligne suivant laquelle ils se coupent est la *ligne de terre* x y. Un point A de l'espace a pour projections : a, *projection horizontale*; a', *projection verticale*. Comme Aa et Aa' sont dans un même plan perpendiculaire aux deux plans de projection et à la ligne de terre xy, qu'il coupe au point i, les points a et a' jouissent de la propriété de se trouver sur deux perpendiculaires à la ligne de terre au même point i.

Si on fait tourner le plan horizontal autour de la ligne de terre, jusqu'à ce qu'il se confonde avec le plan vertical, les deux projections a et a' du point se trouvent dans une même figure plane en a' et a_1 (fig. 52), et suffisent pour faire retrouver, quand on le voudra, la position du point A de l'espace. En effet, on n'aura qu'à ramener en place le plan horizontal, et par conséquent à élever en a et a' des perpendiculaires; elles iront se rencontrer en A et feront connaître ce point de l'espace.

Cette figure plane, où se trouvent les deux projections dans deux parties du plan séparées par la ligne de terre, s'appelle l'*épure* (fig. 52 *bis*).

En étendant ce principe à un ensemble de points, on conçoit qu'avec une épure telle que celle qui est donnée ici (fig. 53), en indiquant les projections respectives de huit points, aa', bb', cc', dd', ee', ff', gg', hh', si on suppose ramené en place le plan horizontal, et que par toutes les projections on élève des perpendiculaires, on reconstruira dans l'espace les points A, B, C, D, E, F, G, H, qui seront les sommets d'un polyèdre ayant la forme d'un cube.

Nous donnons encore, pour bien faire comprendre le but de la géométrie descriptive et l'emploi des épures, celle d'*un escalier tournant dans une tour ronde*.

A B C D, A'B'C'D' (fig. 54) sont les projections de la tour; les droites, telles que mn, $m'n'$, sont les projections des arêtes des marches, et l'épure pourra servir à l'ouvrier pour retrouver, soit sur le mur, soit sur le tambour intérieur, les hauteurs des points où doivent être insérées les marches, et la forme de chacune d'elles.

PLANS, COUPES, ÉLÉVATIONS. — C'est sur les mêmes principes

qu'est fondée dans les arts l'emploi des *coupes* et *élévations*, qu'on joint toujours au *plan*, pour compléter la représentation d'un édifice ou d'une machine.

Le plan est, comme nous l'avons dit, l'intersection d'un bâtiment ou d'un terrain par un plan horizontal; mais outre les parties rencontrées par le plan, on y figure encore la projection horizontale des points qui se trouvent en dehors de ce plan, et dans le terrain qu'on représente; ou, s'il s'agit d'une maison, la projection horizontale des points qui se trouvent au-dessus de la partie de la maison dont on fait le plan, et compris jusqu'à l'étage supérieur. A ce point de vue, on peut dire que le plan géométral est la projection horizontale d'un objet, terrain ou bâtiment,

La projection verticale que l'on doit joindre à la projection horizontale, pour la représentation complète, se fait de deux manières : soit sur un plan vertical, que l'on choisit parallèle à la face de la machine ou de la maison qui offre le plus d'intérêt, on l'appelle alors *élévation;* soit sur un plan vertical qui coupe tout l'objet intérieurement et de manière à montrer des parties qui ne seraient pas vues dans l'élévation, et où se trouvent souvent des détails essentiels; on l'appelle alors une *coupe.* On peut faire plusieurs coupes verticales, si les diverses parties ne peuvent pas être suffisamment représentées sur la même. Quelques exemples feront comprendre l'emploi de ces projections verticales.

La figure A (fig. 55) représente le plan géométral d'un bâtiment fait au rez-de-chaussée; B est le plan du premier étage; B′ le plan du second étage; C est l'élévation ou la projection de la façade sur un plan vertical passant par cc'; D est une coupe suivant dd'.

On joint à ces documents l'indication de l'échelle qui a été employée, et l'orientation, au moyen d'une rose des vents.

Nous donnons aussi le plan et la coupe d'une machine, une *presse hydraulique* (fig. 55 *bis*), afin que par ces exemples, étudiés avec soin dans leurs détails, on se familiarise avec l'emploi des projections et des coupes, et qu'on apprenne à se représenter les objets eux-mêmes au moyen de ces indications.

PLANS COTÉS. — On emploie aussi dans les applications, et surtout lorsqu'on se propose de représenter la configuration d'un terrain, une autre méthode, qui est aussi une branche de la géométrie descriptive, et qu'on appelle la méthode des *plans cotés*. Dans celle-ci on n'emploie que la projection horizontale, et on joint à chaque point une indication numérique donnant sa *cote de hauteur* ou sa hauteur verticale, ce qui permet de même de retrouver la position d'un point ou d'un ensemble de points dans l'espace. Ainsi, la courbe que nous avons tout à l'heure représentée par ses deux projections pourrait être donnée au moyen d'une épure donnant sa projection horizontale avec les côtés des huit sommets. On conçoit que si on élève des perpendiculaires en chacun des points, et qu'on prenne sur ces perpendiculaires des longueurs égales aux cotes indiquées, 3, 4, 5, etc. (fig. 56), on construira ces points dans l'espace, et par suite, la figure que représente leur ensemble.

Dans le levé des plans, nous avons dit que la figure représentée par le plan n'était que la projection du terrain sur un plan horizontal, de sorte qu'il était insuffisant si on voulait se faire une idée des accidents du terrain, tels que les pentes, les rampes et les plateaux. Pour avoir tous les documents nécessaires à la connaissance exacte du sol, documents indispensables, par exemple, pour le tracé des routes, des canaux, des rigoles d'irrigation, on suppose le terrain coupé par des plans horizontaux à des hauteurs égales au-dessus d'un plan horizontal fixe, le plus souvent au-dessus du niveau de la mer. Les courbes obtenues par ces plans horizontaux, également espacés, par exemple distants de 1 mètre, sont elles-mêmes projetées horizontalement, avec un chiffre qui indique leur cote. C'est ce qu'on appelle les courbes de niveau. Les courbes représentées dans le plan et numérotées 1, 2, 3, etc. (fig. 57), seraient l'intersection du terrain par des plans horizontaux à 1^m, 2^m, 3^m, etc., de hauteur, la courbe 8 serait le point culminant de l'espace représenté.

Il est facile de voir que ces indications sont suffisantes pour se rendre bien compte de la forme du terrain ; elles peuvent servir à se représenter le profil qui serait formé par l'intersection d'un plan vertical mené dans telle direction que l'on voudrait. Donnons-en un exemple.

Soit A B la projection horizontale des courbes de niveau à des hau-

　　　　GÉOMÉTRIE

teurs de 1, 2, 3, 4, 5 et 6 mètres (fig. 58); on voudrait connaître les inclinaisons des diverses parties du terrain dans la direction marquée par le plan vertical, qui passerait par la ligne ab : on trace à une certaine distance une ligne xy parallèle à ab, et en tous les points où les courbes de niveau rencontrent ab, on élève des perpendiculaires, qu'on prolonge au-dessus de xy; on a tracé des parallèles horizontales, espacées également et montrant les différences de hauteur verticale des courbes de niveau, l'intersection de ces horizontales, numérotées, pour plus de facilité, avec les perpendiculaires provenant des points ayant les mêmes cotes, donne un ensemble de points que l'on joint et qui constituent le profil suivant ab.

Les courbes de niveau sont obtenues par une opération spéciale, qu'on appelle le *nivellement*, et sur laquelle nous allons donner quelques détails.

NIVELLEMENT

Le but du *nivellement* est de connaître les cotes ou hauteurs verticales des différents points d'un terrain, à partir d'un certain plan horizontal fixe, et qu'on appelle *plan de comparaison.*

Nous avons déjà dit qu'on pouvait prendre arbitrairement le plan de comparaison. Pour n'avoir, par exemple, qu'à noter des cotes prises toujours dans le même sens, par rapport à ce plan, on le choisit souvent à une certaine hauteur au-dessus de tous les points du terrain ; d'autres fois, on prend le plan horizontal, au niveau de la mer. Quoi qu'il en soit, quand la cote d'un point est donnée par rapport à un plan de comparaison, on peut facilement en déduire la cote par rapport à un second plan dont la position est connue. Ainsi la cote du point A (fig. 59), prise par rapport à un plan mn, élevé de 100^m au-dessus du niveau de la mer, est $92^m,50$; en retranchant $92,50$ de 100, on aura sa cote au-dessus du niveau de la mer, pq.

Une fois que la position d'un premier point aura été déterminée, on n'aura, pour avoir les cotes de tous les autres points du terrain, qu'à connaître la différence de hauteur verticale, en plus ou en moins, de ces points avec le premier ; aussi, la seule opération qu'on ait réellement à faire dans le nivellement, consiste à prendre la différence de hauteur verticale de deux points. Nous allons décrire les instruments que l'on emploie et les méthodes en usage pour arriver à ce résultat.

Instruments. — Niveau d'eau.

Le *niveau d'eau* est composé d'un tube cylindrique d'environ 1 mètre de longueur, terminé des deux côtés par deux branches coudées à angle droit, A B C D. Ces deux branches sont terminées par deux fioles en verre, de même diamètre, et ouvertes par les deux bouts. Le tube est porté par un genou à coquille, soutenu par trois pieds. On le remplit d'eau, ordinairement colorée par quelques gouttes de carmin, d'encre de Chine ou seulement de vin.

Ce liquide s'élève à environ la moitié de la hauteur des fioles de verre, et, d'après une propriété des liquides indiquée par la physique, dès qu'ils sont en équilibre dans deux vases communiquants, les deux niveaux doivent être sur un même plan horizontal xy (fig. 60).

On peut, à l'aide de cet instrument, savoir quels sont les points situés sur le même plan horizontal que les deux niveaux du liquide. Pour cela, après avoir placé l'appareil sur son pied, on s'assure d'abord que le tube est à peu près horizontal; il n'y a, pour le savoir, qu'à le faire tourner autour du genou et vers tous les points de l'horizon; si le liquide, dans les deux tubes, garde à peu près la même hauteur, cela suffit; s'il y avait trop de différence, on rétablirait mieux l'horizontalité; mais il est inutile qu'elle soit parfaite : les deux surfaces du liquide, dans les fioles, sont horizontales, quand même le tube ne l'est pas.

Cela fait, on place l'œil en O (fig. 61), à une certaine distance du niveau et de manière que le rayon visuel glisse au-dessus des deux surfaces du liquide à la fois; on peut alors voir le point A d'une ligne verticale BC, par exemple, qui se trouve dans le même plan horizontal que m et n.

Dans les grands nivellements, on a remplacé le niveau d'eau par des appareils où l'horizontalité est établie au moyen du niveau à bulle d'air, que nous avons déjà eu l'occasion de décrire.

Le plus employé est l'appareil de M. Égault. Un plateau P est supporté par trois pieds, CC'C'', munis de vis calantes, posés sur un socle de bois soutenu par un trépied TT', et attaché à ce socle par une vis et un crochet V (fig. 62).

Ce plateau porte un niveau à bulle d'air ab, et une alidade AB, munie d'une lunette sur l'objectif de laquelle sont croisés deux fils. Cette alidade peut tourner sur le plateau P à l'aide d'une vis de rappel D, et de manière qu'on puisse viser tous les points de l'horizon. L'axe optique de la lunette est fixé dans une position bien parallèle au plateau qui supporte le niveau, de sorte que celui-ci étant horizontal, l'axe optique de la lunette est horizontal. On peut donc viser très-exactement, au moyen du point d'intersection des deux fils croisés, les points qui se trouvent dans un même plan horizontal.

Le second instrument employé dans le nivellement, est la *mire*. La mire simple est une règle munie d'une plaque en fer F à son pied (fig. 63) et destinée à être appuyée sur le sol. La règle porte un *voyant m*, dont la face, tournée du côté de l'opérateur, m', est divisée de manière à présenter une ligne horizontale en son milieu; elle est blanche et rouge, ou noire et blanche; elle peut glisser, par sa partie postérieure, le long de la règle, et être fixée au point que l'on veut au moyen d'une vis de pression. Cette partie postérieure est graduée, et quelquefois aussi le voyant porte un vernier correspondant à la ligne horizontale.

L'aide, qui tient la mire le plus verticalement possible, à une certaine distance de l'opérateur, fait glisser le voyant, jusqu'à ce que l'opérateur lui indique par un signe que son centre correspond bien au plan horizontal de l'axe de la lunette; l'aide lit alors la hauteur le long de la règle.

Quand on peut avoir à mesurer des hauteurs plus considérables, on emploie une mire à coulisse A (fig. 64) qui peut se développer jusqu'à 4 mètres, la partie BC qui porte le voyant pouvant entrer dans une rainure de la partie inférieure DE.

Enfin on emploie aussi, surtout avec le niveau d'Égault, une mire appelée *mire parlante*, qui se compose simplement d'une planchette divisée en centimètres par des parties alternativement blanches et rouges; quelquefois une moitié de la largeur se divise en centimètres et l'autre en décimètres. Les chiffres indiquant les hauteurs sont marqués renversés (fig. 64 *bis*), de manière à être vus droits par la lunette. Ces mires sont plus simples, moins coûteuses et plus exactes que les autres; de plus, l'opérateur lit lui-même la cote, tandis que l'aide n'a qu'à maintenir la mire verticale, ce à quoi il peut s'aider au moyen d'un fil à plomb.

MANIÈRE D'OPÉRER. — Pour prendre la différence de hauteur entre deux points, on peut employer le *nivellement simple* ou le *nivellement composé*.

Lorsque la distance n'est pas de plus de 50 mètres environ, et la différence de hauteur de plus de 3 mètres, on peut opérer par le nivellement simple : il consiste à faire une seule observation, en se plaçant entre les deux points, et, autant que possible, à égale distance et à une plus grande hauteur. Soient A et B (fig. 65) les deux points, O la station où on a placé le niveau. On fait élever les deux voyants des mires M et N jusqu'à ce qu'ils se trouvent dans le même plan horizontal. Si maintenant, par le pied B de la première, on mène une horizontale A B' jusqu'à la rencontre de N B prolongée, les deux distances A M et N B' étant égales comme parallèles comprises entre parallèles, la différence de hauteur B B' sera la différence entre les cotes données par les deux mires.

Ainsi, la mire M donnant $0^m,952$, et N donnant $0^m,934$, la différence $0^m,952 - 0^m,934$, donne, pour la hauteur de B au-dessus de A, $0^m,018$. Elle s'appelle *montante* dans ce cas ; si, au contraire, la hauteur N B avait été plus forte que M A, et qu'il eût fallu, pour avoir la différence, retrancher la cote du point de départ de la cote du point d'arrivée, elle eût été *descendante* ; le point B serait plus bas que le point A. On fait précéder quelquefois les cotes montantes du signe +, et les cotes descendantes du signe —.

Le nivellement composé s'emploie lorsque les deux points sont placés à plus de 50 mètres de distance l'un de l'autre, ou lorsque leur différence de niveau est trop grande.

On partage alors la distance des deux points, A et B par exemple, par un certain nombre d'autres points, C, D, E, F, G, H, K, L, pris à volonté et à des distances convenables ; puis on opère entre deux quelconques de ces points, comme on a fait précédemment pour le nivellement simple. A chaque station on donne deux coups de mire, l'un vers le point d'où on part, et qu'on nomme *coup arrière*, l'autre, vers le point où l'on va, et qu'on nomme *coup avant*. On inscrit ensuite sur un brouillon le résultat des opérations, comme cela est indiqué par la figure suivante, en figurant un plan de comparaison M N, dont on fixera ensuite la véritable hauteur au moyen de la position connue du point de départ A (fig. 66).

Les nombres placés sur la ligne M N sont les distances des points intermédiaires ; les nombres placés sur les verticales sont les hauteurs lues sur la mire : les coups arrière, à droite de ces lignes ; les coups avant, à gauche.

Pour avoir la différence de niveau de A en B, il faut prendre les différences de niveau de A en C, puis de C en D, puis de D en E, ainsi de suite ; additionner ensuite toutes celles qui sont montantes et celles qui sont descendantes, puis retrancher ces deux sommes l'une de l'autre. Si la somme des montantes, indiquées ici par les signes + placés devant les différences marquées sur le brouillon, est plus faible que la somme des descendantes marquées du signe —, c'est que celles-ci l'emportent et que le point A est plus bas que le point B ; ce serait l'inverse si la somme des différences qui ont le signe + l'emportait sur la somme des différences qui ont le signe —.

On consigne ensuite, si l'on veut, sur un tableau ainsi disposé, les résultats de l'opération. Si le plan de comparaison est pris à 100 mètres du point A, par exemple, en retranchant chaque différence obtenue de 100, on a la cote de niveau de chaque point par rapport à ce plan de comparaison.

POINTS de station.	DISTANCES des stations.	COTES OBSERVÉES		DIFFÉRENCES de niveau.	COTES RAPPORTÉES au plan général.
		coups avant.	coups arrière.		
A		»	1,44		Cote d'emprunt 100
C	20	0,54	1,38	— 0,90	99,10
D	30	1,78	1,97	+ 0,40	99,50
E	25	0,87	1,30	— 1,10	98,40
F	20	1,20	1,32	— 0,10	98,30
G	20	0,87	1,15	— 0,45	97,85
H	15	1,60	2,05	+ 0,45	98,30
K	20	1,25	1,32	— 0,80	97,50
L	20	1,22	1,89	— 0,10	97,40
B	15	1,29	»	— 0,60	96,80

On voit, d'après cela, que la distance de A au plan de comparaison étant 100, et celle de B étant 96,80, la différence de niveau entre ces deux points est $3^m,20$, résultat qu'on aurait pu avoir, comme il a été dit, en additionnant toutes les différences qui ont le signe —, toutes celles qui ont le signe +, et en les retranchant l'un de l'autre.

0,90	0,40
1,10	0,45
0,10	———
0,45	0,85
0,80	
0,10	4,05
0,60	0,85
———	———
4,05	3,20 différence de niveau.

Telles sont les opérations principales de nivellement. On peut maintenant se faire une idée des opérations qu'il faudrait faire pour établir les courbes de niveau d'un terrain. On peut procéder de deux manières.

L'observateur se place en un point A (fig. 67) du terrain, dont la cote est connue, par exemple 27^m,452; si on veut avoir les points dont la cote est 28^m, la mire étant en A, on abaisse le voyant de 28^m — 27^m,452, c'est-à-dire de 0^m,548. On fixe le voyant à cette hauteur, puis l'opérateur se place, avec le niveau, en A, et l'aide transporte la mire sur le terrain, de manière à atteindre par tâtonnement les points B, C, D, E, F, où le niveau correspond à la ligne de foi du voyant. On met un signal à ces différents points, et on lève ensuite le plan du polygone ou de la courbe formée par ces points, que l'on rapporte sur le dessin.

Ou bien encore on parcourt, à partir de certains points connus du terrain A, B, C, D (fig. 68), des lignes tracées à l'avance sur le plan ou qu'on y trace provisoirement; sur ces lignes, on fixe les points dont la cote est différente de 1^m : par exemple, a, b, c, d, ont une cote de 5^m, a', b', c', d' une cote de 6^m, et ainsi de suite. Ces points étant marqués sur le plan, on les joint par des droites ou des courbes, et on a les courbes de niveau.

Applications.

Lorsqu'on étudie un terrain pour y construire une route ou un canal, prenons pour exemple une route, on opère de la manière suivante, qui permet de bien connaître le terrain sur lequel on veut opérer :

On trace d'abord une ligne polygonale, qui est l'axe du terrain qu'on veut parcourir, et on prend le niveau d'un certain nombre de points situés sur cette ligne, surtout de ceux où il y a un changement de direction. Soit $ABCDEFG$ (fig. 69) cette ligne polygonale, $abcdefg$ la ligne qui en serait la projection sur le plan de comparaison.

Aa, Bb, Cc, etc., sont les cotes de hauteur. L'ensemble de ces trapèzes formés par ces lignes parallèles, puisqu'elles sont perpendiculaires au plan horizontal, forme une surface, formée de plusieurs surfaces planes, qu'on peut amener à être dans un même plan vertical, suivant la ligne $abc'd'e'f'g'$; les points $ABCD...$ sont ainsi ramenés en $ABC'D'...$, et la figure, ainsi formée, s'appelle un *profil en long* ou *longitudinal*.

Ensuite, en chaque point de station on mène une perpendiculaire à l'axe : xy, $x_1 y_1$, $x_2 y_2$, etc. (fig. 70), et on fait le nivellement des points du terrain situés sur ces directions, et qu'on appelle alors *profils en travers*.

On peut alors représenter d'une manière exacte le résultat du nivellement, avec l'indication des cotes, de manière à préparer le tracé de la route et des travaux à effectuer. Souvent on emploie, pour les profils en travers, une échelle différente que pour le profil en long ; on la prend plus grande, pour faire ressortir les détails. Nous mettons sous les yeux un projet de route contenant les profils en long, en travers, et le tracé du nouveau terrain (fig. 71).

Lorsqu'on connaît un terrain par ses courbes de nivellement, il est facile de déterminer en chaque point quelle est l'inclinaison du terrain, et même de déterminer entre deux points le chemin qu'il faudrait suivre pour avoir une pente déterminée. C'est ce qu'on est obligé de faire pour tracer un canal ou simplement une rigole d'irrigation.

Pente ou inclinaison.

Si on a deux points, A et B (fig. 72), et que A C soit leur différence de hauteur, le rapport de A C à B C constitue la pente ou l'inclinaison. Ainsi, A C étant 1^m et B C étant 100^m, la pente est de 1^m pour 100^m ou $\frac{1}{100}$. Si B C était de $36^m,40$, et A C de $0^m,84$, la pente serait de $\frac{0^m,84}{36^m,40} = 0,023$, c'est-à-dire d'environ $0^m,023$ par mètre.

Si on ne connaît pas en nombres la grandeur des cotes, on peut toujours construire graphiquement le triangle A B C, car dans les plans cotés les courbes de niveau étant à 1 mètre de distance verticale, on connaît A C, et l'hypoténuse A B est donnée par le compas.

Proposons-nous maintenant de tracer, sur un terrain connu par ses courbes de niveau, une rigole ayant par exemple une inclinaison constante de $0,025$, c'est-à-dire de $0^m,025$ par mètre.

On trace un angle droit, on prend un côté cb (fig. 73) égal à 1^m, avec l'échelle connue du plan, l'autre côté ac, ayant $0^m,025$ de la même échelle, et on achève le triangle. On prend $a'c$ égal à 1^m, et on mène la parallèle $a'b'$. Soit $a'b'$ l'hypoténuse du nouveau triangle $a'cb'$, le point de départ étant A sur le plan (fig. 74) : on décrit, du point A comme centre, avec $a'b'$ pour rayon, un arc de cercle qui détermine le point b_1 sur la seconde courbe de niveau; puis de b_1, avec le même rayon, on détermine c_1 sur la courbe de niveau suivante, puis d_1, puis e_1. La ligne A $b_1 c_1 d_1 e_1$ a une pente uniforme de $0,025$.

On comprend que la question pouvait être résolue de bien d'autres manières, car les arcs de cercle décrits pouvaient rencontrer les courbes de niveau en d'autres points. Ainsi, par exemple, le chemin A b_1, c_2, d_2, e_2 (fig. 74), aurait la même pente que le premier.

Les opérations que nous avons indiquées sont suffisantes, dans la pratique, pour résoudre toutes les questions qui se rapportent au nivellement.

CHAPITRE II

CORPS LIMITÉS PAR DES SURFACES PLANES

DÉFINITIONS. — On nomme *polyèdres* tous les volumes terminés par des surfaces planes. On désigne souvent les volumes sous le nom de *solides*, parce que, pour s'en faire une idée plus nette, on suppose que ces volumes sont pleins et formés d'une substance solide, qui conserve sa forme de quelque manière qu'on les place dans l'espace.

Mais il faut, comme nous l'avons déjà dit, faire abstraction, en géométrie, de la matière solide qui compose ces volumes, pour ne se figurer, dans l'étude de leurs propriétés, que celles de la portion de l'espace qui serait séparée du reste de l'étendue par les mêmes surfaces que le corps.

Ainsi, pour admettre que deux volumes sont égaux, nous les ferons coïncider, ou, en d'autres termes, nous ferons voir qu'ils pourraient, quelle que soit leur nature, entrer tous les deux exactement dans une même portion de l'espace, représentant pour ainsi dire leur moule commun.

Les surfaces planes d'un polyèdre sont les *faces;* les lignes suivant lesquelles elles se coupent sont les *arêtes*, et les points où plusieurs arêtes se rencontrent, sont les *sommets* ou *angles solides*.

Les polyèdres sont dits *convexes* lorsque l'une de leurs faces, prolongée indéfiniment, ne rencontre plus le polyèdre et le laisse entièrement du même côté; c'est ce qui arrive pour le polyèdre A B C... E F G H K (fig. 75), dont on a prolongé la face E F G H K.

Le polyèdre R S M N P Q T (fig. 76) est, au contraire, un polyèdre *rentrant*, ou plutôt à angles rentrants : la face **M N P Q**, prolongée, laisse au-dessus la partie **R S M Q**, et au-dessous **M N P Q T**.

Il faut au moins quatre faces pour constituer un volume. Trois plans qui se coupent en un point peuvent être prolongés indéfiniment, et l'espace compris entre eux être illimité. La figure ainsi formée s'appelle un *angle trièdre*, ainsi **A B S C** (fig. 77), formé par les trois faces **A S B**, **B S C**, **A S C**.

Si on coupe cette figure, formée par les trois plans, par un quatrième, on obtient alors une portion de l'espace limitée dans tous les sens, ce qu'on appelle un *tétraèdre*, **S a b c** (fig. 78). Ce polyèdre est le plus simple de tous les polyèdres, car il n'est pas possible de limiter l'étendue avec moins de quatre plans.

On nomme encore ce volume une *pyramide triangulaire*.

On nomme, en général, *pyramide* un volume formé d'une face polygonale, **A B C D E** (fig. 79), qui est la base, et de faces triangulaires venant aboutir à un sommet commun, S. Si la base est un triangle, la pyramide est triangulaire ; elle est pentagonale si la base est un pentagone ; hexagonale si elle est un hexagone.

Les *prismes* sont des volumes formés de deux bases égales et parallèles, et dont les faces latérales sont des parallélogrammes ou des rectangles.

Le prisme triangulaire est le plus simple ; les bases sont des triangles (fig. 80).

Le prisme est polygonal si les bases sont des polygones, comme l'indique la figure 81.

Lorsque les arêtes **A B**, **C D**, **E F** sont perpendiculaires aux plans des bases, le prisme est droit.

Si ces arêtes *a b*, *c d*, *e f*... sont obliques par rapport à ces plans, les prismes sont obliques.

Les *parallélipipèdes* sont des prismes dont les bases sont des parallélogrammes ou des rectangles. Si les arêtes sont obliques, **A B C D**, **A′ B′ C′ D′** (fig. 82), le parallélipipède est oblique.

Il est droit, *a b c d*, *a′ b′ c′ d′* (fig. 83), lorsque les arêtes sont perpendiculaires au plan de la base.

Enfin, il est rectangle si la base est un rectangle et que les arêtes soient perpendiculaires au plan de la base.

Si les six faces qui constituent un parallélipipède rectangle sont des carrés, la figure s'appelle *cube* ou *hexaèdre régulier* (fig. 84).

Le *rhombe* ou *rhomboèdre* est un parallélipipède oblique dont toutes les faces sont des losanges égaux (fig. 85).

Un prisme P ou Q (fig. 86), coupé par un plan de manière à ce que les deux bases ne soient pas parallèles, est un *prisme tronqué* ou *tronc de prisme*.

En général, les polyèdres se divisent en réguliers et irréguliers. Les polyèdres réguliers sont ceux qui ont toutes les faces égales et toutes les inclinaisons de ces faces entre elles égales. Le cube est un hexaèdre régulier ; dans les pyramides, le tétraèdre régulier est le seul régulier.

L'*octaèdre* régulier est formé de huit faces, S A B C D S' (fig. 87), qui sont des triangles équilatéraux.

Le *dodécaèdre* est formé de douze faces, qui sont des pentagones réguliers (fig. 88).

L'*icosaèdre* est un polyèdre régulier de vingt faces, qui sont des triangles équilatéraux (fig. 89).

Telles sont les diverses formes de corps que nous étudierons en géométrie. D'ailleurs, tous les autres volumes polyédriques peuvent être considérés comme formés de quelques-uns de ceux que nous avons nommés. Ainsi, le volume M peut être décomposé en pyramides triangulaires, comme dans M, ou en prismes tronqués, comme dans M'.

Propriétés des angles trièdres.

Pour reconnaître l'égalité des volumes, nous avons besoin de savoir dans quels cas les angles solides, formés par trois plans, sont égaux. Il y a trois cas où l'on reconnaît aisément cette égalité.

Première Proposition. — *Deux angles trièdres qui ont un angle dièdre égal compris entre deux faces égales semblablement disposées, sont égaux.*

Soient A S B C, A' S' B' C' (fig. 90) les deux trièdres, S B, S B' l'angle dièdre, et A S B, A S C les faces égales à A' S B', A' S C' : en portant ces deux dièdres l'un dans l'autre et en faisant coïncider les som-

mets, les trois arêtes coïncident évidemment, à cause de l'égalité
des angles. Donc la troisième face A S C doit coïncider avec A′S C′,
puisqu'elles passent par deux droites communes, A S et S C.

DEUXIÈME PROPOSITION. — *Deux angles dièdres qui ont une face
égale adjacente à deux angles dièdres égaux sont égaux.*

On porte la face égale A′ S′ C′, par exemple, sur A S C (fig. 91);
les plans A′ S′ B′, C′ S′ B′ prennent la position des plans A S B, C S B,
à cause de l'égalité des angles dièdres, et la troisième arête, S′ B′,
coïncide avec S B, devant être toutes les deux à la fois sur les deux
plans.

TROISIÈME PROPOSITION. — *Deux angles trièdres qui ont les trois
faces égales et semblablement disposées, sont égaux.*

On prend six arêtes égales, S A, S B, S C (fig. 92), S′ A′, S′ B′,
S′ C′, et on mène des plans A B C, A′ B′ C′. Ces obliques étant
égales, si on abaisse les perpendiculaires S O, S′ O′, elles tombent,
d'après ce qui a été vu, en des points O et O′, également distants des trois sommets, c'est-à-dire aux centres des cercles cir-
conscrits à ces triangles. Or, ces triangles sont égaux, car tous les
côtés A B, A′ B′, A C, A′ C′ appartiennent à des triangles A S B,
A′ S′ B′, etc., qui sont égaux, comme ayant un angle égal, à cause de
l'égalité des faces, compris entre côtés égaux. Donc on peut faire
coïncider ces triangles, et par suite, leurs centres O et O′, et par
suite, les perpendiculaires O S et O′ S′; mais d'ailleurs les triangles
rectangles S A O, S′ A′ O′, qui ont l'hypoténuse égale et un côté A O
et A′ O′ égal, sont égaux, et par conséquent les perpendiculaires ont
la même longueur; donc S coïncidera avec S′, donc toutes les arêtes
coïncideront, c'est-à-dire que les deux trièdres sont égaux.

CONSÉQUENCES. — Il en résulte qu'avec trois faces données on ne
peut construire qu'un trièdre, car tous ceux que l'on construirait,
d'après ce qui précède, devraient pouvoir coïncider, ce qui veut dire
qu'ils n'en formeraient qu'un.

Quand on veut construire un angle trièdre avec trois faces données, on les étale sur un plan, autour d'un sommet commun et de

manière à ce qu'elles aient une arête commune, par exemple, les trois faces $C'SA$, ASB, BSC'' (fig. 93).

On fait ensuite tourner $C'SA$ autour de SA, comme charnière, et $C''SB$ autour de SB, jusqu'à ce que les deux droites $C'S$, $C''S$ viennent se confondre en SC, et on sait qu'il n'y aura pas d'autre position que celle-là, sans cela il y aurait plus d'un trièdre ayant les mêmes faces.

On remarquera, de plus, que si on faisait tourner $C'S$ et $C''S$ autour de AS et de SB (fig. 94), ces deux lignes resteraient trop rapprochées de leurs charnières et viendraient de nouveau se placer dans la face ASB, en SC_1 et SC_2, cette face ASB comprendrait les deux autres faces, plus un espace C_1SC_2, c'est-à-dire qu'elle serait plus grande que la somme de ces deux faces. Pour que cela n'ait pas lieu, il faut donc que les faces avec lesquelles on veut construire un trièdre satisfassent à cette condition, que chacune d'elles soit plus petite que la somme des deux autres.

Nous remarquerons encore que si un angle ASB a son sommet hors du plan MN (fig. 95), où se trouve l'un de ses côtés, si on projette son sommet en O, plus le sommet S s'élève en S', S'', etc., plus il devient petit, et finirait par être nul si S était infiniment éloigné. Ces angles augmentent donc de valeur, si S s'abaisse de S'' en S', en S, puis enfin en O.

Cela posé, si nous coupons un angle trièdre par un plan ABC (fig. 96), et qu'on projette S sur ce plan, les trois faces ASB, BSC, ASC doivent être moindres que AOB, BOC, AOC; mais la somme de ces angles vaut quatre droits, donc la somme des trois faces du trièdre vaut moins que quatre droits; c'est donc une condition qu'il faudra encore remplir quand on prendra trois angles plans pour former un trièdre. Il faut qu'ils ne couvrent pas tout l'espace autour d'un point sur un plan; ainsi ASB, BSC, CSA' (fig. 97); il reste l'espace libre ASA'.

Remarque. — Une remarque très-importante à faire sur ces angles trièdres, c'est qu'ils peuvent avoir les trois faces et les trois inclinaisons égales et ne pas être superposables. Tels sont, par exemple, les deux trièdres S et S' (fig. 98) : $ASC = A'S'C'$; mais les inclinaisons ou angles dièdres égaux ne sont pas situés d'un même côté. Ainsi, l'angle dièdre S A est égal à S′A′, et S C à S′C′; A S B = A′S′B′, C S B = C′S′B′. Si on fait coïncider la face A S C de manière que S′C′ tombe sur S A, on voit que l'arête S′B′ prendra une position S B₁ en avant, différente de S B. Si on faisait coïncider les deux faces A S C et A′S′C′, en portant S′A′ sur S A et S′C′ sur C S, il faudrait retourner cette face, et S′B′ tomberait en S B₂, de l'autre côté du plan, par rapport à S B.

Tels seraient, par exemple, les trièdres opposés par le sommet ou obtenus en prolongeant au delà du sommet les arêtes de l'un d'eux, S A B C, S A′B′C′ (fig. 99).

Propriétés des Pyramides.

DÉFINITIONS. — La *hauteur* d'une pyramide est la perpendiculaire abaissée du sommet sur la base.

Si la base est une figure régulière et que la hauteur tombe au centre de la base, la pyramide est *régulière* ou *symétrique*, comme, par exemple, la pyramide hexagonale S A B C D E F (fig. 100), dont la hauteur est S O.

La pyramide triangulaire régulière ou tétraèdre régulier, est formée de quatre triangles équilatéraux égaux entre eux, S M N P (fig. 101).

PREMIÈRE PROPOSITION. — *Deux pyramides triangulaires sont égales quand elles ont un angle solide égal compris entre trois faces égales semblablement disposées.*

DEUXIÈME PROPOSITION. — *Deux pyramides triangulaires sont égales lorsqu'elles ont un angle dièdre égal compris entre deux faces égales semblablement disposées.*

Ces deux propositions se démontrent sans aucune difficulté par la superposition.

TROISIÈME PROPOSITION. — *Deux pyramides triangulaires sont égales lorsqu'elles ont les quatre faces égales et semblablement disposées.*

Car de ce que les angles plans de trois des faces, aboutissant au même sommet, sont égaux, les angles solides sont égaux, et on rentre dans le premier cas.

QUATRIÈME PROPOSITION. — *Si on coupe une pyramide quelconque par un plan parallèle à la base, on obtient un polygone semblable à celui de la base, et sa surface est à celle de la base dans le même rapport que les carrés des hauteurs correspondantes.*

Soit la pyramide $SABCDE$ (fig. 102), sa hauteur SO : on la coupe par un plan parallèle à la base, à une distance SI du sommet, $abcde$ est la section ; tous les angles sont égaux à ceux qui correspondent dans la base, comme ayant les côtés parallèles, puisqu'ils sont les intersections de deux plans parallèles par d'autres plans.

De plus, à cause des triangles semblables, on a : $\dfrac{AB}{ab} = \dfrac{SB}{Sb}$; mais $\dfrac{BC}{bc} = \dfrac{SB}{Sb}$; donc $\dfrac{AB}{ab} = \dfrac{BC}{bc}$; on prouverait ainsi, de proche en proche, que tous les côtés des deux polygones sont proportionnels ; donc les deux figures sont semblables.

En joignant OE et Ib, on forme encore deux triangles semblables ; donc $\dfrac{SB}{Sb} = \dfrac{SO}{SI}$, et comme $\dfrac{AB}{ab} = \dfrac{SB}{Sb}$, on a $\dfrac{AB}{ab} = \dfrac{SO}{SI}$. D'ailleurs, les deux polygones $ABCDE$ et $abcde$ sont entre eux comme les carrés de leurs côtés homologues $\dfrac{ABCDE}{abcde} = \dfrac{\overline{AB}^2}{\overline{ab}^2}$ ou $\dfrac{\overline{SO}^2}{\overline{SI}^2}$.

Ainsi, par exemple, si l'on coupe la pyramide à la moitié de la hauteur, la section est le $\frac{1}{4}$ de la base ; à $\frac{1}{3}$ de la hauteur, la section serait le $\frac{1}{9}$ de la base.

Problèmes et constructions sur les Pyramides.

1. *Trouver la hauteur d'une pyramide et le pied de cette hauteur.*

Dans la pratique, on place la base de la pyramide sur un plan horizontal, et on y élève une verticale NM (fig. 103) ; l'extrémité est rencontrée en M par une droite ou un plan passant par le sommet S et parallèle à la base. Si l'on veut connaître le pied P de cette hauteur, on mène deux droites en équerre, dont l'une passe par le sommet S, et l'autre est verticale, MN. Au pied N on trace une ligne parallèle à MS, que l'on prolonge sous la base de la pyramide, et on prend NP égale à SM. P est le pied de la hauteur.

On peut encore avoir la hauteur par une construction assez simple : du sommet S, dans l'une des faces, on trace une ligne SH perpendiculaire à AB (fig. 104), et au point H, dans la base, une perpendiculaire HO à AB. Le plan SHO est perpendiculaire sur AB ; donc la base, qui est un plan mené suivant AH, est perpendiculaire sur le plan SHO. On fait de même, dans la face SBC, SI et IO perpendiculaires sur BC ; donc le plan SIO est perpendiculaire sur BC, et par suite, sur le plan de la base. Les deux plans SIO, SHO étant perpendiculaires sur la base, SO est perpendiculaire ; c'est donc la hauteur. La construction faite sur les faces extérieures donne le pied O, et en faisant un triangle rectangle dont l'hypoténuse, SH, est connue, ainsi que le côté HO, on aura la hauteur SO.

Cette construction donne, de plus, les angles SHO, SOI, etc., qui sont les angles des faces avec la base. On l'obtient assez exactement, dans la pratique, au moyen d'une fausse équerre, qu'on place bien perpendiculairement à l'arête, comme en F.

2. *Développer les faces d'une pyramide.*

Premier exemple. — Soit une pyramide triangulaire SABC (fig. 105) : on mesure les trois faces, et on les dessine sur un plan, en les plaçant l'une à la suite de l'autre, jointes par l'arête contiguë. Aussi bsa, asc, csb' (fig. 106), correspondent à BSA, ASC, CSB ; quant à la base ABC, ses trois côtés étant ac, ab, cb', en décrivant des arcs de cercle de c et a, comme centres, on la construit en acb_1.

Deuxième exemple. — *Tétraèdre régulier.* — Il n'y a qu'à prendre un triangle équilatéral dont le côté soit double de celui qu'on veut donner à la pyramide $QQ'Q_1$ (fig. 107), joindre les milieux des côtés M N P, on aura les quatre faces du tétraèdre.

Troisième exemple. — Pour une pyramide quelconque, il ne suffira pas de mesurer les faces ; il faudra encore mesurer les angles de la base pour faire un polygone égal, qu'on placera sur un côté de l'une des faces (fig. 108).

Propriétés des Prismes et des Parallélipipèdes.

Première Proposition. — *Si on coupe un prisme par des plans parallèles, les sections sont des polygones égaux.*

Soit le prisme A B C D E A'B'C'D'E' (fig. 109) coupé par deux plans qui donnent les sections $mnpqr$, $m'n'p'q'r'$. Chacune des lignes, telles que mn, $m'n'$, est donnée par l'intersection d'un plan par deux plans parallèles, elles sont donc parallèles entre elles; de plus, elles sont égales comme comprises entre deux parallèles; donc les deux polygones ont les côtés égaux, et les angles égaux comme ayant les côtés parallèles; ils sont donc égaux.

On nomme *section droite* celle qui est faite par un plan perpendiculaire aux arêtes. Dans le prisme triangulaire A B (fig. 110), mnp est la section droite. On l'obtient en élevant dans deux faces des perpendiculaires, mn et np, au même point de l'arête et en joignant mp dans la troisième face.

Deuxième Proposition. — *Dans un parallélipipède, les faces opposées sont égales et parallèles.*

Soit A B C D E F G H (fig. 111) un parallélipipède : la face A B F E est égale à D C G H. En effet les côtés sont parallèles deux à deux, et par suite les angles sont égaux, les côtés le sont aussi comme compris entre des parallèles; donc les parallélogrammes sont égaux; il en est de même des faces A D H E et B C G F.

Il résulte de là que dans un parallélipipède deux faces quelconques peuvent servir de base, car elles sont égales et leurs plans sont parallèles, comme contenant des angles qui ont respectivement les côtés parallèles.

Troisième Proposition. — *Les quatre diagonales d'un parallélipipède se coupent au même point qui est le milieu de chacune d'elles.*

Si on en prend deux, B H et C E; en joignant C H et B E, on forme un parallélogramme, puisque les côtés B C et E H sont égaux et parallèles. Dans ce parallélogramme, les diagonales se coupent en leur milieu, donc E C rencontre B H en son milieu O; on prouverait de même que D F rencontre B H en son milieu O, de même A G ; donc elles passent toutes par le point O.

Lorsque le parallélipipède est rectangle, toutes les diagonales sont égales entre elles.

CONSÉQUENCES. — Un parallélipipède peut être coupé par un plan suivant un triangle 1, ou un quadrilatère 2 (fig. 112) ; dans ce dernier cas, la figure est toujours un parallélogramme, car les côtés opposés sont toujours les intersections de deux plans parallèles par un troisième ; la section peut encore être un pentagone 3, ou enfin un hexagone 4.

Construction et représentation des Prismes et des Parallélipipèdes.

Pour résoudre les diverses questions relatives à cette construction, on fait fréquemment usage de la proposition suivante :

QUATRIÈME PROPOSITION. — *Deux prismes quelconques, qui ont un angle solide égal compris entre trois faces égales et semblablement placées, sont égaux.*

Pour que cela ait lieu, il faut nécessairement que, des trois faces, l'une soit la base et les deux autres deux faces latérales. Par exemple (fig. 113), $ABCDE = A'B'C'D'E'$, $abAB = a'b'A'B'$, et $bcBC = b'c'B'C'$. Les faces des angles solides B et B' ont les mêmes inclinaisons et sont pareillement placées ; il en résulte qu'on peut faire coïncider les trois plans qui forment l'angle solide B' et ceux qui forment l'angle solide B, et par suite, les trois arêtes A'B' et A B, B'C' et B C, B b et B' b'. D'ailleurs, les polygones qui forment les faces étant égaux, dès que les bases auront A'B'C' sur A B C, le plan étant le même, les côtés se placeront d'eux-mêmes sur les côtés égaux, ainsi que les angles. De plus, les parallélogrammes $a'b'B'A'$ et $abAB$ ayant deux côtés communs, coïncideront, et $a'b'$ se placera sur ab, de même que $b'c'$ sur bc ; donc les plans des bases supérieures coïncideront, et comme un angle et deux côtés seront déjà superposés, toute la figure coïncidera avec *abcde,* et par conséquent, les autres arêtes *a*A, *d*D, *e*E ; donc les deux prismes sont égaux.

Remarque. — Si les prismes ou parallélipipèdes étaient droits, il suffirait de dire que *deux prismes sont égaux s'ils ont même base et même hauteur.*

Car les deux bases ABCD, *abcd* (fig. 114) étant superposées, les arêtes de l'un prendront la direction des arêtes des autres, puisqu'elles sont perpendiculaires aux mêmes plans, et comme les prismes ont même hauteur, ces arêtes sont égales, et par conséquent, les sommets de la base supérieure coïncideront aussi ; par suite, les prismes.

Il n'en est pas de même si les faces ne sont pas semblablement placées. Ainsi, pour les deux prismes triangulaires dans lesquels on peut partager un parallélipipède par un plan diagonal DABC, D'A'B'C' (fig. 115), les trois faces qui composent l'angle solide A sont égales aux trois faces qui composent l'angle solide A', et cependant les deux prismes ne sont pas superposables, car si on superpose les bases égales A'B'C' et ABC, en mettant le sommet A' en A, les arêtes A'D' et AD″ font des angles supplémentaires et ne peuvent coïncider.

Construction des Prismes droits.

Les opérations diffèrent, selon que le prisme doit être plein ou creux. Lorsqu'on veut tailler un prisme plein, on trace d'abord la base sur l'épaisseur du bloc, préalablement aplani, ABCDE (fig. 116), puis on tourne le bloc de manière qu'un côté de la base BC soit dirigé sur le fil à plomb, et avec la scie, la hache ou un autre instrument on forme la face BCMN ; on fait de même pour toutes les faces. On vérifie ensuite de diverses manières : avec la fausse équerre on s'assure que les angles dièdres sont droits ou que les faces ont entre elles une inclinaison voulue ; avec le compas, que les distances entre les arêtes sont égales, que ces arêtes sont dans le même plan, etc. ; enfin, on coupe par un plan perpendiculaire aux arêtes, pour former la base supérieure.

Quand on veut fabriquer un prisme creux, avec des planches, par exemple, on fabrique séparément chaque face, d'après le modèle ou l'épure, puis on les assemble, après avoir taillé en biseau leurs épaisseurs (fig. 117), pour pouvoir incliner à volonté les faces entre elles. Ainsi, dans un parallélipipède rectangle, les divers biseaux, tels que ab, seraient de 45°.

Applications.

On fait, dans les arts, très-souvent usage des prismes et des parallélipipèdes.

Les charpentes sont presque toujours formées par des solides ayant la forme de parallélipipèdes rectangles; autrefois, celles qu'on employait étaient à basse carrée A B (fig. 118); maintenant, on leur donne une plus grande épaisseur A' B' (fig. 119) dans le sens qui supporte l'effort, et ou supprime dans le sens opposé une largeur inutile.

C'est surtout dans les *assemblages*, c'est-à-dire dans la manière d'entailler les pièces de bois pour les attacher solidement l'une à l'autre, qu'on fait un grand emploi de toutes les formes de prismes et de parallélipipèdes. Les principaux assemblages, qu'on groupe en horizontaux, verticaux ou biais, sont les suivants, que nous donnons avec les dessins en perspective, avant qu'ils soient assemblés et lorsqu'ils sont assemblés, ce sont :

ASSEMBLAGES HORIZONTAUX.

Fig. a. Bout à bout, à mi-bois.
Fig. b. Bout à bout, à queue d'aronde.
Fig. c. Bout à bout, à trait de Jupiter.
Fig. d. D'équerre, à tenon renforcé.
Fig. e. En T, à mi-bois.
Fig. f. En T, à queue d'aronde.
Fig. g. En T, à queue d'aronde recouverte.

ASSEMBLAGES VERTICAUX.

Fig. h. A enfourchement.
Fig. k. A double enfourchement.

Fig. *l*. A embrèvement.
Fig. *m*. A double embrèvement.
Fig. *n*. Assemblage de poteaux cormiers.
Fig. *o*. A mi-bois.
Fig. *p*. A tenon et mortaise.
Fig. *q*. D'onglet à tenon et mortaise.
Fig, *r*, *s*, *t*. Assemblages biais pour liens et jambes de force.

Nous donnons encore, dans l'exemple indiqué de la figure 120, les divers noms employés dans la charpente pour désigner les diverses pièces d'après leur emploi ; ce sont :

A. *Sablière haute.*
B. *Arbalétrier.*
C. *Chevron.*
D. *Panne.*
E. *Chaîneau.*
F. *Faîtage.*
G. *Pinçon.*
H. *Linteau.*
I. *Guette.*
J. *Jambe de force.*
K. *Poteau cormier.*
L. *Équerre en fer.*

M. *Croix de Saint-André.*
N. *Entretoise.*
O. *Potelet.*
P. *Sablière basse.*
Q. *Parpaings.*
R. *Voliges.*
S. *Décharge.*
T. *Tournisse.*
U. *About.*
V. *Pistrail.*
Z. *Lattes.*

Autre exemple, tiré de la charpente d'un pont (fig. 121).

A. *Poutre du tablier.*
B. *Sous-poutre.*
C. *Contre-fiche.*
D. *Poteau de support.*
E. *Moise.*

F. *Chapeau de palée.*
G. *Palée.*
H. *Brise-glace.*
I. *Plate-forme des pilots.*
J. *Pilots.*

Développement d'un Prisme.

On peut reproduire la forme exacte d'un prisme par son développement, c'est-à-dire en traçant sur un plan ses différentes faces et ses bases égales, B et B' (fig. 122), car ces faces étant connues, chaque angle trièdre est déterminé par les trois angles plans qui le composent, et par suite, en les assemblant on retrouve le prisme.

Si on voulait former la section droite de ce prisme, passant par un point O, comme l'intersection du plan avec chacune des faces doit être perpendiculaire sur toutes les arêtes, le développement de cette section s'obtiendrait immédiatement en traçant la perpendiculaire $t_1\, opqrst$.

Quelquefois, on fait le développement des faces en les rabattant sur le plan de la base, autour des côtés de cette base, comme il a été fait pour le parallélipipède rectangle (fig. 123); A B C D est l'une des bases, A'B'C'D' est l'autre base.

Polyèdres quelconques.

PREMIÈRE PROPOSITION. — *Tout polyèdre peut être décomposé en tétraèdres ou en prismes tronqués.*

On peut prendre un point quelconque, soit dans l'intérieur du polyèdre, soit au sommet même du polyèdre, décomposer toutes les faces en triangles et joindre ce sommet à tous les sommets de ces triangles; ainsi (fig. 124), en joignant le sommet A avec les sommets de tous les triangles formés dans chacune des faces. On peut aussi faire la décomposition en prenant divers sommets plus rapprochés des faces.

Quelquefois, on abaisse de tous les sommets des perpendiculaires sur un plan, qui peut être une des faces du solide (fig. 125), et ces perpendiculaires forment les arêtes de prismes tronqués, qui, à l'aide de quelques tétraèdres, complètent le solide.

DEUXIÈME PROPOSITION. — *Deux polyèdres égaux sont décomposables en un même nombre de tétraèdres égaux et semblablement situés.*

Cela est évident, car si les polyèdres sont égaux, ils sont superposables, et par suite, toutes les lignes menées entre les mêmes sommets coïncideront ; donc les tétraèdres coïncideront.

Polyèdres symétriques.

DÉFINITION. — Si de tous les points d'une figure on abaisse des perpendiculaires sur un plan, et qu'on les prolonge d'une longueur égale à elles-mêmes, on forme une seconde figure qui est dite la *symétrique* de la première.

PREMIÈRE PROPOSITION. — *La symétrique d'une figure plane est une autre figure plane égale à la première.*

Cette proposition se démontre au moyen de deux principes fondamentaux.

1° *Tous les points symétriques des points d'un plan* M (fig. 126), *se trouvent sur un autre plan* N, *également incliné sur le plan de symétrie.*

En effet, si d'un point A du premier plan on abaisse une perpendiculaire sur le plan xy, et qu'on la prolonge jusqu'au plan N, en A′, les distances AI et A′I seront égales, car en menant AH perpendiculaire sur l'intersection CD des deux plans, le plan AHI est perpendiculaire sur CD, et réciproquement CD est perpendiculaire sur ce plan, et par suite sur A′H et HI, qui passent par son pied dans ce plan ; donc les angles AHI, A′HI sont égaux, car ils mesurent l'inclinaison des deux plans M et N sur xy. Il en résulte que les triangles rectangles AHI, A′HI sont égaux, comme ayant un angle aigu égal et un côté commun ; donc AI = A′I et le point A′ est le symétrique du point A. Il en est de même pour tout autre point du plan M.

Il s'ensuit que si, dans la figure 126, les points ABCD sont dans un même plan, les points symétriques A′B′C′D′ sont aussi dans un même plan.

2° *Deux triangles symétriques sont égaux.*

Ainsi (fig. 127), ABC = A′B′C′, car les trapèzes rectangles ABab, A′B′ab sont égaux, et par conséquent AB = A′B′, et de même pour les côtés BC et AC ; les triangles ont donc les trois côtés égaux.

Donc enfin, deux polygones plans symétriques, qui se composent d'un même nombre de triangles égaux et semblablement placés, sont égaux.

DEUXIÈME PROPOSITION. — *Deux angles dièdres symétriques sont égaux.*

Soit A B C D (fig. 128) un angle dièdre : prenons deux points O et A sur l'arête, et cherchons leurs symétriques O' et A' ; élevons O C perpendiculaire à A B dans l'un des plans, et cherchons sa symétrique O' C' ; les angles A O C et A' O' C', symétriques, sont égaux ; A O C est droit, A' O' C' sera droit.

Faisons de même dans le second plan : O D est perpendiculaire sur A O, O' D' sera perpendiculaire sur A' O'. Si maintenant on fait passer deux plans par A' O' et O' C', A' O' et O' D', l'angle dièdre de ces deux plans sera mesuré par D' O' C', de même que le premier angle dièdre est mesuré par D O C ; mais ces deux angles plans étant symétriques, sont égaux ; donc les angles dièdres sont égaux. Or, le second est formé par deux plans symétriques de ceux du premier, comme contenant deux droites symétriques ; c'est donc l'angle dièdre symétrique du premier ; donc enfin, deux angles dièdres symétriques sont égaux.

Remarque. — Deux angles trièdres symétriques ont toutes leurs faces égales et leurs angles dièdres égaux, d'après ce qui vient d'être établi ; mais comme les faces égales ne sont pas disposées dans le même sens dans les deux trièdres, ils ne sont pas superposables ; ils se trouveraient dans le cas des angles trièdres déjà cités dans une *remarque* (page 189).

On peut donc en conclure que deux tétraèdres symétriques, quoique composés des mêmes faces et des mêmes inclinaisons, ne sont pas des volumes superposables, et par suite, il en est de même des polyèdres symétriques, qui sont évidemment formés de tétraèdres symétriques, qu'on obtiendrait en prenant les symétriques de quatre points successifs de l'un des polyèdres ; tels sont P et P' (fig. 129), formés des tétraèdres symétriques A B C D, A' B' C' D', A C D E, A' C' D' E', etc.

Les applications des polyèdres symétriques sont les mêmes que celles que nous avons indiquées à propos des figures planes symétriques.

CHAPITRE III

CORPS TERMINÉS PAR DES SURFACES COURBES

Définitions. — Les surfaces non polyédriques sont des surfaces *courbes*. Il y a une très-grande variété de surfaces courbes : les plus employées dans les arts sont les *surfaces de révolution* et les *surfaces réglées*.

Surfaces de révolution.

I. Une ligne quelconque, tournant autour d'un axe fixe, de manière que tous ses points restent à la même distance de cet axe, décrit une surface de révolution.

Soit A M B C (fig. 130) une courbe, xy l'axe fixe : chaque point, tel que M ou C, décrit un cercle perpendiculaire à l'axe; M un cercle dont le centre est O, C un cercle dont le centre est I. Il en résulte que si la courbe décrivante est plane, son plan se transporte dans toutes les positions autour de xy, ou, en d'autres termes, si on coupe la surface par un plan passant par l'axe, on retrouve toujours la même courbe génératrice A M B G, A M₁ B₁ C₁, etc. On désigne aussi cette courbe sous le nom de courbe *méridienne*, ou méridien de la surface; quant aux cercles décrits par les différents points et qui sont perpendiculaires à l'axe, on les nomme *cercles parallèles* de la surface, ou simplement *parallèles*.

Le volume est limité par un parallèle de la surface, quand la courbe génératrice ne touche pas l'axe.

Exemples. — Une demi-circonférence A C B (fig. 131), tournant autour de son diamètre A B, décrit une surface de révolution, qui est la sphère. Tous les points de la sphère sont à égale distance d'un point intérieur, *centre de la sphère*, qui n'était autre que le centre du cercle décrivant.

Une ellipse, tournant autour de l'un de ses axes, forme l'ellipsoïde de révolution A D B C (fig. 132).

La *paraboloïde* est engendrée par une parabole (fig. 133) tournant autour de son axe ; pour former un volume, on la limite au parallèle A O C, décrit par un de ses points.

La plupart des formes qu'on emploie dans les objets d'un usage journalier, les vases, les cloches, sont des surfaces de révolution. Il résulte donc du mode de génération de ces surfaces, qu'elles peuvent être obtenues par le procédé du tour. La matière maintenue et tournant avec l'axe du tour, un instrument tranchant, convenablement guidé, trace les parallèles successifs, ou bien, quand la substance est molle et malléable, comme dans le cas des porcelainiers, on la fait tourner autour de l'axe xy (fig. 134), de manière qu'elle vienne frotter sur un profil fixe $mnpqrs$, qui n'est autre chose que la courbe méridienne.

Cette courbe génératrice peut être une ligne droite. Si on suppose un rectangle A B C D (fig. 135) tournant autour de l'un de ses côtés B C, l'autre côté décrit un *cylindre de révolution*. Les deux parallèles extrêmes A B et C D sont les bases du cylindre ; A D en est la *génératrice*.

Si un triangle rectangle A C B (fig. 136) tourne autour d'un des côtés de l'angle droit A C, l'hypoténuse décrit une surface de révolution qui est le *cône* ; le cercle décrit par le second côté B C est la base du cône.

Ces deux surfaces de révolution appartiennent en même temps à une autre famille de surfaces, qu'on appelle *surfaces réglées*.

Surfaces réglées.

II. Les *surfaces réglées* sont celles sur lesquelles une ligne droite peut être appliquée dans un certain sens ; elles peuvent être engendrées par une droite se mouvant d'après certaines conditions.

Les *surfaces cylindriques* sont produites par une droite qui se meut le long d'une courbe donnée, en restant toujours parallèle à elle-même; ABCDE (fig. 137) est la courbe directrice; AM est la génératrice.

Dans le cas d'un cylindre de révolution, la génératrice reste perpendiculaire au plan de la courbe directrice, qui est une circonférence dont le plan est perpendiculaire à l'axe et dont le centre est sur cet axe.

Les *surfaces côniques* sont produites par une droite qui passe constamment par un point donné et qui s'appuie sur une courbe donnée ABC (fig. 138); la génératrice, prolongée de l'autre côté du point fixe, forme une seconde *nappe* de la surface. Ce point fixe s'appelle le *sommet*.

Dans le cas du cône de révolution, la directrice est une circonférence, et le sommet se trouve sur un axe perpendiculaire au plan de la circonférence.

Ces surfaces réglées sont aussi dites *développables*, en vertu de la propriété qu'elles ont de pouvoir être étalées sur un plan, ou réciproquement de pouvoir être formées par une surface primitivement plane et repliée convenablement.

Les autres surfaces réglées non développables sont généralement appelées *surfaces gauches*.

Citons quelques exemples. Supposons deux lignes, MN, M'N' (fig. 139), non parallèles, et non situées dans le même plan, et menons des lignes UV s'appuyant sur ces deux droites et parallèles à un plan donné; l'ensemble de ces lignes UV constitue une surface gauche. Une droite BAC (fig. 139 *bis*), liée à un axe fixe xy au moyen d'une perpendiculaire commune AO et tournant autour de cet axe, décrit une surface gauche; de plus, ici, la surface est de révolution, car tous les points A, B, C décrivent des courbes perpendiculaires à l'axe.

Les *surfaces hélicoïdes*, dont nous parlerons en donnant les propriétés de l'hélice, sont des surfaces gauches.

III. Les autres surfaces, qui ne peuvent être produites par le mouvement d'une droite, sont obtenues par une infinité de générations différentes.

Nous citerons comme exemples les *surfaces annulaires*, produites par un cercle qui se mouvrait de manière que son centre restât toujours sur une courbe donnée, soit en restant constamment de même grandeur, comme dans A (fig. 140), soit en variant de grandeur, comme dans B (fig. 141).

Les *ellipsoïdes* produites par une ellipse dont le plan reste perpendiculaire à un axe A B, C D (fig. 142), et dont le diamètre est toujours une corde d'une autre ellipse, M C N D.

Parmi toutes ces surfaces, les seules qu'on étudie dans la géométrie élémentaire, parce qu'elles sont presque exclusivement appliquées dans les arts, sont les surfaces de révolution, les cylindres, les cônes, la sphère, et dans les surfaces réglées non développables, l'hélicoïde.

PROPRIÉTÉS DES CYLINDRES

Développement du Cylindre droit et sections du Cylindre.

Si on coupe un cylindre par un plan perpendiculaire à l'axe, la section produite sur la surface du cylindre est une circonférence, puisque c'est la circonférence même décrite par l'un des points M (fig. 143) de l'une des arêtes, dans sa révolution autour de l'axe.

Mais si l'on coupe le cylindre par un plan oblique par rapport à l'axe, la section n'est plus une circonférence; elle est une ellipse dont le grand axe devient de plus en plus grand, à mesure que le plan est plus incliné; telle serait, par exemple, la section P Q.

Il est évident que si l'on suppose déroulée la circonférence B B' de la base, en B b, et que l'on construise le rectangle A B b a, si on enroulait ce rectangle autour de la surface, il la couvrirait exactement dans toute son étendue; c'est là ce qu'on appelle le développement de la surface. Le cylindre est donc une surface développable.

On peut aussi obtenir le développement d'une section du cylindre, par exemple de P Q : pour cela, supposons qu'on ait développé la surface, en partant de l'arête A B, suivant le rectangle A B ba; divisons la circonférence B B', à partir de B, en un certain nombre de parties égales, désignées par 1, 2, 3, 4, 5, 6, etc. Divisons de même la circonférence déroulée B b en un égal nombre de parties, à partir de B, 1, 2, 3, etc. ; les numéros correspondants sont les points qui coïncideraient, si on enroulait la surface sur le cylindre. Menons sur le cylindre les perpendiculaires aux différents points, et prenons leur longueur jusqu'à un point de la courbe; portons des longueurs égales sur la surface développée, à chaque perpendiculaire, et on formera la courbe Q pq, qui sera la courbe développée de la section P Q, c'est-à-dire que ces deux courbes se confondront quand la surface sera enroulée sur le cylindre.

La section droite M N se déroulerait suivant une droite N n, parallèle à la base.

Ce développement de la section est très-utile quand on fabrique des cylindres au moyen de feuilles de bois, de papier, de métal, qu'on enroule ensuite pour former la surface courbe. Si on voulait, par exemple, ajuster deux portions de cylindre, comme A B C D (fig. 144), on taillerait à part les deux feuilles, terminées par une courbe développée dont on aurait préparé le patron ou qui serait donnée par une épure trouvée par la géométrie descriptive, et en fermant ensuite les deux cylindres, on aurait deux sections qui s'appliqueraient l'une sur l'autre, ce qui permettrait de les ajuster exactement.

On construit aussi les cylindres, surtout quand il s'agit de cylindres pleins, en les assimilant à des prismes polygonaux réguliers (fig. 145). On circonscrit à la circonférence de l'une des bases un polygone régulier, et on forme les faces planes correspondantes à ce polygone; on double ensuite le nombre des côtés du polygone circonscrit et on abat les premières arêtes pour former les nouvelles faces; on continue ainsi jusqu'à ce que les arêtes soient tellement rapprochées, que leur ensemble forme une surface courbe continue. Le cylindre est la surface limite qu'on obtiendrait avec un prisme régulier dont on doublerait indéfiniment le nombre des côtés.

Lorsqu'on veut avoir une très-grande exactitude dans la construction des cylindres creux, on emploie le *forage*, opération qui consiste à creuser le métal plein avec une tarière, dont les tranchants agissent suivant les spires d'hélices qui seraient tracées sur le cylindre intérieur.

Lorsqu'il s'agit de barres cylindriques ou de fils métalliques, on les obtient en les faisant passer à la *filière*. Au moyen d'une forte traction on fait passer une barre dans une ouverture circulaire a (fig. 146), pratiquée dans une plaque d'acier, et qui est suivie d'autres ouvertures, b, c, etc., dont les diamètres vont en diminuant insensiblement ; la barre métallique, ou le fil, passe successivement par chaque ouverture.

Quand il s'agit de tuyaux, on se sert d'une matrice cylindrique, autour de laquelle on adapte une certaine épaisseur irrégulière de la matière dont on veut faire le tuyau ; on fait passer le tout à la filière ; la matière qui entoure la matrice s'amincit et s'allonge, le diamètre intérieur restant toujours le même et égal à celui de la matrice.

Les machines avec lesquelles on fabrique les tuyaux en terre pour le drainage, sont fondées sur ce principe.

Applications.

La propriété des cylindres d'avoir des sections droites circulaires et des génératrices rectilignes, les désigne nécessairement comme devant servir pour les corps de pompes, qui doivent aisément être parcourus par un piston mû par une tige droite.

Un cylindre pesant étant placé sur un terrain irrégulier, aplanit la surface de manière que chaque génératrice A B (fig. 147) vienne se placer sur le terrain ; il en résulte une suite de lignes droites parallèles, et par suite, une surface plane, si le terrain a partout la même résistance et le cylindre le même poids.

Une application importante, est celle qu'on nomme les laminoirs : ils ont pour but d'amincir une feuille de métal ou d'autre matière, qui doit rester une surface plane. Pour cela, on fixe deux cylindres de manière que leurs axes soient parfaitement parallèles et à une distance bien déterminée (fig. 148) ; il en est de même de deux arêtes ab, cd ; les cylindres tournent en sens inverse, de sorte qu'une feuille engagée entre leurs génératrices est obligée d'avancer, et comme toutes les parties passent sous des droites parallèles, la surface qui en résulte est plane; on rapproche ensuite les cylindres, pour diminuer l'épaisseur à un second passage de la feuille, et ainsi de suite.

On fait maintenant un grand usage de la combinaison des cylindres dans l'imprimerie, et surtout dans l'impression des feuilles des journaux, qui doit se faire rapidement.

Du papier sans fin est étalé et envoyé par le mouvement d'une première paire de cylindres, A, B (fig. 149); il vient s'engager dans une seconde paire, cc', dont l'un, c, est celui qui porte les caractères d'imprimerie qui doivent faire l'impression d'un des côtés des feuilles. Ce même cylindre s'appuie sur un autre cylindre, E, constamment imbibé d'encre d'imprimerie; enfin, le papier imprimé s'engage sur un cylindre D, chauffé par un courant intérieur de vapeur, et qui sert à sécher.

Des dispositions analogues de cylindres sont quelquefois employées dans les métiers à fabriquer le papier, à carder le coton, etc.

PROPRIÉTÉS DES CÔNES

Sections et développement.

Nous nous occuperons seulement des cônes circulaires droits ou cônes de révolution, engendrés par une ligne qui tourne autour d'un axe, en faisant toujours le même angle, comme le ferait l'hypoténuse d'un triangle rectangle tournant autour d'un des côtés de l'angle droit.

La génératrice SA (fig. 150), si elle est prolongée au delà du sommet, décrira la seconde nappe du cône, qu'on pourra toujours supposer aussi limitée par une base parallèle à la première, $A'O'B'$, AOB.

Toute section perpendiculaire à l'axe est un cercle, car elle est formée par la rotation d'un point M de la génératrice autour de l'axe, et ce point décrit sur la surface un cercle M I, perpendiculaire à cet axe.

Si le plan coupant s'incline sur l'axe, en tournant, par exemple, autour d'un diamètre du cercle CD (fig. 151), l'autre diamètre s'allonge comme A B, pendant que CD reste constant ; la courbe devient une *ellipse*.

Si le plan s'incline encore jusqu'à devenir parallèle à une génératrice S A, le diamètre B A devient $B_1 A_1$, le sommet A_1 s'éloignant jusqu'à l'infini, la courbe devient une *parabole* (fig. 152).

Enfin, si le plan dépasse cette inclinaison, il rencontre les deux nappes et y détermine deux branches de courbe, qui forment une *hyperbole* (fig. 153).

C'est pour cela que le cercle, l'ellipse, la parabole et l'hyperbole sont généralement appelés des *sections côniques*.

La surface du cône est une surface développable.

Concevons, en effet, qu'on ait partagé la circonférence de la base en parties assez petites, 1, 2, 3, 4, etc. (fig. 154), pour que les portions d'arcs se confondent sensiblement avec des lignes droites. En joignant ces points de division au sommet, on formerait des triangles S 0 1, S 0 2, S 0 3, etc., qui se confondraient aussi avec la surface convexe du cône. Or, ces triangles peuvent être placés sur un plan en $S'0'1'$, $S'1'2'$, etc., à partir du même sommet et en leur donnant toujours un côté commun. Plus le nombre des côtés rectilignes sera multiplié, plus les triangles partiels s'approcheront de la surface du cône. A la limite, cette suite de côtés développés se confondra avec une partie de circonférence décrite sur le plan, du point S' comme centre, avec la génératrice SO comme rayon. Reste à savoir quelle portion de cette circonférence il faudra prendre pour représenter le développement de la base du cône.

Il est évident que cette portion $m'0'n'$ de circonférence de rayon SO, rectifiée, doit donner la même longueur que $m0n$, rectifiée. Si donc R est le rayon de la base du cône, et L la génératrice, la circonférence $2\pi R$ doit être égale à l'arc $m'0'n'$, c'est-à-dire à une certaine fraction de 2πL. Or, les 360° de 2πR devant égaler la longueur d'un certain nombre de degrés de 2πL, représenté par x, il s'ensuit que $x°$ de 2πL ou $\dfrac{x}{360}$ de 2πL devront égaler 2πR ; donc enfin $\dfrac{x}{360}$ $\times 2\pi$L $= 2\pi$R, d'où $x = 360.\ \dfrac{2\pi\text{R}}{2\pi\text{L}}$ ou $x = 360 \times \dfrac{\text{R}}{\text{L}}$.

Ce qui revient à prendre une fraction de 360°, indiquée par le rapport de R à L. Ainsi, si R est le $\frac{1}{4}$ de L, $x = \frac{1}{4}\,360° = 90°$, et on voit que, dans tous les cas, le nombre n de degrés de l'angle qui servira à faire le développement, sera donné par la formule $n = \dfrac{\text{R}}{\text{L}} \times 360$.

Une section droite pq (fig. 155) se développe suivant un arc de cercle concentrique $p'q'$. Puisque tous les points de la section pq sont à égale distance de S , il suffit de connaître la distance Sp pour tracer cette développée.

Si la section est oblique, on partage la base du cône en un certain nombre de parties égales ; on fait de même sur le développement de la base ; on trace sur le cône et sur le développement les différentes génératrices, et on y porte les mêmes longueurs. Les points A, B, C, D donnent les points successifs de la courbe A′, B′, C′, D′, A″.

La figure plane, développement d'un cône, peut servir à le construire, quand la substance dont doit être formée la surface est susceptible d'être repliée sur elle-même.

Dans le cas où le cône doit être plein et d'une matière solide, on le regarde comme une pyramide régulière, dans laquelle on double indéfiniment le nombre des côtés de la base. Pour le construire, on circonscrit à la circonférence de la base un polygone régulier, on marque le sommet comme il a été indiqué dans les pyramides, et on taille chaque face ; puis on circonscrit à la même circonférence un polygone régulier d'un nombre de côtés double, on construit les nouvelles faces, en abattant les arêtes précédentes, et on continue ainsi jusqu'à ce que la surface soit continue.

Applications.

ENGRENAGES. — On trouve dans la mécanique une application importante des cônes lorsqu'on veut transmettre le mouvement d'un axe à l'autre. Si on suppose deux cônes, S A B, S B C (fig. 156), ayant une génératrice commune S B, le mouvement de rotation de l'un des cônes, A B par exemple, entraîne le mouvement du second, B C, dans le sens inverse. Il suffit d'une partie de chacun des deux cônes M A B N, N B C P, pour que l'effet soit produit; l'adhérence est ensuite établie par des *dents d'engrenage*.

Dans ce cas, les axes S T, S U, qui se transmettent le mouvement, se rencontrent, ou du moins ont des directions qui se rencontrent; dans le cas où ils sont parallèles, il suffit d'engrenages cylindriques M, N (fig. 157). Si les axes ne sont pas dans le même plan, il faut se servir, dans les engrenages cylindriques ou côniques, de dents obliques, comme dans P Q (fig. 158).

On a imaginé, dans ce dernier cas, un engrenage à surfaces gauches de révolution (fig. 159). A B, C D étant les deux axes non situés dans le même plan, on en fait les axes de deux surfaces gauches qui ont une génératrice rectiligne commune *m n;* la partie de surface que l'on conserve E F, G H, porte des dents dans les directions mêmes des génératrices rectilignes de la surface.

THÉORIE DES OMBRES. — Les ombres portées des objets opaques, sur une surface, s'obtiennent par une application des surfaces côniques. Si on suppose que la lumière parte d'un seul point lumineux A (fig. 160), qui envoie des rayons dans tous les sens, la surface xy sera éclairée par ces rayons, excepté par ceux qu'intercepte l'objet opaque M N. Si on limite tous les rayons interceptés, en menant par le point A une ligne qui suive le contour de l'objet, cette ligne tracera un cône dont l'intersection avec la surface xy limitera la partie de cette surface qui ne reçoit pas les rayons lumineux, c'est-à-dire l'ombre portée.

C'est le passage de la lune dans le cône d'ombre S A B (fig. 161), que laisse dans l'espace la terre éclairée par le soleil, qui produit les éclipses de lune. Lorsque celle-ci, par exemple, se trouve en L, la terre étant en T et le soleil en S, c'est l'ombre portée de la lune, éclairée par le soleil et placée entre le soleil et la terre, qui peut produire en certains points de la terre, comme en *a*, par exemple, des éclipses de soleil. La lune étant en L (fig. 162) et le soleil en S, un observateur, placé dans le petit cercle *a* de la surface de la terre, ne peut apercevoir le soleil.

Si le point éclairant était un point mathématique, il n'y aurait qu'un cône à construire pour avoir l'ombre; mais si la lumière a une certaine étendue, outre l'ombre portée, il y a encore la *pénombre*, qui est un espace moins éclairé que celui où arrivent librement tous les rayons lumineux, et où il ne pénètre qu'une partie de ces rayons. Si on suppose un cône formé par une droite s'appuyant à la fois sur le contour de l'objet lumineux LL' (fig. 163) et de l'objet opaque OO', on pourra construire deux cônes, celui qui a son sommet en S, celui qui a son sommet en S'; leur intersection par la surface xy donnera deux traces AA' et BB'; la première sera plus obscure que la seconde, car aucun rayon lumineux ne peut y pénétrer, tandis que dans la seconde des rayons tels que coC y pénètrent et l'éclairent en partie. Cette dernière trace limite la pénombre.

Le jeu de la lumière dans l'instrument appelé la *chambre noire*, est fondé sur l'emploi des cônes. Un objet éclairé AB (fig. 164) envoie dans tous les sens des rayons lumineux; un miroir MN réfléchit ces rayons; or, ceux des rayons réfléchis qui viennent passer dans une très-petite ouverture *o*, ou le centre d'une lentille en verre placée en ce point, forment un cône de rayons lumineux qui pénètre dans une chambre obscure et apporte sur une surface L une image ab, éclairée comme l'objet AB.

PERSPECTIVE. — C'est sur les mêmes principes qu'est fondé l'art de la *perspective*, qui a pour but de donner au dessin des objets dont la forme géométrique est connue, l'apparence sous laquelle ils se présentent réellement à notre vue. Ainsi, soit un objet ABCDE (fig. 165) placé sur un plan horizontal; un œil placé en O et regardant l'objet,

MN un plan perpendiculaire, qui est le plan de perspective ou tableau. Si on mène de l'œil, O, un cône de rayons visuels à tous les points de la figure, et qu'on trace *abcde*, formée par l'intersection de ce cône par le plan MN, il est évident que les points de *abcde* étant colorés de même que ABCDE, si on enlève ceux-ci pour ne laisser subsister que *abcde*, il n'y aura rien de changé dans l'impression produite sur l'œil O ; c'est toujours le même cône qui pénétrera dans l'œil et lui portera l'impression de l'objet.

Cette figure plane *abcde* est la perspective de ABCDE, et la géométrie descriptive donne des moyens de pouvoir construire cette figure, lorsque la forme de la première est connue, ainsi que la position de l'œil et du tableau.

Nous indiquerons seulement deux règles principales, qui sont d'une application continuelle dans l'art de la perspective.

1° *Si des droites sont parallèles au plan du tableau, leurs perspectives sur ce tableau seront encore des droites parallèles.*

Soient, en effet, AB et CD (fig. 166) deux droites parallèles au plan de perspective MN ; soit S le point de vue. Si on mène des rayons visuels SA et SB, ils donnent, par leur intersection avec le plan, *ab* parallèle à AB, car ces deux lignes étant dans le même plan, si elles n'étaient pas parallèles elles se rencontreraient, et par conséquent, AB rencontrerait le plan, ce qui ne peut pas être. Il en est de même de *cd* et CD ; donc enfin *ab* et *cd* sont parallèles entre elles.

2° *Les lignes perspectives d'un système de parallèles qui rencontrent le plan de perspective concourent au même point.*

Soient S le point de vue (fig. 167), AB, CD, EF des droites parallèles entre elles, mais non parallèles au plan de perspective MN. Menons SO parallèle à ces droites, et qui, par conséquent, rencontrera le plan MN. Soit O le point de rencontre : en menant les rayons visuels de S aux différents points de la droite AB, tous ces rayons seront dans le plan contenant S et AB, et par suite, contenant SO parallèle à AB ; l'intersection de ce plan avec MN, qui donne la perspective *ab*, ira donc passer par le point O. Il en sera de même pour les lignes CD, EF ; leurs perspectives *cd*, *ef*, allant toutes passer par le point O, il en résulte qu'elles concourent au même point.

Ce point remarquable s'appelle *point de concours* ou *point de fuite*, et il est très-utile à déterminer à l'avance pour chaque groupe de lignes parallèles. Nous remarquerons que pour les lignes horizontales, il se trouve toujours sur l'horizontale du plan de perspective situé à la hauteur du point de vue, puisque cette ligne est l'intersection du plan mené par le point de vue parallèlement aux horizontales.

On comprend que ce point étant connu, il suffit de connaître la perspective d'un seul point de chaque ligne du groupe, pour tracer cette ligne. Ce point est donné par des procédés qui nécessitent l'emploi de la méthode des projections, en géométrie descriptive.

Nous indiquons, néanmoins, trois applications : l'une est un cube dont le point de vue est en O (fig. 168); la deuxième est une galerie rectangulaire (fig. 169), et la troisième une galerie cintrée (fig. 170), vues en perspective d'un point de vue qui est aussi indiqué dans la figure.

PROPRIÉTÉS DE LA SPHÈRE

Définitions. — La sphère est une surface dont tous les points sont à égale distance d'un point intérieur, qui est le centre. Le volume enveloppé par cette surface s'appelle aussi une *sphère*, vulgairement une *boule*.

Nous avons dit qu'on pouvait la supposer engendrée par un demi-cercle qui tournerait autour de son diamètre; c'est donc une surface de révolution, et chaque point de la circonférence décrit lui-même une circonférence autour de l'axe; c'est ce qui fait que la sphère peut être exécutée au moyen du tour.

On peut encore regarder la sphère comme la limite des surfaces que décrit un demi-polygone régulier tournant autour d'un diamètre, si le nombre des côtés croît indéfiniment. Ainsi, soit le polygone A B C D E F G H (fig. 171), tournant autour de l'axe A H; les côtés A B et G H décrivent des cônes, et tous les autres des troncs de cône.

Si on suppose que le nombre des côtés devienne double, le nouveau polygone tend à se confondre avec la circonférence et la surface décrite avec la sphère.

Si on veut fabriquer une enveloppe sphérique en carton, en bois mince, en tôle, on emploie le procédé suivant : on prépare des bandes, qui ne sont autre chose que les surfaces développées des cônes et des troncs de cône qui composent la surface décrite par le polygone, et on les adapte ensuite dans l'ordre indiqué par le dessin.

Quelquefois encore la surface de la sphère est partagée en *fuseaux*, au moyen de circonférences C A D, C E D, C F D, etc. (fig. 172), passant par les extrémités de l'axe C D. Pour exécuter alors la surface au moyen d'une surface plane, on développe la circonférence A B, que l'on partage en un certain nombre de parties égales en A'B'; puis au milieu de chaque division on élève des perpendiculaires égales à la demi-circonférence C I D déroulée, qui est encore la même que A'B'; puis on fait passer des arcs de cercle par les trois points C'A'D', C'E'D', etc. On forme des fuseaux plans qui, ramenés au contact, donnent sensiblement la sphère, mais non rigoureusement, car les arcs C' A'D' ne s'appliquent pas exactement sur les demi-cercles de la sphère. Il n'y a pas moyen de développer la surface de la sphère exactement, quel que soit le procédé employé; ce n'est pas, comme les précédentes, une surface développable.

Ce dernier procédé est employé surtout dans la fabrication des ballons ou autres enveloppes sphériques faites avec une étoffe flexible.

PREMIÈRE PROPOSITION. — *Tout section plane de la sphère est une circonférence.*

Soit, en effet, un plan M N (fig. 173) qui coupe une sphère suivant une courbe D I A B; abaissons du centre O de la sphère une perpendiculaire O I sur le plan M N. En joignant ce point I à différents points de la courbe, et ceux-ci au centre O, on formera des triangles rectangles C I O, A I O, etc., qui seront tous égaux, ayant l'hypoténuse égale comme rayon de la sphère, et un côté commun O I; donc les lignes I B, I C, I A sont égales; la courbe D C A B

est plane, et elle a tous ses points à égale distance d'un point I ;
c'est donc une circonférence.

Ces circonférences sont d'autant plus petites, que le plan est plus
éloigné du centre. Si le plan passe par le centre, le rayon de la circonférence n'est autre chose que le rayon de la sphère, et on a la
plus grande section qu'on puisse obtenir. Aussi, les cercles tracés
sur la sphère et qui ont pour rayon le rayon de la sphère, sont appelés des *grands cercles* et les autres des *petits cercles*.

DEUXIÈME PROPOSITION. — *On peut tracer un cercle sur la sphère
avec le compas.*

Soit A B C un cercle (fig. 174) ; du centre de la sphère abaissons une
perpendiculaire O I sur son plan, et prolongeons-la jusqu'à la sphère. On
sait que I est le centre du cercle ; donc les distances I B, I A, I C sont
égales, par suite les triangles P A I, P B I, etc., sont égaux, et le
point P est à égale distance de tous les points du cercle : ce point se
nomme le *pôle* du cercle. Si donc du point P comme centre, avec la
corde P A comme rayon, on décrit une courbe avec le compas, on
tracera le cercle A B C. Pour tracer un grand cercle, il faudrait
prendre pour rayon la corde P M, hypoténuse d'un triangle rectangle
dont les deux côtés seraient des rayons ; c'est ce qu'on appelle la *corde
d'un quadrant.*

TROISIÈME PROPOSITION. — *Étant donnée une sphère solide, on
peut, par une construction plane, connaître son rayon.*

On place l'une des pointes d'un compas en un point quelconque P
de la sphère (fig. 175), et on décrit avec l'autre extrémité un cercle
sur la sphère ; on marque ensuite trois points à volonté sur cette circonférence, A, B, C, dont on relève les distances avec le compas, A B,
A C, B C. Avec ces trois lignes, on construit un triangle *abc*
(fig. 175 *bis*), et on circonscrit une circonférence à ce triangle ; cette
circonférence n'est autre chose que celle qui est tracée sur la sphère,
et *ao* est son rayon égal à A O. On connaît P A ; avec P A comme hypoténuse et *ao* pour côté, on construit le triangle rectangle P'A'O'
(fig. 175 *ter*), et en élevant au point A' une perpendiculaire à P'A',
jusqu'à la rencontre O' de P'O' prolongée, on forme un triangle rec-

tangle égal à celui de la sphère P A Q, et P′Q′ est le diamètre de la sphère.

Dans la pratique, on place la sphère sur un plan horizontal H K (fig. 176), et on fait descendre un autre plan, maintenu parallèle au premier, le long d'une règle graduée, jusqu'à ce qu'il touche la sphère; la distance de N en K, comptée sur la règle, donne le diamètre.

Le *sphéromètre* est un instrument qui a précisément pour but de mesurer les rayons ou les diamètres des sphères ou portions de sphère. Il se compose d'une vis micrométrique Vp (fig. 177), passant dans un écrou D, et dont la pointe p peut être abaissée jusqu'au plan formé par les trois pieds m, n, r, munis d'une pointe assez fine. Quand on remonte la vis, une règle B C graduée, et la graduation de la tête de la vis font connaître le nombre de tours et de fractions de tours que l'on a fait, et par conséquent la hauteur dont p s'est élevé au-dessus du plan des trois pointes.

Étant donnée une portion de surface sphérique, on appuie les trois pieds sur la surface, après avoir remonté la vis (fig. 178); on la fait ensuite redescendre jusqu'à ce qu'elle touche la sphère : la hauteur de p au-dessus du plan des pieds, indique la hauteur po sur la sphère; le rayon mo est connu; on construit, avec ces deux lignes comme côtés de l'angle droit, le triangle pmo (fig. 178 *bis*), et en élevant en m une perpendiculaire mp' à mp, on achève, comme tout à l'heure le triangle pmp', qui donne pp' diamètre de la sphère.

QUATRIÈME PROPOSITION. — *Un plan perpendiculaire à l'extrémité d'un rayon de la sphère est tangent à cette sphère, c'est-à-dire qu'il n'a qu'un point commun avec sa surface.*

En effet, le plan M N (fig. 179) est perpendiculaire à l'extrémité du rayon A O de la sphère; il la touche au point A, mais ne peut avoir aucun autre point commun, car si B, par exemple, appartenait encore au plan et à la sphère, O B serait un rayon, et par suite, serait égal à O A; mais O A étant perpendiculaire, O B est oblique; donc elle ne peut lui être égale. Réciproquement, si par le point A de contact on élève une perpendiculaire au plan M N, elle passe par le centre; sans cela, en joignant le centre avec le point A, cette ligne A O serait la plus courte menée du point O au plan, et par suite, la véritable perpendiculaire; la première ne le serait donc pas.

Cette perpendiculaire au plan tangent, au point de contact, se nomme la normale de la surface, et on en déduit ce principe, qui a tant d'importantes applications, que *toutes les normales à la surface de la sphère passent par le centre ou sont des rayons.*

Applications.

Il est impossible de pouvoir citer toutes les applications dans les sciences, les arts, les métiers et les usages journaliers, où l'on retrouve l'emploi de la sphère ou d'une portion de la sphère, depuis les boules à jouer jusqu'aux coupoles des palais; depuis les projectiles des armes à feu jusqu'à la forme de la terre, ou même jusqu'à la sphère fictive, avec laquelle nous pouvons nous faire une idée des apparences que présente le spectacle du ciel.

Nous citerons seulement l'emploi de la sphère dans la géographie.

La terre a la forme d'une sphère aplatie vers deux points diamétralement opposés, P, P (fig. 180), qui sont les *pôles*, et renflée vers la région d'un grand cercle perpendiculaire à la ligne P P', et qui est l'*équateur*, E E'. La ligne P P', qu'on nomme l'*axe*, est la ligne imaginaire autour de laquelle la terre tourne d'un mouvement régulier en vingt-quatre heures, pendant qu'elle se transporte sur une ellipse dont le soleil est le foyer, et qu'elle parcourt cette ellipse en un an (fig. 181).

La différence entre le rayon E O et P O (fig. 182) est la trois-centième partie, $\frac{1}{300}$ de E O, de sorte que sur une sphère de 1 mètre de rayon, la différence ne serait que de $\frac{1}{3}$ de centimètre, c'est-à-dire insensible. C'est pourquoi, dans la géographie, on suppose réellement la terre sphérique, et toutes les courbes planes tracées sur sa surface, des circonférences.

Quant aux montagnes, aux vallées et à toutes les inégalités de niveau qui existent à la surface de la terre, elles sont des fractions si minimes du rayon de la sphère, qu'il faudrait représenter la terre par une sphère d'un très-grand rayon, pour que les plus hautes montagnes puissent y apparaître comme de simples rugosités.

Pour fixer la position d'un point sur la terre, on se sert d'un système de *coordonnées*, qu'on appelle les *longitudes* et les *latitudes*.

Par les deux pôles P, P′ (fig. 183), extrémités de l'axe, on fait passer des grands cercles; on les nomme *méridiens*. Le nombre de degrés de l'équateur qui sépare un méridien passant par un lieu, d'un méridien fixe que dans chaque nation on prend pour origine (en France, c'est le méridien qui passe par Paris), indique la *longitude* de ce lieu. On mène également au-dessus et au-dessous de l'équateur des petits cercles, qu'on nomme des *parallèles*; le nombre de degrés du méridien compris entre l'équateur et le parallèle qui passe par un lieu, s'appelle la *latitude* du lieu. Ainsi, le point M, qui se trouve sur le méridien P M P′, distant de 40° de celui P O P′, qui passe à Paris, et sur le parallèle N M N′, distant de 30° de l'équateur, a une longitude de 40° et une latitude de 30°. Les longitudes se comptent de 0° à 180°, à l'est et à l'ouest du méridien de Paris; les latitudes, de 0° à 90°, au nord et au sud.

Outre la position d'un lieu sur la terre, on a souvent besoin d'en déterminer l'*altitude* ou le niveau, comme par exemple quand on établit des points de repère pour le nivellement. On suppose que la terre est une sphère dont la surface passerait par la surface de la mer, et on prend la hauteur du point soit au-dessus soit au-dessous de cette surface. La physique donne le moyen de déterminer ces hauteurs par des observations faites soit au moyen du *baromètre*, soit au moyen du *pendule*.

CHAPITRE IV

PROPRIÉTÉS DE L'HÉLICE ET DES SURFACES HÉLIÇOÏDES

Hélice ou Spirale.

Nous n'avons étudié, dans tout le *cours de Géométrie élémentaire*, que des courbes planes; mais il existe aussi des courbes qui ne peuvent être placées sur un plan; on les nomme *courbes à double courbure;* parmi celles-ci, l'*hélice* est celle qui mérite le plus d'être étudiée, à cause de ses nombreuses applications.

Supposons une feuille de papier enroulée sur un cylindre A B C D (fig. 184), puis supposons qu'on ouvre cette feuille suivant une génératrice, et qu'on la développe sur un plan B b c C; partageons la hauteur B C en un certain nombre de parties égales B R, R Q, Q T, etc., et par chacun des points de division menons des parallèles à la base R r, Q q, P p...; traçons les diagonales b R, r Q, etc., de ces rectangles, et supposons qu'on enroule de nouveau le grand rectangle sur le cylindre : chacune des diagonales O m, M n, etc., s'enroulera sur le cylindre de manière que m revienne au point M, n au point N, etc., et ces diagonales formeront une courbe continue tracée sur la surface du cylindre, ce qui est l'*hélice.*

Cette courbe jouit de plusieurs propriétés remarquables : on la nomme quelquefois *spirale, courbe de la vis;* chaque portion de courbe de C en N et M en N, etc., se nomme *spire.*

Première Propriété. — *Les portions de génératrice comprises entre les spires consécutives sont égales.*

En effet, concevons une perpendiculaire ui (fig. 185), à la base du rectangle développé, et admettons qu'on enveloppe de nouveau le cylindre : le point i viendra sur la base en I, en une position telle, que l'arc rectifié CI soit égal à ci, et la droite ui prendra la position d'une génératrice UI. Les points H, K, L, où cette génératrice rencontre les spires de l'hélice, ne sont autres que les points h, k, l de la ligne ui, et par suite, les distances sont égales entre elles. Cette distance constante, qui n'est autre chose que la distance cm, mn, etc., s'appelle le *pas de l'hélice.*

Deuxième Propriété. — *Si l'arc CI est une certaine fraction de la circonférence entière, la hauteur correspondante HI, d'un point de l'hélice, est la même fraction du pas CM.*

En effet, en supposant toujours le cylindre déroulé, les deux triangles Cih et Ccm (fig. 186) sont semblables et donnent la proportion $\dfrac{ih}{Cm} = \dfrac{Ci}{Cc}$; donc $\dfrac{IH}{CM} = \dfrac{CI}{circ\,CD}$.

Cette propriété permet de tracer la courbe sur un cylindre sans être obligé de développer la surface : pour cela, on partage la circonférence de la base en un certain nombre de parties égales, par exemple en 12 (fig. 187), et par les points de division 0, 1, 2, 3,.... 12, 0, on mène les génératrices; on partage ensuite le pas OH en un même nombre de parties égales, 0, 1, 2, 3..., et on porte les longueurs correspondantes O1, O2, O3 sur les génératrices 1, 2, 3.....

Troisième Propriété. — *L'inclinaison de la courbe est la même en tous ses points.*

Cette inclinaison n'est autre chose que l'angle que fait la tangente à la courbe, en un certain point, avec la ligne horizontale. Or, la tangente étant la limite des droites HH_1 (fig. 188), qui joignent deux points de la courbe de plus en plus rapprochés, ne sera autre, dans le développement, que la droite hh_1, et par suite, l'angle hoi sera celui que toutes les tangentes à cette courbe font avec l'horizon.

Surfaces héliçoïdales.

Si on prend un point O (fig. 189) sur l'axe et qu'on le joigne avec l'origine C de la courbe, et qu'on mène ensuite une infinité d'autres génératrices s'appuyant sur des points $O_1 C_1$, $O_2 C_2$, $O_3 C_3$, etc., de l'axe et de l'hélice dont les hauteurs croissent dans le même rapport, l'ensemble de ces génératrices forme une surface, qu'on nomme *héliçoïde* ou *spirale*. Dans la surface de l'*escalier en tour ronde*, les points O et C sont, l'un sur l'axe, l'autre à l'origine d'une spire sur le même plan horizontal, et les points $O_1 C_1$, $O_2 C_2$, etc., sont également élevés au-dessus du plan horizontal.

Si on suppose un carré, un rectangle (fig. 190) ou un triangle dont l'un des côtés s'appuie sur une génératrice, et dont le plan reste toujours celui de l'axe et d'une génératrice, et qu'on suppose que cette figure se meuve autour du cylindre, en suivant l'hélice, on forme sur le cylindre une saillie qu'on nomme *pas de vis*, à filet carré ou à filet triangulaire. Si ce pas de vis s'élève en tournant de droite à gauche ou de gauche à droite, la courbe s'appelle hélice *dextrorsum* ou *sinistrorsum*, ou simplement hélice de *droite à gauche* ou de *gauche à droite*.

Applications.

Les propriétés de l'hélice donnent aux vis des applications très-nombreuses et très-remarquables. Les vis sont presque toujours adaptées à une autre pièce, qu'on nomme *écrou*, $m\,n$ (fig. 191), et qui possède en creux exactement la même surface que la vis possède en relief, de sorte que, la vis engagée dans l'écrou, les deux pièces font corps et ne laissent aucun intervalle vide. Si maintenant on fait tourner la vis, l'écrou étant immobile, ou si on fait tourner l'écrou, la vis étant immobile, un point A de l'une des hélices est obligé de parcourir les points de l'autre, et dans un tour, de parcourir une spire entière. Si l'écrou est immobile, toute la vis suit le mouvement de ce point A ; s'il tourne d'un tour complet, il descend de la hauteur d'un pas, de sorte que l'extrémité O a parcouru la même hauteur O O'. D'ailleurs, si on ne fait qu'une fraction de tour, $\frac{1}{20}$ de tour, par exemple, le point A ne s'abaisse que de $\frac{1}{20}$ du pas, comme il a été prouvé, et par suite le point O ne parcourt exactement que $\frac{1}{20}$ de la hauteur O O'.

Ainsi, si l'on veut rapprocher progressivement deux pièces parallèles et en conservant leur parallélisme, par exemple les axes de deux cylindres C et C' (fig. 192), qu'on veut maintenir parallèles, on fait tourner en même temps les deux vis V et V' d'une fraction de tour égale.

Si on donne à une vis un pas très-petit, de 1 millimètre par exemple, et une tête assez grande pour pouvoir la partager en cent parties égales (fig. 193), en faisant tourner cette tête, T, d'une division à partir du point de repère R, la vis avancera dans son écrou M, et par suite, l'extrémité O avancera de O en O' de la longueur de $\frac{1}{100}$ de millimètre, ce qui permet d'apprécier des distances infiniment petites. C'est là le principe de la *vis micrométrique*, si fréquemment employée dans un grand nombre d'instruments de précision.

En construisant la surface héliçoïdale dont nous avons déjà parlé, par une suite de génératrices joignant deux hélices de même pas, A B C D, *a b c d* (fig. 194), tracées sur deux cylindres concentriques, l'un plein, le *noyau*, l'autre vide, l'*enveloppe*, on forme la *vis d'Archimède*, instrument très-précieux, plus facile à manœuvrer et à réparer que les pompes, et à l'aide duquel on peut faire monter l'eau et opérer les épuisements. La mécanique donne la raison de cette ascension de l'eau, provenant de la forme seule de la surface.

Les vis *calantes* ou vis à *caler*, sont aussi une application de ce principe, qu'on peut faire monter ou descendre un point de l'écrou par quantités insensibles ; telles sont les trois vis V V' V" (fig. 195), du pied d'un instrument qu'on veut rendre parfaitement horizontal.

Nous terminons ces propriétés par l'épure d'un escalier montant dans une tour ronde, et représenté par sa projection horizontale et verticale.

On a une tour cylindrique A B, A' B' C' D' (fig. 196) en projection horizontale et verticale ; on veut monter du point O au point E, en faisant $\frac{2}{3}$ de tour : la hauteur B' E' est de 6^{m}, et les marches doivent avoir 0^{m},25 de distance verticale ; il y aura donc 24 marches.

On partage l'arc O A E en 24 parties égales, on prend sur la génératrice E′e, 6^m, qu'on partage également en 24 parties égales, et par ces points, on mène des horizontales ; la rencontre de ces horizontales avec les verticales menées par les points correspondants 1, 2, 3 sur la surface du cylindre, donnera la position de chaque marche sur les deux cylindres intérieur et extérieur, par la projection verticale des courbes, et la forme à donner à chaque marche par la projection horizontale O I, O′ I′.

CHAPITRE V

MESURE DES VOLUMES

Unités de volumes et calcul décimal. — Cubes.

Mesurer le volume d'un corps, c'est le comparer à un volume pris pour unité. Le volume qu'on prend pour unité est le *cube*, qui a pour arête l'unité de longueur, 1 mètre. Ce volume se nomme le *mètre cube ;* dans le commerce, on le nomme quelquefois aussi le *stère* (fig. 197).

Pour avoir quelques notions sur le calcul des volumes, cherchons d'abord comment on pourrait évaluer le volume d'un cube qui n'aurait pas le mètre pour arête. Soit, par exemple, le cube M D (fig. 198), dont l'arête A B C D a 3^m : divisons cette arête en trois parties égales de 1^m, A B, B C, C D, et par chacun des points de division menons des plans parallèles à la base ; ces plans partagent le cube en trois tranches, M, N, P, de 1^m d'épaisseur. Prenons une de ces tranches, M, partageons la longueur M A en trois parties égales de 1^m, et par les points de division menons encore des plans parallèles, nous déterminerons dans chaque tranche trois bandes égales telles que a, ayant 1^m de haut, 1^m de long et 3^m de large ; enfin, prenons la bande a et partageons sa longueur en trois parties égales de 1^m ; faisons encore passer des plans, ils décomposeront ce volume en trois cubes égaux, ayant chacun 1^m sur les trois dimensions. Il y aura donc $3^{m.\,cub.}$ dans une bande, $3 \times 3^{m.\,cub.}$ dans une tranche, $3 \times 3 \times 3^{m.\,cub.}$ dans le cube donné, ou $27^{m.\,cub.}$.

En général, on voit d'après cela, que si a était le nombre de mètres de l'arête, $a \times a \times a$ ou a^3 serait le nombre de mètres cubes du volume; a^3 est la troisième puissance de a, et c'est pour cela qu'on l'appelle le cube de a. Ainsi, 8 est le cube de 2, 1000 est le cube de 10.

On nomme racine cubique d'un nombre celui qui, multiplié trois fois par lui-même, donnerait ce nombre; ainsi 3 est la racine cubique de 27, ce qu'on écrit $3 = \sqrt[3]{27}$; 15 est la racine cubique de 3375, parce que $15 \times 15 \times 15$ donne 3375. Si le volume d'un cube était de $3375^{\text{m. cub.}}$, son arête aurait 15^{m} de longueur.

D'après cela, il est aisé de comprendre que si on a 1 mètre cube et qu'on partage les arêtes en 10 décimètres, une décomposition analogue à celle que nous avons déjà faite, ferait voir que dans le mètre cube $ABCD$ (fig. 199) il y a 1000 décimètres cubes tels que a, c'est-à-dire 1000 cubes dont l'arête est 1 décimètre. De même si l'arête de cube $ABCD$ était 1 décimètre, et qu'on l'eût partagée en 10 parties égales, qui seraient des centimètres, on verrait que $1^{\text{décim. cub.}}$ contient $1000^{\text{cent. cub.}}$; de même $1^{\text{cent. cub.}}$ contient $1000^{\text{millim. cub.}}$.

1 décimètre cube est donc 1 millième de mètre cube; si on prend le mètre cube pour unité, on écrira $0^{\text{m. cub.}},001$ pour 1 décimètre cube. 1 centimètre cube s'écrira $0^{\text{m. cub.}},000001$, et ainsi de suite, par tranches de trois chiffres pour chaque nouvelle unité décimale; ainsi, 28 décimètres cubes s'écriront $0^{\text{m. cub.}},028$; le nombre $25^{\text{m. cub.}},324258$ se lirait 25 mètres cubes 324258 centimètres cubes, ou bien 25 mètres cubes 324 décimètres cubes 258 centimètres cubes.

Le nombre $3^{\text{m. cub.}},25$ représente 3 mètres cubes 25 centièmes de mètre cube. Si on veut évaluer ce nombre en unités cubiques, il faut écrire, à la droite de la fraction décimale, des zéros, ce qui n'en change pas la valeur, et de manière à obtenir des tranches de trois chiffres après la virgule : on écrirait $3^{\text{m. cub.}},250$, et on dirait 3 mètres cubes 250 décimètres cubes. De même $82^{\text{m. cub.}},3$ donne 82 mètres cubes 3 dixièmes de mètre ou 82 mètres cubes 300 décimètres cubes.

Quand on mesure les volumes des liquides et des grains, on emploie ordinairement le décimètre cube, qui prend le nom de *litre*. Une mesure de 10 litres se nomme un *décalitre*; de cent litres, un *hectolitre*; on dit aussi *décilitre*, *centilitre*, pour un dixième ou un centième de litre.

Lorsque l'arête du cube n'est pas un nombre exact de mètres, on peut faire voir que pour évaluer le volume en mètres cubes, il faut, de même, multiplier ce nombre trois fois par lui-même; la même remarque se reproduisant pour les autres volumes, nous expliquerons le fait une fois pour toutes.

Supposons que l'arête d'un cube soit $2^m,35$, on peut dire 235 centimètres. Si donc on prend le centimètre cube pour terme de comparaison, en appliquant, au moyen de cette unité, la même décomposition que nous avons faite au moyen du mètre, nous verrons qu'il y a dans le cube donné 235 tranches, contenant chacune 235 bandes, composées de 235 cubes de 1 centimètre d'arête, ou bien $235 \times 235 \times 235$ centimètres cubes, soit 12 977 875 centimètres cubes; mais comme il faut 1000 centimètres cubes pour faire un décimètre cube, et 1 000 000 pour faire 1 mètre cube, si on veut évaluer en mètres cubes, il faudra diviser ce nombre par 1 000 000, c'est-à-dire séparer six chiffres décimaux sur la gauche, ce qui donnera $12^{m.\ cub.},977\,875$. Or, ce résultat est le même que si on avait multiplié $2^m,35$ par $2^m,35$, et le produit par $2^m,35$, par la règle de la multiplication décimale; donc, quel que soit le nombre qui exprime la longueur de l'arête, il faut le multiplier trois fois par lui-même pour avoir le volume du cube.

Volume du parallélipipède rectangle.

Supposons que les dimensions de la base soient (fig. 200) $A\,B = 3^m$, $B\,C = 2^m$, et que la hauteur $B\,D = 6^m$: partageons cette hauteur en six parties de 1^m, et menons par chacun des points de division des plans parallèles; partageons de même $A\,B$ et $B\,C$ l'une en trois et l'autre en deux parties égales de 1^m, et menons des plans parallèles aux faces opposées; on partagera le parallélipipède en six tranches de 1^m de hauteur; chacune d'elles se partagera en trois bandes de 1^m de hauteur, 1^m de largeur et 2^m de longueur; chacune de celles-ci en deux cubes ayant 1^m sur leurs trois dimensions; il y aura donc $6 \times 3 \times 2$ mètres cubes, c'est-à-dire que pour avoir le volume du parallélipipède rectangle, il faut faire le produit de ses trois dimensions. On peut l'exprimer par la formule $V = A\,B \times B\,C \times B\,D$.

Remarquons que si $AB \times BC$ représentait des mètres carrés, ce produit serait la surface du rectangle de la base ABC du parallélipipède. On pourrait donc supposer qu'il a d'abord été effectué, et dire que le volume est égal au produit de sa base par sa hauteur. B étant la surface de la base, et H la hauteur d'un parallélipipède P, on a $P = B \times H$.

Ainsi, un parallélipipède a pour dimension de la base $2^m,35$ et $0^m,45$, et pour hauteur $4^m,2$; le volume sera $2,35 \times 0,45 \times 4,2$ mètres cubes, soit $4^{m. cub.},44150$, ou $4^{m. cub.}$ $441^{décim. cub.}$ et $500^{cent. cub.}$.

Volume du parallélipipède quelconque.

Lorsque les volumes ne sont plus d'une forme telle qu'on puisse y superposer exactement un cube, il faut, pour établir leur mesure, les comparer à d'autres volumes *équivalents*.

Deux volumes sont équivalents lorsque, sans pouvoir se superposer et sans avoir la même forme, ils renferment une même portion de l'espace. Si ces volumes étaient une enveloppe vide de matière et qu'on pût les remplir d'un liquide, le liquide qui remplirait l'une des capacités remplirait également la seconde. On conçoit, d'après cela, qu'une sphère ait un volume équivalent à une pyramide, et que tous les volumes possibles puissent être comparés et par conséquent évalués en mètres cubes.

PREMIÈRE PROPOSITION. — *Deux parallélipipèdes qui ont la base inférieure commune et dont les bases supérieures sont comprises entre les mêmes parallèles, sont équivalents.*

Soient les deux parallélipipèdes $ABCDEFGH$ et $ABCDKLMN$ (fig. 201) : supposons les plans de la base supérieure prolongés, et l'ensemble des deux corps ayant la base inférieure commune, ne formant qu'un volume. Si de ce volume total on retranche le prisme $GFBCMN$, on retrouve le premier parallélipipède $\overline{HB}$; si, au contraire, on retranchait le prisme $NEADLK$, on retrouverait le parallélipipède $\overline{AN}$. Si donc les deux prismes triangulaires qu'on retranche dans ces deux opérations étaient égaux, les restes, c'est-à-dire les deux parallélipipèdes, seraient équivalents. Or, ces deux prismes triangulaires peuvent être superposés, car en faisant glisser la base triangulaire F M B sur son égale E L A, puisqu'elles ont un angle égal E A L et F B M compris entre côtés égaux, les parallèles B C et A D coïncideront, ainsi que M N et L K, G F et E H, et comme elles ont même longueur, les bases opposées des deux prismes G C N et H D K coïncideront également. Donc enfin les parallélipipèdes A B C D H E F G et A B C D L K M N sont équivalents.

DEUXIÈME PROPOSITION. — *Deux parallélipipèdes qui ont même base inférieure et les bases supérieures dans un même plan parallèle à la base inférieure, sont équivalents.*

Soient A B, A C (fig. 202) les deux parallélipipèdes, B et C les deux bases comprises dans le même plan M N : prolongeons leurs côtés respectifs de manière à obtenir une troisième base D, égale aux autres ; les deux parallélipipèdes A B et A D sont équivalents, d'après la proposition qui précède ; il en est de même de A C et A D. Donc A B et A C sont équivalents entre eux.

TROISIÈME PROPOSITION. — *Un parallélipipède quelconque peut se transformer en un parallélipipède rectangle équivalent, ayant base équivalente et même hauteur.*

Soit le parallélipipède A B C D H G F E (fig. 203) : aux points A, B, C et D élevons des perpendiculaires sur le plan de la base, jusqu'à la rencontre de la base supérieure, le nouveau parallélipipède A B C D H' E' F' G' sera équivalent au premier, comme ayant même base inférieure, et la base supérieure dans le même plan, et on a ainsi transformé le parallélipipède oblique en un parallélipipède droit de même base et de même hauteur.

Celui-ci peut, à son tour, se transformer en un parallélipipède rectangle : pour cela, dans la base A B C D menons A A' et B B' perpendiculaires sur D C, de manière à former une base équivalente A B A' B', mais rectangulaire ; de même, dans la base supérieure menons H' H'', E' E'' perpendiculaires sur G' F', et joignons H'' A' et E'' B' ; nous formerons un parallélipipède rectangle A B A' B' E'' H'' H' E', puisque la base est un rectangle et que les arêtes sont perpendiculaires au plan de la base. Ces deux parallélipipèdes sont équivalents, car si on considère la face commune A B H′ E′ comme étant leur base inférieure commune, leurs bases supérieures D C G′ F′ et A′ B′ E″ H″ sont comprises entre les mêmes parallèles. Donc enfin, le parallélipipède oblique A B C D E F G H est transformé en un parallélipipède rectangle équivalent A B A′ B′ E″ H″ H′ E′. La base de celui-ci, A B A′ B′, est équivalente à la base A B C D du premier, et ils ont même hauteur.

QUATRIÈME PROPOSITION. — *Un parallélipipède a pour mesure le produit du nombre qui indique la surface de la base, par celui qui indique la hauteur.*

En effet, si on veut mesurer le parallélipipède oblique A B C D E F G H (fig. 203), il suffit de mesurer le parallélipipède A A′ B′ B E″ E′ H′ H″ qui lui est équivalent ; celui-ci a pour mesure le produit de ses trois dimensions, ou bien le produit de la base par la hauteur, c'est-à-dire la surface du rectangle A A′ B′ B par la hauteur C F′ ; mais mesurer le rectangle A A′ B′ B, c'est mesurer le parallélogramme équivalent A B C D, qui est la base primitive. Il suffira donc de mesurer la base A B C D du parallélipipède et de multiplier le nombre obtenu par la hauteur C F′, ou, ce qui revient au même, par une perpendiculaire quelconque menée entre les deux bases, F I, par exemple, abaissée du point F sur le plan de la base prolongée. $V = B \times H$ est encore la formule.

Exemple (fig. 204) : A B $= 6^{m},2$, D I $= 4^{m},25$, K L $= 12^{m}3$; la base serait $6,2 \times 4,25$ mètres carrés, et le volume $6,2 \times 4,25 \times 12,3$ mètres cubes ou $324^{m.\ cub.},105$.

Volume des Prismes.

PREMIÈRE PROPOSITION. — *Tout parallélipipède peut se décomposer en deux prismes triangulaires équivalents.*

Soit A B C D E F G H (fig. 205) le parallélipipède donné : en le coupant par le plan diagonal B D H F, on obtient deux prismes triangulaires qui ont toutes leurs parties égales, mais ne sont pas superposables. Nous allons faire voir qu'ils ont même volume. Pour cela, on mène par un point L de l'arête un plan perpendiculaire aux arêtes ; de même pour le point Q, à une distance E Q = A L. On forme ainsi un parallélipipède droit, et les deux prismes triangulaires droits L P M Q T R, P M N T R S, dans lesquels il se décompose, sont égaux, comme ayant même base et même hauteur. Il nous reste à montrer que chacun des prismes triangulaires obliques est équivalent au prisme droit correspondant. Les deux premiers prismes ont, en effet, une partie L P M H E F commune ; de plus, le volume L P M A B D, qu'il faut lui ajouter pour former le premier prisme, est égal au volume Q R T E F H, qui manque pour former le second ; car en faisant glisser le triangle L P M sur son égal Q T R, ces triangles coïncideront ; les arêtes A L, B M, D P, perpendiculaires au plan du triangle, coïncideront avec E Q, F R, H T, qui sont aussi perpendiculaires au plan du second triangle ; de plus, les longueurs A L et E Q étant prises égales, il en résulte que A E = L Q, et que B F = M R ; par suite, en supprimant la partie commune M F, il en résulte que B M = F R ; il en est de même pour D P et H T ; donc enfin, le prisme oblique et le prisme droit sont composés d'une partie commune et d'une partie égale ; ils sont équivalents. Donc enfin, les deux prismes obliques sont équivalents entre eux.

Deuxième Proposition. — *Un prisme triangulaire a pour mesure le produit de la base par la hauteur.*

Un prisme triangulaire A B C D E F (fig. 206) étant donné, si on forme, au moyen de parallèles, les deux parallélogrammes A C B G et D F E H égaux et parallèles, et qu'on joigne G H, on aura un parallélipipède dont le prisme triangulaire est la moitié. Le parallélipipède a pour mesure sa base F D H E multipliée par sa hauteur, soit C K : donc le prisme aura pour mesure la moitié de ce produit, c'est-à-dire la moitié de F D H E multiplié par la même hauteur, ce qui veut dire la surface du triangle F D E, moitié du parallélogramme, multipliée par la hauteur, ou enfin sa base multipliée par sa hauteur.

Supposons D E = 0^m,15, F I perpendiculaire abaissée de F sur D E = 0,18, et C K = 0^m,90. Volume = 0,15 × 0,09 × 0,90 = $0^{m.\,cub.}$,01215 ou $12^{déc.\,cub.}$,15.

Troisième Proposition. — *Le volume d'un prisme quelconque est égal au produit de sa base par sa hauteur.*

Par deux sommets correspondants des deux bases A et A' (fig. 207) on mène des diagonales qui partagent les bases en triangles égaux, et par ces diagonales et les arêtes opposées on fait passer des plans qui décomposent le prisme polygonal en autant de prismes triangulaires qu'il y a de triangles.

Chaque prisme triangulaire a pour mesure sa base multipliée par la hauteur, qui est la même pour tous, par exemple C'H.

$$A\,B\,C \times C'H$$
$$A\,C\,D \times C'H$$
$$A\,D\,E \times C'H$$
$$A\,E\,F \times C'H$$

En additionnant tous ces produits, on aura la somme de tous les prismes triangulaires, c'est-à-dire le prisme polygonal, et cette somme est égale à la somme des produits indiqués, ou, ce qui revient au même, à la somme des triangles $A\,B\,C + A\,C\,D + A\,D\,E + A\,E\,F$, c'est-à-dire la base $A\,B\,C\,D\,E\,F$ du prisme, multipliée par la hauteur C'H. Donc enfin le prisme a pour mesure sa base multipliée par sa hauteur.

Conséquence. — Que ces prismes ou parallélipipèdes soient droits ou non, triangulaires ou polygonaux, en nommant V le nombre de mètres cubes qui constitue leur volume, B le nombre de mètres carrés de leur base, et H le nombre de mètres de la hauteur, on aura pour tous ces corps la formule commune

$$V = B \times H.$$

Il en résulte que si on a deux parallélipipèdes ou deux prismes, et que le second ait pour éléments correspondants V', B', H', on aurait aussi :

$$V' = B' \times H'.$$

Si on prend le rapport des deux volumes :

$$\frac{V}{V'} = \frac{B \times H}{B' \times H'}.$$

Si B et B′ étaient égaux, on pourrait supprimer ce facteur, et on aurait :

$$\frac{V}{V'} = \frac{H}{H'}.$$

Si H et H′ étaient égaux, on aurait de même :

$$\frac{V}{V'} = \frac{B}{B'}.$$

On traduit ces relations par les énoncés suivants :

1° *Deux prismes quelconques sont entre eux comme les produits de leur base par leur hauteur;*

2° *Deux prismes de même base sont entre eux comme leur hauteur;*

3° *Deux prismes de même hauteur sont entre eux comme leur base.*

Volume des Pyramides.

PREMIÈRE PROPOSITION. — *Deux pyramides triangulaires de même hauteur et de bases équivalentes, sont équivalentes.*

Lemme. — Nous rappellerons d'abord que les sections parallèles à la base d'une pyramide sont, avec cette base, dans le même rapport que les carrés des hauteurs correspondantes. Ainsi (fig. 208), $\frac{abc}{ABC} = \frac{\overline{HO}^2}{\overline{HK}^2}$; de même $\frac{mnp}{MNP} = \frac{\overline{HO}^2}{\overline{HK}^2}$; donc enfin $\frac{abc}{ABC} = \frac{mnp}{MNP}$, d'où il résulte que si ABC et MNP sont équivalentes, abc et mnp sont équivalentes, c'est-à-dire que les sections faites à la même hauteur sont équivalentes.

D'après cela, si on partage la hauteur en un très-grand nombre de parties égales, et qu'on mène par les points de division des sections parallèles à la base dans les deux pyramides, on les partagera en volumes aussi petits que l'on voudra et qui différeront très-peu de prismes ayant pour base les différentes sections et pour hauteur les divisions correspondantes de la hauteur. Tous ces prismes, dans les deux pyramides, ayant deux à deux des bases équivalentes et même hauteur, sont équivalents, et par suite, leur ensemble, qui constitue les deux pyramides, forme des volumes équivalents.

DEUXIÈME PROPOSITION. — *Tout prisme triangulaire peut se décomposer en trois pyramides triangulaires équivalentes, de même base et de même hauteur que le prisme.*

Soit le prisme AFEB'CD (fig. 209) : par un sommet A et le côté BD opposé, faisons passer un plan; il détache du prisme une première pyramide 1, qui a pour base DBC et même hauteur que le prisme, puisque le sommet A est sur la base supérieure. En la séparant, on a d'un côté (fig. 209 *bis*) $A_1 B_1 C_1 D_1$, et de l'autre une pyramide quadrangulaire $A_2 B_2 D_2 E_2 F_2$.

On peut concevoir celle-ci comme ayant pour sommet le point A_2. Si alors on partage le parallélogramme de la base BDEF en deux triangles égaux, et que par cette ligne EB et le sommet A on fasse passer un plan, on partagera la pyramide quadrangulaire (fig. 209 *ter*) en deux pyramides triangulaires, 2 et 3, équivalentes comme ayant même base et même hauteur, le sommet A étant le même pour les deux.

La pyramide 2 peut être conçue comme ayant pour base $A_3 E_3 F_3$, et pour sommet B_3; dès lors, elle a pour base la base du prisme et la même hauteur, et par conséquent elle est équivalente à la pyramide 1. Donc 1, 2 et 3 sont équivalentes. L'une de ces pyramides, de même base et de même hauteur que le prisme, a donc un volume équivalent au tiers de celui du prisme.

TROISIÈME PROPOSITION. — *Une pyramide triangulaire a pour mesure le tiers du produit de sa base par sa hauteur.*

En effet, la pyramide ABCD étant donnée (fig. 210), si par le sommet A on mène des parallèles AE et AF, égales à CD et CB, qu'on joigne EF, ED et FB, on formera un prisme triangulaire de même base et de même hauteur. D'après ce qui a été établi, la pyramide est le tiers du prisme; celui-ci a pour mesure la base multipliée par la hauteur; donc la pyramide a pour mesure le $\frac{1}{3}$ du produit

de sa base par sa hauteur, ou la base multipliée par $\frac{1}{3}$ de la hauteur,
ou le $\frac{1}{3}$ de la base multipliée par la hauteur.

$$V = \tfrac{1}{3}B \times H.$$

QUATRIÈME PROPOSITION. — *Le volume d'une pyramide quelconque est égal au produit de sa base par le tiers de sa hauteur.*

Soit SABCDE (fig. 211) la pyramide : on décompose la base en
triangles par les diagonales AC, AD; si ensuite on fait passer des
plans par le sommet S et ces diagonales, on décompose la pyramide
en pyramides triangulaires. Chacune de celles-ci a pour mesure sa
base multipliée par $\frac{1}{3}$ de SO, qui est la hauteur commune.

$$ABC \times \tfrac{1}{3}SO$$
$$ACD \times \tfrac{1}{3}SO$$
$$ADE \times \tfrac{1}{3}SO.$$

En les réunissant, la pyramide totale aura pour mesure la somme
de ces triangles, c'est-à-dire le polygone ABCDE multiplié par $\frac{1}{3}$SO,
ce qui est encore exprimé par la formule

$$V = \tfrac{1}{3}B \times H.$$

Premier exemple. — On a une pyramide hexagonale régulière
(fig. 212); le côté de la base est de 2^m, la hauteur SO est de 3^m.

On sait que le côté AB est égal au rayon OA de l'hexagone régulier; donc, en menant la hauteur OI du triangle, ou apothème, dans
le triangle rectangle AOI, d'après le théorème du carré de l'hypoté-
nuse, on a : $\overline{OI}^2 = \overline{AO}^2 - \overline{AI}^2$; $\overline{OI}^2 = 4 - 1 = 3$; $OI = \sqrt{3}$,
$= 1^m,72$.

Donc la base égale le périmètre 12 multiplié par la moitié de l'apothème ou la moitié du périmètre 6 multiplié par 1,72; le volume est
$6 \times 1,72 \times \frac{1}{3}$ de SO, ou $6 \times 1,72 \times 1 = 10^{m.\,cub.},32$.

Deuxième exemple. — Volume d'un tétraèdre régulier dont l'arête
est a; la hauteur tombe au centre de la base O (fig. 213).

D'après la construction du triangle équilatéral qui a été faite au moyen de l'hexagone régulier, il est facile de voir que la figure $adco$ (fig. 214) est un losange, et que par suite, oi est la moitié de od ou de ao; donc, dans le triangle rectangle aoi, on a, toujours à cause du théorème de Pythagore : $\overline{ai}^2 = \overline{ao}^2 - \overline{oi}^2 = \overline{ao}^2 - \frac{1}{4}\overline{ao}^2 = \frac{3}{4}\overline{ao}^2$; donc $4\overline{ai}^2$, ou $\overline{ac}^2 = 3\overline{ao}^2$, et $\overline{ao}^2 = \frac{\overline{ac}^2}{3}$, ou $= \frac{a^2}{3}$, et $ao = \sqrt{\frac{a^2}{3}} = \frac{a}{\sqrt{3}}$; donc $oi = \frac{a}{2\sqrt{3}}$; donc la surface du triangle abc, égale le périmètre $3a$ multiplié par la moitié de $\frac{a}{2\sqrt{3}}$, c'est-à-dire $\frac{a}{4\sqrt{3}}$. $abc = 3a \times \frac{a}{4\sqrt{3}} = \frac{3a^2}{4\sqrt{3}}$. Si on joint SI, en vertu du théorème des trois perpendiculaires, SI est perpendiculaire sur BC; donc encore $\overline{SI}^2 = \overline{SB}^2 - \overline{BI}^2 = \overline{a}^2 - \frac{1}{4}\overline{a}^2$, ou $\overline{SI}^2 = \frac{3a^2}{4}$; donc $\overline{SO}^2 = \overline{SI}^2 - \overline{OI}^2 = \frac{3a^2}{4} - \frac{a^2}{4 \times 3} = \frac{9a^2}{12} - \frac{a^2}{12} = \frac{8a^2}{12} = \frac{2a^2}{3}$, ou $SO = a\sqrt{\frac{2}{3}}$; le volume égale donc la base $\frac{3a^2}{4\sqrt{3}}$ multiplié par $\frac{1}{3}\frac{a\sqrt{2}}{\sqrt{3}}$ ou $\frac{a^3\sqrt{2}}{12}$. Si l'arête a est de 1^m, le volume du tétraèdre régulier sera de $\frac{\sqrt{2}}{12} = \frac{1,414}{12} = 0^{m.\,cub.},1178$.

Troisième exemple. — Volume de l'octaèdre régulier dont l'arête est a. L'octaèdre se compose de deux pyramides à base carrée $SABCD$ (fig. 215), $S'ABCD$, adossées par cette base. Il suffit donc de savoir évaluer l'une de ces pyramides.

$$SABCD = ABCD \times \tfrac{1}{3}SO.$$

Or
$$ABCD = a \times a = a^2$$

$$\overline{AC}^2 = \overline{AB}^2 + \overline{BC}^2 = a^2 + a^2 = 2a^2;$$

d'où
$$AC = a\sqrt{2}; \quad \text{d'où } AO = \frac{a\sqrt{2}}{2}$$

$$\overline{SO}^2 = \overline{SA}^2 - \overline{AO}^2 = a^2 - \frac{2a^2}{4} = \frac{2a^2}{4}.$$

Donc $SO = \dfrac{a\sqrt{2}}{2}$; d'où $SABCD = a^2 \times \frac{1}{3}\dfrac{a\sqrt{2}}{2} = \dfrac{a^3\sqrt{2}}{6}$;

donc enfin, en doublant, $\qquad V = \dfrac{a^3\sqrt{2}}{3}.$

Si $a = 8^m$, $V = \dfrac{512 \times 1,414}{3} = 241^{\text{m. cub.}},323.$

Volume de la Pyramide tronquée, ou tronc de Pyramide.

Si on coupe une pyramide $SABC$ (fig. 216) par un plan parallèle à la base, le corps $abcABC$ que l'on obtient se nomme un tronc de pyramide.

Donc, si on donne un tel volume terminé par deux bases ABC et abc, semblables et parallèles, et qu'on veuille l'évaluer, on peut prolonger les arêtes jusqu'à leur rencontre, mesurer les hauteurs SH et Sh; au moyen des bases ABC et abc, et avoir le volume des deux pyramides $SABC$, $Sabc$; en faisant leur différence, on aura le volume du tronc.

Si on ne peut prolonger les arêtes pour avoir la hauteur, et qu'on donne seulement hH, comprise entre les deux bases, on obtient le volume du tronc par une formule assez compliquée, qui est, en appelant V le volume, B la base inférieure, b la base supérieure, et h la hauteur :

$$V = \frac{h}{3}\left(B + b + \sqrt{Bb}\right),$$

ou, en séparant les produits :

$$V = B \times \frac{h}{3} + b \times \frac{h}{3} + \sqrt{Bb} \times \frac{h}{3},$$

on énonce cette proposition ainsi qu'il suit :

PROPOSITION. — *Le tronc de pyramide à bases parallèles est équivalent à trois pyramides de même hauteur que le tronc, et ayant pour bases, la base inférieure, la base supérieure et une moyenne proportionnelle entre les deux bases.*

Voici comment on démontre cette proposition : d'abord, en faisant passer un plan par a et BC (fig. 217), on détache une première pyramide, 1, $aBAC$, qui a même hauteur que le tronc, et pour base B; du volume qui reste, en faisant passer un plan par a et BC, on détache $abcB$, pyramide 2, qui peut être considérée comme ayant pour base abc, et le sommet en B, c'est-à-dire en un point de la base inférieure, et par suite, comme ayant même hauteur que le tronc. Reste enfin la pyramide $aBCc$, qui a son sommet en a et pour base BCc. Si, en lui laissant la même base BCc, on transportait son sommet a en a', au moyen d'une parallèle aa' à la base, la nouvelle pyramide aurait toujours même base et même hauteur, les deux sommets étant sur une parallèle à la base; donc, au lieu de considérer la pyramide $aBCc$, 3, on peut considérer $a'BCc$ ou 4, et on peut supposer que la base de celle-ci est en $a'BC$ et son sommet en c, auquel cas elle a la même hauteur que le tronc. Reste à prouver que la base $a'BC$ est un nombre moyen proportionnel entre les deux nombres qui expriment B et b.

Si par a' on mène la parallèle $a'c'$ à AC ou à ac, le triangle $Ba'c'$ n'est autre chose que abc, comme ayant un côté égal $Ba' = ba$ et les angles égaux.

Or, les triangles $a'BC$ et ABC ont les bases sur la même droite AB et le sommet C commun; ils ont donc même hauteur, ils sont entre eux comme leur base.

$$\frac{ABC}{a'BC} = \frac{BA}{Ba'};$$

de même $a'BC$ et $Ba'c'$ ont leurs bases sur la même droite BC et leur sommet commun en a'; ils ont même hauteur, ils sont entre eux comme leurs bases.

$$\frac{a'BC}{a'Bc'} = \frac{BC}{Bc'}; \quad \text{mais} \quad \frac{BA}{Ba'} = \frac{BC}{Bc'};$$

donc $\quad \dfrac{ABC}{a'BC} = \dfrac{a'BC}{a'Bc'}$, ou $\dfrac{B}{a'BC} = \dfrac{a'BC}{b}$;

d'où $\quad a'BC = \sqrt{B \times b}$,

ce qu'il fallait prouver.

Volume d'un tronc de Pyramide quelconque.

Le volume d'un tronc de pyramide quelconque s'obtient par la même formule $V = \dfrac{H}{3}\left(B + b + \sqrt{Bb}\right)$, B et b étant les bases de ce tronc de pyramide et H sa hauteur; car en considérant le tronc comme la différence de deux pyramides, SABCDE, et $sabcde$ (fig. 218), si on fait un triangle équivalent au polygone B, et une pyramide TMNP de même hauteur que la première, la base b sera aussi équivalente au triangle mnp, et par suite, la pyramide Tmnp équivalente à S$abcde$; donc la différence des deux pyramides TMNP et Tmnp sera équivalente à la différence des deux premières; donc l'expression de son volume sera le même.

Volume du tronc de Prisme.

Si on coupe un prisme par un plan non parallèle à la base, on a un *tronc de prisme* (fig. 219).

Par b et AC conduisons un plan; il détache une première pyramide, 1, ayant pour base ABC et pour sommet b.

Dans le volume qui reste, menons le plan bAc; on a la pyramide bACc, 2, ou ce qui revient au même, la pyramide BACc, 3, qui n'est autre chose que la précédente, puisqu'elle a la même base ACc, et le sommet B au lieu de b, à la même distance de cette base; celle-ci, 3, a pour base, si on veut, ABC, et son sommet au point C.

Enfin, reste la pyramide acbA; celle-ci se transforme d'abord en C ab A, 5, ayant même base abA que 4, et le sommet C au lieu de c sur une parallèle à cette base.

Puis 5, considérée comme ayant son sommet en b et pour base aCA, en conservant la même base et en transportant b en B à la même distance de cette base, donne la pyramide équivalente 6, laquelle a pour base la base ABC et son sommet en a.

D'où enfin on conclut que *le tronc de prisme est équivalent à trois pyramides ayant même base, et pour hauteur, les hauteurs des trois sommets opposés à cette base.*

On en tire aisément cette proposition :

PROPOSITION. — *Le volume d'un tronc de prisme est égal à la section droite, multipliée par le tiers de la somme des trois arêtes.*

En effet, soit MNP, mnp (fig. 220) un prisme à bases non parallèles ou tronc de prisme : menons la section droite ABC, c'est-à-dire la section formée par un plan perpendiculaire aux arêtes. Le premier tronc de prisme MNPABC se trouve dans le cas de celui qui précède, et son volume sera exprimé par celui de trois pyramides $ABC \times \frac{1}{3}MA$, $ABC \times \frac{1}{3}NB$, $ABC \times \frac{1}{3}PC$, ou $ABC \left(\dfrac{MA+NB+PC}{3} \right)$; de même pour la portion de prisme inférieure on aurait un volume exprimé par $ABC \left(\dfrac{mA+nB+pC}{3} \right)$;

en les additionnant : $ABC \left(\dfrac{mM+nN+pP}{3} \right)$, ce qu'on voulait démontrer.

Application.

Les cantonniers, sur les travaux des routes, donnent aux tas de sable ou de gravier qu'on y a déposés, la forme d'un prisme à bases non parallèles (fig. 221), mais régulier, c'est-à-dire que si on fait une section droite, ABC est un triangle équilatéral; PP' et NN' sont égales, et les deux plans NMP, N'M'P' sont également inclinés.

La hauteur AI est facilement connue, CB également, et par suite, la surface de la section droite A C B ; on mesure ensuite M M' et P P' et on a la formule :

$$V = \frac{CB \times AI}{2} \times \left(\frac{MM' + 2PP'}{3} \right).$$

Si A C B est un triangle équilatéral dont le côté soit a, sa surface est

$$a \times \tfrac{1}{2} AI. \quad \text{Or,} \quad \overline{AI}^2 = \overline{AB}^2 - \overline{IB}^2 = \overline{a}^2 - \frac{a^2}{4} = \frac{3a^2}{4},$$

d'où $AI = \dfrac{a\sqrt{3}}{2}$; donc $ABC = a \times \dfrac{a\sqrt{3}}{4} = \dfrac{a^2\sqrt{3}}{4} = a^2 \times 0{,}444.$

Ce nombre obtenu, on le multiplie par le tiers de la somme des arêtes.

Si on veut avoir une forme très-facile à calculer, on n'a qu'à faire préparer les tas de manière que M M' (fig. 224) soit la moitié de P P', et que cette ligne M M' soit égale à la hauteur A I ; enfin, que les arêtes inclinées M P soient elles-mêmes égales à M M', ainsi que la largeur P N ; cette ligne étant représentée par a, on aura pour la section droite :

$$BC \times \frac{AI}{2}, \quad \text{ou } a \times \frac{a}{2} = \frac{a^2}{2},$$

et pour le volume :

$$\frac{a^2}{2} \left(\frac{a + 2a + 2a}{3} \right) = \frac{a^2 \times 5a}{6} = \frac{5a^3}{6}.$$

La forme du tas étant ainsi préparée , le géomètre mesure M M' $= a$, en fait le cube et en prend les $\frac{5}{6}$; si cette grandeur est de 1^{m}, le tas cube $0^{m.\,cub.}{,}833$ ou $833^{décim.\ cub.}$

Quelle devrait être l'arête a pour que le tas fût de $1^{m.\ cub.}$?

On aurait $\dfrac{5a^3}{6} = 1$, ou $a^3 = \frac{6}{5} = 1{,}2$, ou $a = \sqrt[3]{1{,}2}$; il faudrait donner, à très-peu de chose près, $1^{m}{,}06$ à l'arête.

Quelquefois, ces tas sont en forme de pyramides tronquées et s'évaluent alors par les procédés indiqués. Soit (fig. 222) :

$$AB = 1^m, \quad ab = 0^m,50, \quad hi = 0^m,80; \quad BC = 2^m, \quad bc = 1^m;$$

Les bases étant B et b, on a :

$$B = 2^{mc}, \quad b = 0^{mc},50, \quad \sqrt{Bb} = 1^{mc};$$

$$V = \frac{0,80}{3}(2+1+0,50) = \frac{0,80}{3} \times 3,50 = 0^{m.\,cub.},933.$$

Dans cette seconde forme, si l'arête $bc = a$, $ab = \dfrac{a}{2}$, $BC = 2a$,
$AB = a$, et la hauteur $= a$; on aura :

$$V = \frac{a}{3}\left(2a^2 + \frac{a^2}{2} + a^2\right) = \frac{7\,a^3}{6}.$$

Si on veut que le tas soit de $1^{m.\,cub.}$, il faut poser

$$\frac{7\,a^3}{6} = 1, \quad \text{d'où } a^3 = \frac{6}{7}, \quad = 0^m,857, \quad \text{et } a = \sqrt[3]{0,857} = 0^m,94.$$

Volume d'un Polyèdre quelconque.

Tout polyèdre peut être toujours décomposé en pyramides quelconques et même en tétraèdres. En effet, on peut toujours prendre
un sommet A (fig. 223) et une face opposée B C D E F; en joignant le
point A avec les différents sommets de cette base, on forme une pyramide A B C D E F, et on peut faire de même avec chacune des autres
faces; par exemple, le sommet A et la face D E G K L donnent une
nouvelle pyramide.

On pourrait encore partager chacune de ces faces planes en
triangles, et en faisant passer un plan par le sommet A et ces diverses

diagonales, décomposer la pyramide polygonale en tétraèdres ou pyramides triangulaires; dès lors, on mesure chaque pyramide.

Quelquefois, le volume présentant deux faces planes dont les sommets sont unis par des arêtes parallèles, il vaut mieux décomposer le volume en prismes triangulaires (fig. 224), à bases parallèles ou non, et y appliquer les règles précédemment établies.

Calcul de terrassements.

Nous donnerons encore, comme exemple d'évaluation de volumes par les procédés pratiques, celui du *calcul de terrassements* ou *calcul des terrasses*, qu'il faut faire quand on veut construire une route sur un terrain accidenté.

Voici les diverses opérations nécessaires pour ces sortes de travaux :

Premièrement, on trace sur le plan du terrain et sur le terrain la ligne H F C A (fig. 225), par où l'on veut faire passer l'axe de la route. Cette ligne est la projection, sur un plan horizontal, de l'axe de la route, tel qu'il sera quand la route sera construite. On la rectifie suivant une ligne droite égale en longueur A′C′F′H′; la ligne correspondante du terrain (fig. 225 *bis*) sera A B C D E F H. On fait le nivellement de celle-ci, et ce nivellement, représenté fig. 225 *ter*, ainsi que celui de l'axe de la route projetée, s'appelle le *profil en long*.

Secondement, on mène en chacun des points principaux des perpendiculaires sur l'axe ab, cd, ef, gh, etc., qui sont les projections horizontales des lignes qui existent sur le terrain, dans les directions perpendiculaires à l'axe qu'on vient de niveler. On fait le nivellement de ces lignes transversales, et on figure à côté du profil en long ces nivellements partiels, qu'on appelle les *profils en travers*, tels sont $a′b′A″$, $c′d′B″$, $e′f′C″$, etc., correspondants à ab, cd, ef, etc. Ordinairement, on représente les profils en travers à une échelle plus grande que les profils en long.

Ces documents suffisent pour calculer le volume des terres qu'il faudra enlever ou rapporter en différents points du terrain pour donner à la route le niveau voulu. En effet :

Il est évident que, dans la section faite dans le terrain par un plan vertical passant par ab, le profil du terrain étant au-dessous du profil de la route projetée, il faudra rapporter des terres, pour exhausser le niveau de A″ en $a'b'$ (fig. 225 *bis* et 225 *ter*); c'est ce qu'on appelle le *remblai;* au contraire, dans le profil correspondant à gh, par exemple, le profil du terrain se trouve en D″, au-dessus de $g'h'$, il faudra enlever des terres, pour faire descendre le niveau de D″ en $g'h'$, ou de D en D′; c'est le *déblai.* Enfin, dans les profils correspondant à mn, par exemple, il est facile de voir que, d'un côté de la route il y aura remblai, et de l'autre il y aura déblai.

Quand le terrain sort du remblai pour passer en déblai, ou réciproquement, la ligne suivant laquelle le terrain rencontre le plan de la route s'appelle *ligne de passage*, comme par exemple xy, jl, uv (fig. 225 *bis*).

Le premier calcul à faire a pour but d'obtenir les surfaces de tous les profils en travers, c'est-à-dire les portions de surfaces comprises entre le niveau du terrain, celui du projet et les talus qu'on veut donner aux terres de chaque côté de la route; telles sont les surfaces $A''a'b'$, $B''c'd'$, $D''g'h'$, $F''m'n'm''n''$, $H''r's'r''s''$, etc.; dans ces deux dernières, on calcule séparément les surfaces en remblai et celles qui sont en déblai. On obtient toutes ces surfaces approximativement, en décomposant en trapèzes ou en triangles, d'après les méthodes indiquées dans la première partie de la *Géométrie.*

Voyons maintenant comment on opère pour avoir le volume des terres en remblai ou en déblai, d'après les indications du projet.

1° Si la route est complétement en remblai, comme entre les profils ab et cd, ou complétement en déblai, comme entre ef et gh, on évalue le volume comme s'il était équivalent à un prisme droit qui aurait pour hauteur la distance des deux profils, c'est-à-dire la portion de l'axe $A'B'$ ou $C'D'$, que donne le profil en long, et pour base une moyenne arithmétique entre les deux profils. Ainsi, Aab étant égal à S, et Bcd à S′, $A'B'$ étant représenté par d, on aura pour le remblai :

$$R = \frac{S + S'}{2} \times d.$$

De même efC étant égal à S_i, et ghD à S'_i, la distance $C'D'$ étant d_i, on aura pour le déblai :

$$D = \frac{S_i + S'_i}{2} \times d_i.$$

2° Si la surface du profil S est complétement en déblai, et l'autre, S', complétement en remblai, comme celles de cd et ef, la distance C B étant représentée par D, la distance du profil S à la ligne de passage par d, et d' celle de S' à la même ligne, on calculera ces deux distances par les proportions

$$\frac{d}{d'} = \frac{S}{S'}; \text{ d'où } \frac{d}{d+d'} = \frac{S}{S+S'}, \text{ ou } \frac{d'}{d+d'} = \frac{S'}{S+S'},$$

d'où on tire $\qquad d = \frac{D \times S}{S+S'} \text{ et } d' = \frac{D \times S'}{S+S'}.$

Pour que ces deux distances fussent exactes, il faudrait que dans ces proportions, au lieu de S et S', il y eût les ordonnées des deux profils correspondantes à l'axe B B', C C'; mais comme S et S' sont déjà calculées, on s'en sert pour éviter d'avoir à introduire et à mesurer de nouvelles quantités.

Alors on a pour le déblai $D = \dfrac{S \times d}{2}$, et pour le remblai,

$R = \dfrac{S' \times d'}{2}.$

Les volumes $efCxy$ et $cdBxy$ sont considérés comme moitié de prismes ayant pour bases S et S', et pour hauteurs C'O et B O.

3° Si l'un des profils est complétement en déblai ou en remblai, par exemple ghD, qui est en déblai, et l'autre mnF, partie en déblai, partie en remblai, on divise le terrain en deux parties, l'une comprenant le volume entre deux profils en déblai, comme $C'D'gi$ et $F'mm'$, l'autre comprenant le volume compris entre deux profils, l'un entièrement en déblai, l'autre entièrement en remblai. La première partie de l'opération se fait comme au premier cas; la deuxième comme dans le cas précédent.

4° Enfin, si les profils sont partie en déblai et partie en remblai, ces parties se correspondant ou non, on divise encore le volume en deux parties et on calcule l'épaisseur de chacune d'elles par la méthode indiquée dans le deuxième cas.

Le calcul des volumes se termine en faisant la somme des remblais et la somme des déblais.

Jaugeage des cours d'eau.

Si on veut connaître la quantité d'eau qui passe pendant un certain temps, en un point donné d'une rivière ou d'un canal, on commence par mesurer la vitesse moyenne de l'eau dans le voisinage de ce point. Pour cela, on place un flotteur vers le milieu du courant; son poids doit être disposé de manière qu'il soit entièrement immergé, sans aller au fond. On mesure le temps qu'il met pour aller entre deux points M et N (fig. 226), et on en déduit l'espace qu'il parcourt par seconde; c'est là la vitesse la plus grande des différents points du liquide. L'expérience montre que la *vitesse moyenne* est alors de $\frac{8}{10}$ de celle-là.

On mesure ensuite, par des sondages, les ordonnées du profil en travers, fait au point A donné, et au moyen de ces ordonnées, on a la figure de ce profil (fig. 227), et on peut évaluer sa surface.

Le volume qui passe pendant une seconde peut être regardé comme un prisme droit, dont la base serait ce profil, et dont la hauteur serait la distance parcourue par un flotteur se mouvant avec la vitesse moyenne, en une seconde; on aura donc ce volume en faisant le produit de ces deux nombres; en le multipliant ensuite par 60 ou par soixante fois 60, on aura la quantité d'eau qui passe en une minute ou en une heure.

Volume des Polyèdres réguliers.

Enfin, pour les polyèdres réguliers, on sait que tous les sommets sont à égale distance du centre, et en joignant tous ces sommets avec le centre, on forme autant de pyramides régulières égales qu'il y a de faces. Le volume de l'une de ces pyramides est égal à la surface de sa base par le tiers de l'apothème; le volume total sera *le produit de la surface totale par le* $\frac{1}{3}$ *de l'apothème*. Dans le cas du dodécaèdre, par exemple (fig. 228), on évaluera la surface du pentagone A B C D E, et en la prenant douze fois, on aura la surface totale; on multipliera par $\frac{1}{3}$ O I, et on aura le volume.

Si on donnait un polyèdre solide et qu'on voulût le mesurer, il faudrait, par une construction préliminaire, déterminer O I. On prendrait, pour cela, l'angle I M N de deux faces avec la fausse équerre, et sa moitié donnerait l'angle I M O. On construirait un polygone A B C D E (fig. 229) égal à celui du polyèdre; on mènerait I M, et en faisant au point M, avec M I, un angle S M I égal à I M O et dans un plan perpendiculaire à l'arête A E; enfin, on élèverait en I la perpendiculaire I O, jusqu'à la rencontre de M S; O I serait la droite cherchée, et on voit que pour la construire en dessin, il suffirait de connaître I M, l'angle I M O, et de construire le triangle rectangle I M O (fig. 229 *bis*).

Mesure des Cylindres.

Le volume d'un cylindre circulaire droit a pour mesure le produit de la surface du cercle de base par sa hauteur.

Inscrivons dans le cercle de la base un polygone régulier A B C D E F (fig. 230), menons les génératrices correspondantes aux sommets, et formons le polygone A′ B′ C′ D′ E′ F′, égal au premier inscrit dans la base supérieure; on formera ainsi un prisme dont le volume est égal au produit de la surface de sa base par sa hauteur. Ceci est vrai quel que soit le nombre des côtés du polygone. Or, en admettant que le nombre des côtés soit infiniment grand, le polygone se confond avec la circonférence, et la base du prisme avec la base du cylindre; d'ailleurs, le volume du prisme diffère alors d'autant moins du volume du cylindre, que le nombre des côtés est supposé plus grand; son volume sera donc exprimé par le produit du cercle de la base par la hauteur. Si R est le rayon de cercle et H la hauteur, le volume est donné par la formule

$$V = \pi R^2 \times H.$$

Application.

L'ustensile dont se servent les marchands pour mesurer un litre de grains, est un cylindre (fig. 231) dont la hauteur est double du rayon de la base. Quelle sera la grandeur du rayon? En évaluant en décimètres, si le rayon est R, la hauteur est 2R, et le volume est $\pi R^2 \times 2R$, ou $2\pi R^3$. On doit donc avoir $2\pi R^3 = 1$, ou $R^3 = \dfrac{1}{2\pi} = 0{,}1591$; si le cube de R est égal à ce nombre, on aura R en en extrayant la racine cubique, $R = 0{,}54$. Puisque l'unité est le décimètre, R sera 54 millimètres, et la hauteur 108 millimètres ou 1 décimètre 8 millimètres (capacité intérieure).

Volume d'un Cylindre quelconque.

Si nous considérons un cylindre droit, dont la base soit une surface autre que celle d'un cercle (fig. 232), en inscrivant dans la courbe M N, qui forme le périmètre de cette base, des polygones dont le nombre des côtés soit de plus en plus grand, on obtiendra des prismes dont les volumes tendront à se confondre avec celui du cylindre. Celui-ci aura donc encore pour mesure *la surface de sa base par sa hauteur.*

Il en sera de même encore si le cylindre est oblique, et on multipliera la base par la hauteur, qui, ici, sera la perpendiculaire abaissée d'un point de la base supérieure sur le plan de la base inférieure A B (fig. 233).

Enfin, supposons un cylindre circulaire à bases non parallèles, M N P Q (fig. 234) : si par les centres O et O' on mène des sections droites, qui seront des cercles, on formera des volumes A B C N, A B D M, qui seront égaux, ce qu'on peut établir rigoureusement en superposant les demi-cercles A C B, A D B, et en remarquant qu'à chaque point diamétralement opposé, p, p', correspondent des portions d'arêtes égales $p q$, $p'q'$, perpendiculaires sur la section droite, et qui coïncideront. Il en sera de même pour les deux volumes EFPG, EFQH, et par conséquent le cylindre oblique est équivalent au cylindre droit ainsi formé ; celui-ci a pour mesure *la section droite multipliée par la hauteur*, ou si l'on veut, par *la ligne* OO' *qui joint les centres des deux bases.*

Surface convexe et surface totale d'un Cylindre.

Nous avons dit qu'un cylindre droit est une surface développable ; si donc on suppose la surface développée sur un plan, suivant une arête AB (fig. 235), on aura un rectangle ABCD, dont la base AC ne sera autre chose que la circonférence AO rectifiée. La surface de ce rectangle, et par suite la surface convexe du cylindre sera donc *la circonférence de base multipliée par l'arête ou la hauteur.* Si R est le rayon, a l'arête, l'expression de la surface convexe sera $2\pi R \times a$. Si S exprime la surface totale, on peut l'obtenir en ajoutant à la dernière expression la somme des deux bases $2\pi R^2$; on a alors :

$$S = 2\pi R \times a + 2\pi R^2, \text{ ou } 2\pi R (a + R).$$

Si la courbe de la base d'un cylindre droit était tout autre qu'une circonférence, et qu'on connût la mesure de sa longueur, il est évident que l'expression de la surface convexe serait la même, *le périmètre de la base multiplié par l'arête ou la hauteur.*

Mesure des Cônes et des troncs de Cône.

Si dans la base d'un cône circulaire droit on inscrit un polygone régulier ABCD (fig. 236), et qu'on joigne les sommets A, B,... avec le sommet S du cône, on formera une pyramide régulière qui s'approchera d'autant plus du cône, que le nombre des côtés sera plus grand ou que le polygone s'approchera plus de la circonférence.

Or, cette pyramide a pour mesure de son volume le produit de la surface de la base par le tiers de sa hauteur, et cela, quel que soit le nombre des côtés. Si donc on suppose le nombre des côtés infiniment grand, la pyramide ne sera autre que le cône, et celui-ci aura pour volume *le produit du cercle de sa base par le tiers de sa hauteur.* Si R est le rayon de la base et H la hauteur, la formule qui donne le volume est : $\frac{1}{3}\pi R^2 H$.

Il en serait de même pour un cône oblique (fig. 237), car on pourrait également le comparer à une pyramide oblique $S\,abcd$, dont la hauteur serait S O.

Surface convexe du Cône droit.

Dans le cône droit, la pyramide inscrite S A B C D... (fig. 236) est formée par des triangles isocèles égaux entre eux, S A B, S B C, S C D, etc., qui ont tous pour base l'un des côtés du polygone, et pour hauteur la ligne S I, qu'on nomme quelquefois l'apothème de la pyramide. La surface de chacun de ces triangles est égale à l'un des côtés A B, multiplié par la moitié de la même ligne S I ; donc la surface convexe de la pyramide sera égale à la somme de tous les côtés ou au périmètre du polygone multiplié par $\frac{1}{2}$ S I.

Si on double le nombre des côtés, le polygone s'approche de la circonférence, S I s'approche de l'arête S A du cône, et la surface de la pyramide s'approche en même temps de la surface convexe du cône, et comme cette surface est toujours donnée par la même mesure, on aura à la limite *la surface convexe égale à la circonférence de la base multipliée par la moitié de l'arête ;* a étant cette arête, $S = 2\pi R \times \frac{1}{2}a = \pi R a$. La surface totale $\pi R a + \pi R^2 = \pi R (R + a)$.

Il n'en est pas ainsi pour le cône oblique.

Volume du tronc de Cône.

En assimilant encore le tronc de cône à bases parallèles à un tronc de pyramide d'un nombre infini de côtés (fig. 237), on en conclura *que son volume est égal à trois cônes ayant même hauteur, et pour bases la base supérieure, la base inférieure et une moyenne proportionnelle entre les deux bases.*

Si R et r sont les rayons respectifs de ces bases, et h la hauteur, on a pour ce volume :

$$V = \tfrac{1}{3}\pi R^2 h + \tfrac{1}{3}\pi r^2 h + \tfrac{1}{3}\pi R r h = \tfrac{1}{3}\pi h\,(R^2 + r^2 + R r).$$

Surface convexe du tronc de Cône.

Si, suivant une arête SB (fig. 238), on mène un plan, et dans ce plan, BC perpendiculaire à SB; que sur BC on prenne une longueur égale à la circonférence OB déroulée, le triangle SBC aura pour mesure BC $\times \tfrac{1}{2}$SB, tandis que le cône a pour mesure circonférence OB $\times \tfrac{1}{2}$SB; donc ces deux surfaces sont égales; mais si BC est la circonférence OB déroulée, bc est la circonférence ob déroulée, car $\dfrac{bc}{BC} = \dfrac{sb}{SB} = \dfrac{ob}{OB} = \dfrac{2\pi ob}{2\pi OB}$; le dénominateur BC étant égal à 2πOB, le numérateur bc sera égal à $2\pi ob$; donc la surface sbc du triangle est égale à la surface convexe du cône sab; donc enfin la différence ou la surface du trapèze est égale à la différence des deux cônes ou la surface du tronc de cône. Elle a donc pour mesure la hauteur Bb, multipliée par la demi-somme de BC et bc, ou, en d'autres termes, *l'arête du tronc de cône multipliée par la demi-somme des circonférences des bases* :

$$S = a \times \frac{2\pi R + 2\pi r}{2} = \pi a\,(R + r).$$

Surface de la Sphère et de la Zone.

Pour obtenir la surface de la sphère, on suppose d'abord un polygone régulier ABCDEF (fig. 239), inscrit dans un grand cercle, et on le fait tourner autour d'un diamètre; ce polygone forme, dans ce mouvement, une surface qui s'approche d'autant plus de la sphère, que le nombre des côtés du polygone sera plus grand.

Cette surface se compose de cônes, comme ABB', EFE'; de troncs de cône, comme BB', CC'; de cylindres, comme CC', DD'; mais on peut l'évaluer par une formule très-simple. Remarquons que le premier cône a pour mesure $2\pi\,\mathrm{BI} \times \frac{1}{2}\,\mathrm{AB}$. Or, les deux triangles semblables ABI, AMO donnent la proportion $\dfrac{\mathrm{AM}}{\mathrm{AI}} = \dfrac{\mathrm{MO}}{\mathrm{BI}}$, ou $\mathrm{BI} \times \mathrm{AM} = \mathrm{MO} \times \mathrm{AI}$, ou $\mathrm{BI} \times \frac{1}{2}\,\mathrm{AB} = \mathrm{MO} \times \mathrm{AI}$, ou enfin, en multipliant de part et d'autre par 2π, $2\pi\,\mathrm{BI} \times \frac{1}{2}\,\mathrm{AB} = 2\pi\,\mathrm{MO} \times \mathrm{AI}$, ce qui peut s'énoncer en disant que cette surface se mesure en multipliant la circonférence inscrite MO par la projection AI du côté décrivant, sur le diamètre.

Or, il en sera de même pour les autres côtés. En effet, le tronc de cône $\mathrm{BB'CC'}$ a pour mesure le côté BC, multiplié par la demi-somme des circonférences des bases BI et CJ, ou la circonférence moyenne $2\pi\,\mathrm{MN}$; mais les deux triangles semblables MNO et BRC donnent $\dfrac{\mathrm{MN}}{\mathrm{BR}} = \dfrac{\mathrm{MO}}{\mathrm{BC}}$, ou $\mathrm{MN} \times \mathrm{BC} = \mathrm{MO} \times \mathrm{BR}$, ou $\mathrm{BC} \times \mathrm{MN} = \mathrm{MO} \times \mathrm{IJ}$, ou enfin $2\pi\,\mathrm{MN} \times \mathrm{BC} = 2\pi\,\mathrm{MO} \times \mathrm{IJ}$, c'est-à-dire encore la circonférence inscrite multipliée par la projection IJ du côté sur le diamètre.

Quant au cylindre $\mathrm{CC'DD'}$, sa surface est $2\pi\,\mathrm{CJ} \times \mathrm{CD}$, ou $2\pi\,\mathrm{OM} \times \mathrm{JK}$, ce qui est encore la même expression; donc enfin, pour une portion quelconque de la surface décrite par le polygone, on aura sa mesure *en multipliant la circonférence inscrite par la somme des projections sur le diamètre.*

Or, si on double indéfiniment le nombre des côtés, le polygone tend à devenir la circonférence d'un grand cercle, et la surface convexe décrite, la surface d'une zone de la sphère; celle-ci a donc pour mesure *la circonférence inscrite, qui n'est autre que celle d'un grand cercle multipliée par la projection, qu'on appelle hauteur de la zone.*

Ainsi, l'arc AM (fig. 240) décrit, en tournant autour du diamètre AO, une zone à une seule base AMD, qui aura pour mesure une circonférence de grand cercle multipliée par AD, ou bien si R est le rayon de la sphère, $2\pi\,\mathrm{R} \times \mathrm{AD}$.

L'arc MN décrit une zone à deux bases, MDBN, dont la mesure sera $2\pi\,\mathrm{R} \times \mathrm{BD}$.

Si l'arc embrasse toute la demi-circonférence, la zone comprend toute la surface de la sphère et a pour mesure $2\pi\,\mathrm{R} \times 2\mathrm{R}$ ou $4\pi\,\mathrm{R}^2$.

πR^2 étant la mesure de la surface du cercle, on dit quelquefois que *la surface de la sphère a pour mesure quatre grands cercles.*

Volume du Secteur et de la Sphère.

Si on joint avec le centre d'une sphère O (fig. 241) tous les points d'une circonférence A B, tracée sur sa surface, le volume compris entre la zone A M B et le centre O A M B, se nomme un *secteur sphérique.*

Concevons la surface de la zone partagée en éléments très-petits, tels que S, et assez petits pour être considérés comme des surfaces planes; en joignant les différents points de cette surface au centre, on formera de petites pyramides, O S, dont la hauteur se confondra sensiblement avec le rayon même de la sphère. Chacune de ces pyramides a pour mesure la surface de l'élément qui lui sert de base, multipliée par le tiers de la hauteur, c'est-à-dire du rayon. La somme de toutes ces pyramides, ou le secteur, aura donc pour mesure la somme des éléments de surface, ou *la surface de la zone multipliée par le tiers du rayon.*

En étendant ce raisonnement à la surface totale de la sphère, son volume aura pour mesure *la surface totale multipliée par le tiers du rayon,* par conséquent $4\pi R^2 \times \frac{1}{3}R$, ou $\frac{4}{3}\pi R^3$.

Comme $R = \frac{D}{2}$, D étant le diamètre, en élevant au cube on a $R^3 = \frac{D^3}{8}$, et en remplaçant, le volume sera $\frac{4}{3}\pi\frac{D^3}{8}$, ou, en simplifiant, $\frac{1}{6}\pi D^3$.

L'on peut se servir de l'une ou de l'autre de ces deux formules pour calculer le volume d'une sphère.

Premier exemple. — Le rayon d'une sphère est 1 mètre; le volume $= \frac{4}{3}\pi \times 1^3 = \frac{4}{3}\pi = \frac{4 \times 3,1416}{3} = \frac{12,5664}{3} = 4^{m.\,cub.},1888.$

Deuxième exemple. — Quel est le rayon d'un ballon dont la contenance est 10 litres?

Le litre est 1 décimètre cube; en prenant le décimètre cube pour unité et en appelant R le rayon exprimé en décimètres, on aura :

$$10 = \frac{4}{3} \pi R^3, \text{ d'où } R^3 = \frac{3 \times 10}{4 \times \pi} = \frac{30}{12,564} = 2,387.$$

d'où
$$R = \sqrt{2,387} = 1,3.$$

Donc le rayon intérieur du ballon est $1^{déc.},3$, ou $0^m,13$, ou 13 centimètres.

Troisième exemple. — On a une cuve formée par un tronc de cône A B D C (fig. 242), et dont le fond est une hémisphère.

La hauteur $CD = 2^m$, le rayon AC est de 2^m, BD de $1^m,50$. Combien contient-elle d'hectolitres?

Volume du tronc de cône $= \pi \dfrac{H}{3} (R^2 + r^2 + R r).$

$$= \frac{\pi}{3} \times 2 \, (4 + 2,25 + 3) = \frac{\pi}{3} \times 2 \times 9,25$$

$$= 19^{m.\,cub.},360 = 19360^{déc.\,cub.} = 19360^{lit.} = 193^{hect.},60^{lit.}$$

Volume de l'hémisphère

$$= \tfrac{2}{3} \pi r^3 = 7^{m.\,cub.},067 = 7067^{déc.\,cub.} = 7067^{lit.} = 70^{hect.},67^{lit.}$$

En faisant la somme, on trouve que la cuve contiendra en tout $264^{hect.},27^{lit.}$.

Calcul des Surfaces et des Volumes de révolution.

En introduisant dans les formules une quantité que la mécanique enseigne à déterminer, le *centre de gravité*, on a une expression très-générale de toutes les surfaces et de tous les volumes de révolution.

1° *Une surface de révolution engendrée par une ligne tournant autour d'un axe s'obtient en multipliant la longueur de cette ligne par la circonférence que décrit son centre de gravité.*

Ainsi, la surface M M' N N' (fig. 243), produite par le profil M N, s'obtiendra en mesurant cette ligne MN et en la multipliant par la circonférence, dont le rayon est G O, si G est le centre de gravité de la ligne.

2° *Un volume de révolution engendré par une surface quelconque, tournant autour d'un axe, s'obtient en multipliant l'aire de cette surface par la circonférence que décrit son centre de gravité.*

Ainsi, par exemple, un cercle A (fig. 244) étant dans le plan de l'axe xy et tournant autour de cet axe, décrit un volume appelé *tore* ou *boudin*.

Le centre de gravité G, de la surface du cercle, n'étant autre chose que son centre de figure, la distance G O sera le rayon de la circonférence que décrit ce point G. Le volume du tore sera donc égal au cercle $\pi R^2 \times 2\pi G O$; si $G O = d$, volume du tore $= \pi R^2 \times 2\pi D = 2\pi^2 D R^2$.

Il est évident que cette méthode suppose qu'on connaisse le centre de gravité des lignes et des surfaces, ce qui est souvent assez difficile ; mais elle n'en est pas moins utile à connaître, et est toujours applicable dans le cas où les lignes ou surfaces décrivantes sont régulières, car alors le centre de gravité est connu et se confond avec le centre de figure.

La démonstration de ces théorèmes est fondée sur des considérations de mécanique.

Jaugeage des tonneaux.

Nous citerons, parmi les volumes terminés par des surfaces courbes, le seul cas des tonneaux, destinés à contenir des liquides. Ces récipients ont une forme régulière, indiquée par la figure 245, et il existe toujours le même rapport entre le diamètre du cercle le plus grand, le *bouge*, qui est au milieu, et le diamètre des cercles les plus petits, qui sont ceux du fond. La méthode de jaugeage généralement employée consiste à assimiler ces volumes à un cylindre de même longueur, dont la base serait un cercle intermédiaire entre le bouge et le fond. Ce cercle est obtenu en lui donnant pour diamètre le diamètre du bouge, diminué des ^{5} de la différence entre ce même diamètre et celui du fond.

Dans la pratique, une sonde, appelée *jauge*, porte d'un côté des divisions égales, en décimètres et centimètres, qui sert à mesurer la longueur ; de l'autre, en face de chaque longueur correspondant au diamètre d'un bouge, on a écrit le nombre qui donne la surface du cercle intermédiaire, qui doit être la base du cylindre équivalent, de sorte qu'en prenant ces deux mesures et les multipliant, on a immédiatement le volume du tonneau. Ordinairement, les mesures sont exprimées en décimètres, de manière qu'on a le volume en décimètres cubes et en litres.

RELATIONS ENTRE LES POIDS ET LES VOLUMES

L'unité de poids est le gramme, poids d'un centimètre cube d'eau distillée et à la température de 4° centigrades.

Si un volume d'eau est évalué en centimètres cubes, ce nombre ne sera autre chose que son poids en grammes.

1000 centimètres cubes forment un décimètre cube, et par conséquent, un décimètre cube d'eau ou un litre pèse 1000 grammes ou un kilogramme. Un volume d'eau étant exprimé en litres ou décimètres cubes, ce nombre indique son poids en kilogrammes.

Si le volume est exprimé en mètres cubes, chaque mètre cube d'eau représente 1000 kilogrammes.

On nomme *densité* d'un corps, par rapport à l'eau, ou *poids spécifique*, le rapport entre son poids et celui d'un égal volume d'eau. La densité, en d'autres termes, exprime combien, à volume égal, un corps pèse plus ou moins que l'eau, selon qu'il est plus dense ou plus léger.

Connaissant le volume d'un corps et sa densité, on peut donc déterminer son poids. Ainsi, le fer a pour densité 8, par exemple, c'est-à-dire qu'il pèse huit fois plus qu'un égal volume d'eau ; $2^{m.\ cub.}$,315 ou $2315^{déc.\ cub.}$ de fer pèseront huit fois plus que $2315^{déc.\ cub.}$ d'eau.

Or, $2315^{\text{déc. cub.}}$ d'eau pèseraient $2315^{\text{kilogr.}}$; donc le fer pèsera $2315^{\text{kil.}} \times 8 = 18520^{\text{kil.}}$.

En général, si P est le poids, V le volume et D la densité, on a
$$P = VD.$$

Selon que le volume sera exprimé en mètres cubes, décimètres cubes, centimètres cubes, les unités de poids seront de 1000 kilos, de 1 kilo ou de 1 gramme.

Il résulte de cette formule que le volume peut s'obtenir en divisant le poids par la densité : $V = \dfrac{P}{D}$, de sorte que, pour les corps qui n'ont pas de forme géométrique et dont on connaît la densité, on obtient leur volume en les pesant et en divisant le poids obtenu par leur densité. On a d'ailleurs des tables, que nous donnons plus loin, des densités des corps les plus fréquemment employés.

Quand il s'agit du poids des gaz, on les compare à l'air, et les tables indiquent leur densité par rapport à l'air. Les poids des volumes d'air s'obtiennent en se rappelant qu'un litre d'air sec pèse $1^{\text{gr.}},296$; 1 mètre cube pèse donc $1^{\text{kil.}},296$.

Si donc le volume d'un gaz exprimé en mètres cubes est V, sa densité, par rapport à l'air, d, son poids en kilogrammes P, on a
$$P = 1^{\text{kil.}},296 \times V \times d.$$

Il faut remarquer, quand il s'agit des gaz, qu'en opérant avec ces nombres, on les suppose secs, à la température de $0°$ et sous une pression atmosphérique $0^{\text{m}},760$ du baromètre à mercure. Si les conditions ne sont pas les mêmes, on a des tables indiquant les corrections à faire.

Exemple. — On a consommé 20 kilos de gaz d'éclairage, dont la densité est 0,07 à la pression ordinaire, et à $0°$; combien en a-t-on consommé de litres?

$$20^{\text{kil.}} = 1^{\text{kil.}},296 \times V^{\text{m. cub.}} \times d$$

$$20^{\text{kil.}} = 1^{\text{kil.}},296 \times V^{\text{m. cub.}} \times 0,07$$

$$V^{\text{m. cub.}} = \frac{20}{1,296 \times 0,07} = 224^{\text{m. cub.}},592$$

$$V^{\text{lit.}} = 224592^{\text{lit.}}$$

TABLE DES DENSITÉS

DE CORPS SOLIDES

A LA TEMPÉRATURE DE 18° (LA DENSITÉ EST PRISE PAR RAPPORT A L'EAU)

Métaux.

Platine écroui	23,000	Arsenic	8,308
— passé à la filière	21,042	Nickel fondu	8,279
— fondu	19,500	Manganèse	8,010
Or forgé	19,362	Cobalt fondu	7,811
— fondu	19,258	Acier recuit	7,816
Plomb fondu	11,350	Fer en barre	7,788
Argent fondu	10,474	— fondu	7,207
Bismuth fondu	9,822	Étain fondu	6,861
Cuivre fondu	8,850	Antimoine fondu	6,712
— laminé	8,950	Aluminium	2,560

Corps simples non métalliques.

Iode	4,948	Carbone (graphite)	2,500
Sélénium	4,300	Soufre	2,086
Carbone (diamant.)	3,531 / 3,501	Phosphore	1,770

Minéraux.

Sulfate de baryte (spath pesant)	4,430	Spath fluor	3,191
Rubis	4,283	Tourmaline verte	3,155
Topaze	4,010	Carbonate (Arragonite	2,946
Émeri	3,900	de { Marbre blanc	2,837
Malachite	3,500	chaux. (Spath d'Islande	2,713
		Ardoise	2,830

---

1. Physique de Daguin.

Émeraude	2,775	Écume de mer (magnésite)	2,500
Granit	2,700	Gypse	2,330
Silice. { Cristal de roche.	2,653	Albâtre	1,874
{ Agate	2,615		

Substances diverses.

Verre anglais (flint-glass)	3,330	Porcelaine de Sèvres	2,146
Perles	2,750	Ivoire	1,917
Corail	2,680	Alun	1,720
Verre de Saint-Gobain	2,488	Houille compacte	1,329
Porcelaine de Chine	2,385	Glace à 0°	0,930

Bois.

Ébène	1,33	Noyer	0,62
Buis de Hollande	1,32	Tilleul	0,60
Buis de France	0,91	Cyprès	0,60
Chêne (le cœur)	1,17	Cèdre	0,56
Hêtre	0,85	Peuplier blanc d'Espagne	0,53
Frène	0,84	Bois de sassafras	0,48
If	0,80	Charme	0,45
Orme	0,80	Peuplier ordinaire	0,38
Pommier	0,73	Bouleau	0,36
Oranger	0,70	Peuplier d'Italie	0,25
Sapin jaune	0,65	Liége	0,24

Liquides à 0°.

Mercure	13,596	Vin	0,99
Brôme	2,966	Huile d'olives	0,915
Acide sulfurique concentré	1,841	Éther	0,874
— azotique concentré	1,451	Essence de térébenthine	0,869
— du commerce	1,220	Naphte	0,847
— chlorhydrique	1,208	Alcool absolu	0,792
Lait	1,030	Éther sulfurique	0,715
Eau de mer	1,026		

**Densité des gaz à 0° de température, à la pression barométrique
de 0^m,760 (la densité est prise par rapport à l'air).**

Air.	1	Acide carbonique	1,52901
Azote.	0,97137	Ammoniaque	0,5967
Oxygène.	1,10563	Chlore.	2,4700
Hydrogène.	0,06926	Gaz de l'éclairage.	0,5550

CHAPITRE VI

SIMILITUDE DES VOLUMES

DÉFINITIONS. — Si d'un point O, pris hors d'un volume quelconque, comme dans la figure 246, ou pris à l'intérieur, comme dans la figure 247, on mène des droites aux différents points de la surface, et qu'on prenne sur ces droites des longueurs proportionnelles, on forme, en faisant passer une surface par tous les points ainsi obtenus, un volume semblable au premier.

Il est évident, en effet, que si on prend parmi toutes les droites ainsi menées celles qui aboutissent à une ligne de la surface, par exemple A B C D, elles détermineront sur la seconde surface un contour $abcd$ semblable au premier, d'après ce qui a été dit sur la similitude des lignes (pages 98 et 99). On aura donc le même corps, pour ainsi dire, mais avec des dimensions réduites.

Examinons d'abord le cas des polyèdres.

PREMIÈRE PROPOSITION. — *Deux tétraèdres semblables ont toutes leurs faces semblables et leurs angles solides égaux.*

En effet, soit un tétraèdre A B C D (fig. 248) : prenons un point S hors du tétraèdre, et joignons-le à tous les sommets; prenons ensuite sur les lignes S A, S B, S C, S D des longueurs proportionnelles S a, S b, S c, S d; en joignant les points ainsi obtenus, on a une figure S $abcd$, qui est un tétraèdre semblable au premier, d'après notre définition. Or, il est facile de voir que les droites ab et A B, bc et B C, bd et B D, etc., sont parallèles, et que, par conséquent, les triangles qu'elles forment sont tous semblables; et comme les angles de ces triangles ont des angles égaux, les angles trièdres qu'ils forment sont aussi égaux.

Si cette condition est satisfaite, les tétraèdres A B C D et $a'b'c'd'$ sont semblables, car on pourra toujours, sur les lignes qui joindraient un centre de similitude S avec les sommets d'un tétraèdre A B C D, prendre des points qui les partagent dans le rapport de deux arêtes homologues quelconques, comme, par exemple, dans le rapport de $\frac{AB}{a'b'}$. On formera alors un tétraèdre $abcd$, qui sera identique avec le second, $a'b'c'd'$, et qui sera semblable à A B C D.

CONSÉQUENCES. — Il en résulte que : *si on coupe un tétraèdre par un plan parallèle à la base, on forme un second tétraèdre semblable au premier.*

Si deux tétraèdres ont un angle solide égal compris entre trois arêtes proportionnelles, ils sont semblables.

Si deux tétraèdres ont toutes leurs arêtes proportionnelles, ils sont semblables.

Si deux tétraèdres ont tous leurs angles plans égaux et semblablement placés, ils sont semblables.

Toutes ces propositions se démontrent très-facilement.

DEUXIÈME PROPOSITION. — *Les volumes de deux tétraèdres semblables sont proportionnels aux cubes de leurs arêtes homologues.*

En effet, le tétraèdre $abcd$, semblable à A B C D (fig. 249) pourra toujours être placé de manière que l'un de ses angles solides, a, par exemple, coïncide avec A ; la base bcd se placera en mnp, parallèle à B C D.

Si on mène du point A une perpendiculaire sur le plan B C D, A I, elle sera la hauteur de la première pyramide, et A K la hauteur de la deuxième.

Or, B C D et mnp étant semblables, on a la proportion

$$\frac{BCD}{mnp} = \frac{\overline{BC}^2}{\overline{mn}^2}, \text{ ou bien} = \frac{\overline{AB}^2}{\overline{Am}^2};$$

mais on a de même $\dfrac{AI}{AK} = \dfrac{AB}{Am}.$

En multipliant ces deux proportions terme à terme, on aura :

$$\frac{BCD \times AI}{m\,n\,p \times AK} = \frac{\overline{AB}^3}{\overline{Am}^3}.$$

Mais $BCD \times AI$ est égal à trois fois le volume de $ABCD$, de même que $m\,n\,p \times AK$ est égal à trois fois le volume de $abcd$; donc, comme $Am = ab$, on aura, en divisant les deux termes du premier rapport par 3 :

$$\frac{ABCD}{abcd} = \frac{\overline{AB}^3}{\overline{ab}^3}.$$

TROISIÈME PROPOSITION. — *Deux polyèdres semblables sont décomposables en un même nombre de tétraèdres semblables et semblablement placés.*

En effet, si du centre de similitude commun on mène des droites à quatre sommets consécutifs quelconques, les lignes qui joignent ces quatre sommets deux à deux, dans les deux polyèdres, détermineront des tétraèdres respectivement semblables et en même nombre.

QUATRIÈME PROPOSITION. — *Deux polyèdres semblables sont entre eux comme les cubes de leurs arêtes homologues.*

Le rapport de deux arêtes homologues quelconques sera toujours le même dans deux polyèdres semblables, car ce rapport est constamment égal à celui des rayons menés du centre de similitude. Or, si T et t, T' et t', T'' et t'', T''' et t''', etc., sont des tétraèdres semblables, qui composent deux polyèdres P et p; et si A et a, B et b, C et c, sont deux de leurs arêtes homologues, on aura :

$$\frac{T}{t} = \frac{A^3}{a^3}, \quad \frac{T'}{t'} = \frac{B^3}{b^3}, \quad \frac{T''}{t''} = \frac{C^3}{c^3}, \text{ etc.,}$$

et comme

$$\frac{A}{a} = \frac{B}{b} = \frac{C}{c};$$

on a de même

$$\frac{A^3}{a^3} = \frac{B^3}{b^3} = \frac{C^3}{c^3},$$

et par suite
$$\frac{T}{t} = \frac{T'}{t'} = \frac{T''}{t''} \cdots, \text{ etc.,}$$

d'où on tire que
$$\frac{T + T' + T'' + \text{etc.}}{t + t' + t'' + \text{etc.}} = \frac{T}{t} = \frac{A^3}{a^3}.$$

Donc, enfin
$$\frac{P}{p} = \frac{A^3}{a^3}.$$

Remarques. — Deux cubes, et en général deux polyèdres réguliers, sont évidemment des volumes semblables. Il suit de ce qui vient d'être démontré, que si les arêtes de deux cubes sont l'une trois fois plus grande que l'autre, le volume du premier sera vingt-sept fois plus grand que celui du second, ce que nous savions.

Si on voulait faire un cube ou un tétraèdre régulier, ou un octaèdre régulier huit fois plus petit qu'un autre, il faudrait prendre une arête deux fois plus petite, parce que $2^3 = 8$.

Si on voulait un volume deux fois plus grand, il faudrait prendre une arête qui serait égale à l'arête correspondante, multipliée par $\sqrt[3]{2}$, qui est environ 1,26.

Les théorèmes que nous avons indiqués suffisent pour montrer que quand il s'agit de polyèdres, on pourra toujours, par des procédés pratiques, s'assurer de leur similitude, puisque, en définitive, d'après ces théorèmes, cela reviendra à mesurer des angles et des lignes droites; mais il n'en est plus ainsi quand il s'agit de volumes terminés par des surfaces courbes : il sera alors assez difficile de s'assurer que deux volumes sont semblables, si ce n'est dans un certain nombre de cas, qui sont, du reste, presque les seuls dont on ait besoin. Nous allons en citer quelques-uns.

Deux sphères sont toujours semblables, et par suite, les volumes des sphères sont comme les cubes des rayons.

Deux volumes de révolution sont semblables lorsque les lignes génératrices sont semblables et leurs dimensions proportionnelles aux rayons des circonférences que décrivent les différents points, ou encore quand les figures formées par un plan méridien sont semblables.

Ainsi, les lignes A B C D, $abcd$ (fig. 250) étant semblables, il faut encore, pour que les volumes engendrés par leur révolution autour des axes X Y et xy soient semblables, que tous les rayons, A O et ao, par exemple, soient dans le même rapport que le rapport de similitude des deux lignes A B C D et $abcd$.

Dans le cas de deux cylindres de révolution A B C D et $abcd$ (fig. 251), il faut donc que le rapport de $\dfrac{AB}{ab}$ égale celui de $\dfrac{AD}{ad}$, ce qui revient à dire qu'il suffit que les rectangles A B C D et $abcd$ soient semblables.

Pour deux cônes de révolution, il suffit que les triangles décrivants soient semblables.

Ces volumes sont entre eux comme le cube de leurs génératrices ou de leurs hauteurs, ou des rayons de leurs bases.

Deux ellipsoïdes à axes inégaux sont semblables quand les trois axes sont dans le même rapport.

Pour qu'une hélice soit semblable à une autre, il faut qu'il y ait le même rapport entre les pas et les rayons des bases.

Nous bornons là nos exemples; ils sont suffisants pour faire comprendre comment, dans les différents cas particuliers, on peut établir les conditions de similitude.

INSTRUMENTS DE PRÉCISION

Vernier.

Le *vernier* est un instrument qu'on adapte à une règle graduée ou au limbe d'un cercle, pour évaluer des fractions des divisions marquées sur la règle ou sur le limbe.

Soit A B (fig. 252) une règle divisée en parties égales, et supposons qu'on veuille évaluer les longueurs avec une approximation marquée par des dixièmes de ces divisions; par exemple, la règle étant divisée en millimètres, on voudrait pouvoir mesurer une longueur à moins de un dix-millimètre près.

Prenons neuf divisions de la règle et portons-les sur une petite règle C D, qui est le vernier; partageons ces neuf divisions en dix parties égales; il est évident que chaque division du vernier différera d'une division de la règle de un dixième de division de celle-ci, de sorte que la division 0 du vernier coïncidant avec une division de la règle, la division 1 du vernier sera écartée de $\frac{1}{10}$ de la division suivante de la règle; la division 2 sera écartée de $\frac{2}{10}$, et la division 3 de $\frac{3}{10}$, ainsi de suite; la coïncidence n'aura plus lieu qu'à la dixième division du vernier, qui sera sur la neuvième de la règle.

D'après cela, si le vernier était d'abord disposé de manière que la division 0 fût sur une division a de la règle (fig. 253), et qu'on poussât ce vernier de manière à amener la division 1 sur la division de la règle qui suit le point a, le point 0 se serait éloigné de a de $\frac{1}{10}$ de division. Si l'on avait poussé le vernier de manière à amener la coïncidence de la division 2 avec la division suivante de la règle, 0 se serait éloigné de a de $\frac{2}{10}$; si l'on avait poussé le vernier de manière à faire coïncider la division 7 du vernier avec la division suivante de la règle, 0 serait distant de a de $\frac{7}{10}$.

Nous pouvons maintenant nous servir de l'instrument. Soit A B la

longueur à mesurer (fig. 254) : on y applique la règle à partir de A ;
l'autre extrémité tombe après la divison a, par exemple celle qui correspond à 23 millimètres ; on fait glisser le vernier le long de la règle,
de manière à amener la division 0 sur l'extrémité B ; c'est la distance
de a à B qu'il s'agit d'évaluer. Or, en cherchant la division du vernier qui coïncide avec une division de la règle, et il ne peut y en avoir
qu'une, on trouve que cette coïncidence a lieu à la division 6 ; donc
il y a de a à B $\frac{6}{10}$ de millimètre ; la longueur A B est de 23 millimètres
et $\frac{6}{10}$ de millimètre.

Il est facile de voir que, si on voulait évaluer les longueurs à un
cinquantième des divisions de la règle près, il faudrait prendre qua-
rante-neuf divisions de la règle pour faire le vernier, et les partager
en cinquante parties égales.

On applique le vernier à la mesure des arcs. Prenons pour exemple
le graphomètre. L'extrémité de l'alidade mobile A B (fig. 255) porte
une portion de cercle B D, qui forme vernier sur le limbe du graphomètre ; le 0 du vernier correspond à la ligne de foi de l'alidade ou
de la lunette. Ordinairement, le limbe est divisé en demi-degrés, et,
le vernier mesure les trentièmes des divisions du limbe, c'est-à-dire
les soixantièmes de degré ou les minutes ; par exemple, si on mesure
l'angle C A B, l'alidade fixe étant au 0, et l'autre côté de l'angle sur
lequel est l'alidade mobile aboutissant au point O, après le point a de
limbe, on cherche, entre B et D, la division du vernier qui coïncide
avec une division du limbe. Soit la division 19 : alors, de a au point O
il y a $\frac{19}{30}$ de demi-degrés ou 19′ ; en les ajoutant au nombre de degrés
ou demi-degrés de C à a, on aura évalué l'angle C A B à une minute
près.

Comme les divisions du limbe, de 0° à 180°, se comptent dans les
deux sens, on a soin de mettre deux verniers de part et d'autre de
la ligne de foi de l'alidade.

Cathétomètre.

Le *cathétomètre* a pour but de mesurer avec une grande exactitude
des différences de hauteurs verticales. Il se compose d'un axe vertical,

enveloppé d'un manchon cylindrique qui peut tourner autour de cet axe dans toutes les directions. Cet axe MN (fig. 256) est porté par un pied muni de vis calantes, qui permettent, au moyen des niveaux à bulle d'air placés sur le pied même, de conserver à l'axe une direction bien verticale.

Une lunette pq est portée par un *équipage*, disposé de manière à ce qu'elle puisse se maintenir bien horizontale, et pouvant glisser le long du manche ou y être maintenu fixe en un point au moyen d'une vis de pression V.

Les deux points dont on veut mesurer la différence de hauteur verticale étant A et B, on amène la lunette, de manière que son axe passe par le point A, ce qu'on obtient exactement soit en déplaçant l'équipage avec la main, après avoir desserré la vis de pression, soit à l'aide d'un petit mouvement dirigé par une vis micrométrique. La lunette ainsi fixée, un point de repère a, qui n'est autre chose que le 0 d'un vernier porté par l'équipage, indique une hauteur au-dessus du pied, Na, donnée par les divisions du manchon et du vernier a : on fait descendre ensuite la lunette en $p'q'$, et on la place à la hauteur du point B par les mêmes procédés, après avoir fait tourner le manchon sur son axe. Le point de repère est en a', et on prend la hauteur verticale Na' ; la différence Na — Na' donne la distance verticale aa', ou, ce qui revient au même, la distance verticale A B. Cet instrument sert surtout dans les observations de laboratoire et les expériences de physique ou de météorologie.

Comparateur.

Le *comparateur* sert à déterminer les petites différences qui existent entre des règles, tiges ou mesures qui devraient avoir la même longueur.

Sur une table horizontale se trouve un talon fixe T (fig. 257), sur lequel on appuie une des extrémités de la règle MN ; l'autre extrémité N vient butter contre une petite tige qui pousse un bras du levier coudé aO A, lequel peut tourner autour d'un pivot O ; la branche A O est beaucoup plus longue que aO, par exemple dix fois plus longue.

La règle étalon, c'est-à-dire celle à laquelle on compare toutes les autres, étant placée sur le comparateur, l'extrémité du grand bras du levier est au point A. Si on la remplace par une autre règle plus longue de 1 millimètre, par exemple, le point a sera poussé en a' et le point A viendra en A'. En considérant les deux figures aOa' et AOA' comme des triangles rectangles aux points a et A, les angles aOa' et AOA' sont aussi égaux, puisque $aOA = a'OA'$, et qu'en retranchant la même quantité $a'OA$, il reste $aOa' = AOA'$; par conséquent, ces deux triangles sont semblables; les côtés sont donc proportionnels, et puisque AO est dix fois plus grand que aO, il faut que AA' soit dix fois plus grand que aa'. AA' doit donc être de 1 centimètre; en divisant AA' en dix parties, chacune de ces dix divisions correspondra à une différence de $\frac{1}{10}$ de millimètre dans les règles que l'on compare, et comme elle est dix fois plus grande, cette différence sera encore très-appréciable.

Machine à diviser.

La *machine à diviser* est employée pour marquer de très-petites divisions sur des règles ou des tubes. Nous allons décrire la plus simple de ces machines, et cette description sera suffisante pour faire comprendre les principes sur lesquels elles sont toutes fondées.

Sur une table se trouve (fig. 258) une rigole, dans laquelle tourne une vis V V'; cette vis a son extrémité V' engagée dans une crapaudine fixe C; l'autre extrémité porte une large tête, formée d'un cercle partagé, par exemple, en 100 parties égales.

D'après ce qui a été vu sur la vis, si on lui fait faire un tour complet, son extrémité, si elle était mobile, parcourrait une longueur égale à son pas; si cette extrémité est fixe, un point quelconque d'un écrou mobile a s'avance de la même longueur le long de la vis. Si donc le pas est de 1 millimètre, un point de l'écrou avance de 1 millimètre, et si on fait tourner le disque de $\frac{1}{100}$ de tour, le point n'avance que de $\frac{1}{100}$ de millimètre. Cet écrou porte un levier sur lequel on presse au point b, de manière que l'extrémité S, munie d'un style, ou d'un crayon, ou d'un diamant, si on veut marquer sur le verre, dé-

crive un petit trait de division sur une règle ou sur un tube qui est
maintenu fixe sur la table à l'aide de deux brides d, d'.

Dans les machines plus compliquées, des mécanismes sont préparés
de manière que, la machine mise en mouvement, les traits se marquent d'eux-mêmes, et qu'il se fasse même des traits de différentes
longueurs, comme ceux qui indiquent ordinairement les dizaines sur
les règles divisées.

Sphéromètre.

Le *sphéromètre* est encore fondé sur l'emploi des vis micromé-
triques; il a pour but de mesurer avec une grande précision les petites épaisseurs; on peut aussi s'en servir pour mesurer le rayon
d'une sphère solide, dont on connaît seulement un segment.

Pour mesurer les épaisseurs, la vis micrométrique, dont le pas est
ordinairement de 1 millimètre, est engagée dans un écrou fixe, porté
par trois pieds terminés par des pointes très-fines, a, b, c (fig. 259).
Lorsqu'on abaisse l'extrémité O jusqu'au plan horizontal sur lequel
reposent les trois pointes, le limbe d'un disque qui forme la tête de la
vis, et qui est partagé en 100 et même en 400 parties égales, est placé
de manière que le zéro des divisions soit vis-à-vis d'un point de repère marqué sur une règle verticale.

Quand on veut mesurer l'épaisseur d'un objet, on relève la vis et on
place l'objet sur le plan, au-dessous de la pointe, puis on abaisse de
nouveau celle-ci, jusqu'à ce que l'extrémité O soit bien sur l'objet.
Le nombre de millimètres d'épaisseur serait donné si on enlevait l'objet et qu'on comptât le nombre de tours entiers qu'il faudrait faire
pour ramener le point O sur le plan MN; mais ce nombre de millimètres est ordinairement indiqué sur la règle qui porte le repère. De
plus, si ce repère se trouve non plus vis-à-vis le zéro des divisions,
mais, par exemple, vis-à-vis la division 137, c'est que, outre le
nombre de tours ou de millimètres déjà trouvés, il y a de plus $\frac{137}{400}$ de
tours ou $\frac{137}{400}$ de millimètres. On peut donc ainsi évaluer les épaisseurs
à un quatre-centième de millimètre près.

Quand on veut avoir le rayon d'une sphère, on applique les trois
pieds a, b, c sur la surface de la sphère ou du segment de sphère

(fig. 260). Ces trois points sont sur une circonférence dont on connaît le rayon ai; on abaisse l'extrémité de la vis jusqu'au contact de la surface, et on connaît la distance oi ou la flèche. On a ainsi les deux côtés ai et oi du triangle rectangle aoi. Au moyen d'une construction graphique on obtient ce triangle aoi, et en élevant au point a une perpendiculaire sur ao, jusqu'à la rencontre de oi prolongée, on a le diamètre ok de la sphère.

Cercle répétiteur.

On emploie, pour mesurer exactement les angles, une méthode dite *des répétitions*, et qui exige l'emploi d'un graphomètre particulier que nous allons décrire, et qui est le *cercle répétiteur de Borda*.

Voyons d'abord en quoi consiste la méthode. Supposons un cercle gradué C (fig. 264), porté par un manchon q, qui peut tourner avec lui. Dans ce manchon passe un axe pp', portant une lunette L L', et une règle correspondante V V', qui en suit les mouvements, de manière à en être la projection sur le cercle. Ce système peut tourner indépendamment du cercle.

La règle VV' porte un vernier ; pour opérer, on amène le zéro du vernier sur le zéro du limbe ; une vis maintient alors la règle sur le cercle, et on fait tourner le tout, cercle et lunette, de manière à ce que la ligne de visée de la lunette soit dans la direction O A de l'un des côtés de l'angle qu'on a à mesurer, et dont le sommet serait la projection du centre C sur le terrain.

On détache la vis qui lie la règle au cercle, et le cercle, restant immobile, on place la lunette, et par suite, la règle VV', dans la direction O B, de l'autre côté de l'angle ; la règle est ainsi sur une division D du limbe, qui donne la valeur de l'angle aob, ou A O B qui lui est égal.

Soit n le nombre de degrés et fraction de degrés qui mesure l'angle.

Supposons maintenant qu'on rattache la règle au cercle au moyen de la vis qui est en V, et qu'on fasse de nouveau tourner tout le système, cercle et lunette, de manière que la ligne de visée se trouve sur le côté O A ; on reviendra à la position qu'on occupait au commencement de l'opération ; seulement, c'est la division n (fig. 262) qui se trouve sur le côté O A, et non plus le zéro du limbe. On détache le cercle, on le maintient immobile et on ramène la lunette sur le côté O B ; la règle prend la position C′ D′, et il devrait y avoir au point D′ la division $2n$, si on visait et si on lisait exactement. Supposons qu'on recommence l'opération en ramenant tout l'appareil à une position où n' se trouve sur la direction O A, et où D se trouvera, dans la direction O B, sur une division qui devrait être $3n$ et qui sera n''. En recommençant ainsi la même opération, par exemple soixante fois, et qu'à la soixantième visée on lise au point D le nombre N, il est évident que N devrait être égal à 60 fois n; donc on aura n par le quotient de $\dfrac{N}{60}$, et s'il y a pour N une erreur d'une minute, le calcul ne donnera pour n qu'une erreur de $\frac{1}{60}$ de minute, ou d'une seconde.

La figure 263 donne les détails du cercle répétiteur, qu'il sera facile de suivre, après avoir vu l'usage qu'on en fait.

FIN

ERRATA

Pages 10, avant-dernière ligne, ajouter (fig. 24).
— 11, ligne 20, lisez A F, au lieu de E F.
— 12, ligne 3, lisez C′ I A, au lieu de C′ I A.
— id., ligne 28, lisez A′, au lieu de A.
— 16, ligne 4, lisez E F, au lieu de A F.
— 17, ligne 27, lisez a′, au lieu de a.
— 22, ligne 6 (titre), lisez *tracé*, au lieu de *trace*.
— 32, ligne 19, lisez *on joint* B, Q, au lieu de P, Q.
— 55, ligne 21, lisez F N + F′ N.
— 58, ligne 20, lisez C F′, au lieu de C F.
— id., ligne 27, lisez M F′, au lieu de M F.
— 62, ligne 4, lisez *le point* M′, au lieu de M″.
— id., ligne 17, lisez A′ *a* F, au lieu de A *a* F.
— id., ligne 19, lisez *a* B′, au lieu de *a* B.
— 68, ligne 13, ajouter (fig. 216 *bis*).
— id., ligne 27, ajouter (fig. 216 *ter*).
— 69, ligne 23, ajouter (fig. 217).
— id., ligne 31, lisez *on mène une droite* O′ M *au point où est venu*
    se placer la division 2 *de la circonférence* O.
— 73, ligne 6, lisez *hauteur*, au lieu de *hauheur*.
— id., ligne 17, lisez S *q*, au lieu de *s q*.
— id., ligne 31. lisez A *d*, au lieu de A D.
— id., lignes 34 et 36, lisez R, au lieu de N.
— 92, ligne 30, lisez O *a* et O A, au lieu de *o a* et *o* A.
— 98, ligne 13, et dans tous l'alinéa : *o* doit être remplacé par O.
— 127, ligne 5, lisez *la ligne* I K, au lieu de I R.
— 133, ligne 24, lisez *on a*, au lieu de *ou à*.

18

Pages 148, ligne 4, lisez *au moyen des lignes maintenant connues* cd, oh, od, of, og, oh.

— 155, ligne 19, lisez *la parallaxe*, au lieu de *le parallaxe*.

— 168, ligne 28, lisez *perpendiculaire* à FE, au lieu de DE.

— 170, ligne 18, ajouter (fig. 45).

— 171, ligne 14, lisez *plus courte que* A C, au lieu de *plus courte que* AB.

— 175, ligne 7, lisez *le corps*, au lieu de *la courbe*.

— 187, ligne 22, ajouter (fig. 124).

— *id.*, ligne 32, lisez A'S'B', A'S'C'... au lieu de A'SB', A'SC'...

— 191, ligne 17, lisez *en joignant* OB, au lieu de OE.

— 192, ligne 17, lisez SIO, au lieu de SOI.

— *id.*, ligne 25, lisez *ainsi*, au lieu de *aussi*.

— 216, ligne 6, lisez DCAB, au lieu de DIAB.

— 237, ligne 6, lisez *par a et B c*, au lieu de BC.

— 255, ligne 10, lisez *ou* en litres, au lieu de *et* en litres.

— 249, ligne 27, lisez (fig. 237 *bis*), au lieu de (fig. 237).

CHAPITRE V.

CHAPITRE VI.

DEUXIÈME PARTIE

Géométrie dans l'espace.

CHAPITRE PREMIER.

CHAPITRE II.

CHAPITRE VI.

FIN DE LA TABLE DES MATIÈRES.

PARIS. — IMPRIMERIE ÉDOUARD BLOT, RUE SAINT-LOUIS, 46.

Paris. — Imp. Édouard BLOT, rue Saint-Louis, 46.